南昌师范学院
NANCHANG NORMAL UNIVERSITY
建校70周年
1952—2022

道法自然　扶隐发微

生物学教研及科普文集

DAOFA ZIRAN FUYIN FAWEI
SHENGWUXUE JIAOYAN JI
KEPU WENJI

郑清渊　著

郑晓茜　整理

知识产权出版社
全国百佳图书出版单位
—北京—

图书在版编目（CIP）数据

道法自然 扶隐发微：生物学教研及科普文集／郑清渊著；郑晓茜整理．—北京：知识产权出版社，2022.10

（学者文丛）

ISBN 978-7-5130-8362-1

I.①道… II.①郑… ②郑… III.①生物学–教学研究–文集②生物学–科学普及–文集 IV.①Q-4

中国版本图书馆 CIP 数据核字（2022）第 170164 号

责任编辑：张　珑

学者文丛

道法自然　扶隐发微——生物学教研及科普文集

郑清渊　著

郑晓茜　整理

出版发行：知识产权出版社有限责任公司	网　　址：http://www.ipph.cn
电　　话：010 - 82004826	http://www.laichushu.com
社　　址：北京市海淀区气象路 50 号院	邮　　编：100081
责编电话：010 - 82000860 转 8701	责编邮箱：laichushu@cnipr.com
发行电话：010 - 82000860 转 8101	发行传真：010 - 82000893
印　　刷：江西千叶彩印有限公司	经　　销：新华书店、各大网上书店及相关专业书店
开　　本：710mm×1000mm　1/16	印　　张：23
版　　次：2022 年 10 月第 1 版	印　　次：2022 年 10 月第 1 次印刷
字　　数：291 千字	定　　价：98.00 元

ISBN 978-7-5130-8362-1

丛书编委会

主　任：王金平　张艳国

副主任：殷　剑　谢晓国　周毛春　胡小萍
　　　　叶廷峻　谢　康　文　鹏

秘书长：夏克坚

成　员：（按姓氏笔画排序）

　　　　王文勇　王志强　邓　琳　卢小平
　　　　刘　婷　刘永红　孙　扬　严红兰
　　　　杜　枬　李为政　张劲松　张晓娇
　　　　陈　丽　周雨然　俞王毛　徐新爱
　　　　涂序堂　梅　那　常　颖　章可欣
　　　　雷振林

积累学术文化，创新大学文化

南昌师范学院七十周年校庆"学者文丛"代总序

张艳国*

今年金秋时节，我们就要迎来南昌师范学院七十周年校庆了。七十年弹指一挥间，攻坚克难，写就光辉校史；七十年"筚路蓝缕，以启山林"，教育培训、师范教育的累累硕果汇入江西高等教育历史长河，为江西高等教育发展贡献了样本和经验；七十年勠力同心，奋发有为，提振精气神，不懈怠、不折腾、不停步，紧跟时代，赶上时代，形成了体现南昌师范学院师德师魂、师风师貌、校风校纪、学规学风、学者学术、学生学习、学科专业、社会服务内涵个性和本质特征的大学精神、大学文化。

七十年接续发展，学校严守自己的学统文脉，坚守自己的初心使命，一路走来，由小到大，由弱变强，不断彰显高校办学特色，办社会满意的师范本科院校，赢得了社会好评。在发展历程中，学校数易其址，几易其名，发展创新成果来之不易，历史记忆是办学治校宝贵的文化教育资源。考论江西高等教育之源，学校是江西省最早的四所高等院校之一，是"老八所"本科院校之一。虽说"英雄不论出身"，但历史

* 张艳国，南昌师范学院党委副书记、校长，江西师范大学中国社会转型研究省级协同创新中心首席专家、教授、博士研究生导师。国家"万人计划"（国家高层次人才特殊支持计划）哲学社会科学领军人才、中共中央宣传部文化名家暨"四个一批人才"、国务院政府特殊津贴专家、国家社科基金重大项目首席专家，兼任中国史学会史学理论研究分会副会长、江西省历史学会会长。

总归是历史，回望历史、牢记历史、尊重历史，在总结历史经验、掌握历史规律的基础上，充分发挥历史主动性、积极性、创造性，可以看清我们前行的路，更好地开创未来。

　　七十年前，为谋发展之大计，满足江西省人民对优秀中学教师的渴望，江西省人民政府于1952年4月1日在南昌市豫章中学小礼堂举行江西省中等师资进修学校成立仪式，这也是南昌师范学院的奠基礼。1952年5月，学校开设为期三个月的第一期培训班，集中培训全省中学和师范学校的校长、教导主任以及骨干教师，共计208名。办学四年，学校就培训骨干学员873名，极大缓解了新中国之初江西省基础教育师资不足的压力。1956年3月，在进修培训取得良好办学成绩的基础上，江西省政府决定扩大江西省中等师资进修学校规模，批准筹建南昌师范专科学校。新挂牌的南昌师范专科学校首设语文、数学、俄文、地理四个专修科，招收应届高中毕业生，同时开设教师进修部和教育行政干部轮训部，进行师干培训。其时，南昌师范专科学校是江西省仅有的四所普通高等院校之一，也是其中唯一一所为满足基础教育需要而建立的高校。办学两年间，南昌师范专科学校培养专科毕业生400余人，培训体育教师900余人，集训校长、教导主任2200余人，当时堪称全省基础教育师资力量进修培训的重镇。1958年，江西省人民政府决定创建八所本科高等院校，其中就有在南昌师范专科学校基础上设立的江西教育学院。当时，因南昌师范专科学校校址被调拨给新建的江西大学使用，致使学校师生搬至庐山办学。1958年10月，学校在庐山人民艺术剧院召开了江西教育学院成立大会暨新生开学典礼。从1958年到1962年，江西教育学院主要发挥师范教育功能，为高中应届毕业生提供学历教育通道。1969年，江西教育学院与江西师范学院、江西大学文科合并，先后成为江西井冈山大学、江西师范学院的重要组成部分。1979年，为适应江西基础教育发展需要，江西教育学院重新恢复办学建制，复苏进修培训、高师函授办学功能。1980年，学校的中文系、数学系、外文系开始招收走读本科生，由此恢复了普通本科教育。1999年，江西教育学院恢复普高招生，重启专科办学，但普高教育确定为21世纪江西教育学院的主攻方向。2005年，学校探索新的办学模式，在赣州市成立江西教育学院赣南分院，专职培养小学教师。2008年，为适应新的高等教育发展形势，学校购置南昌经济技术开发区瑞香路地段近500亩土地，建设学校新校区。2009年10月，学校的教育系、旅游系、中文系、外文系共计2000余名师生先行搬到瑞香路新校区。2010年10月，江西教育学院的办学主体搬到昌北校区。自此，学校办学重心由青山湖校区迁至瑞香路校区。2012年，江西教育学院普通高等教育在校生规模首次达到6000余人，远程培训和集中面授中小学教师超过400万人，学校成为江西省成人教育的"领头羊"，也成为江西省基础教育领域名副其实的"工作母机"。自2008年开始，学校"改制办本"工作便紧锣密鼓地展开。全校围绕"改制办本"目标，在省政府暨教育厅指导下，上下一心齐努力，夯实达标各项工作。2013年1月，学校通过教育部组织专家组进行的"改制更名"评议。由江西教育学院更名为"南昌师范学院"，学校的办学性质和方向也变更为一所普通本科院校。"改制更名"后，南昌师范学院确定立足江西、服务社会的办学目标，坚持面向基层、服务基层的办学宗旨，发挥自身办学优势，打通教师职前培养和职后培训，努力在江西建设一所有特色高水平应用型普通本科师范院校。2019年，学校顺利通过教育部普通高等学校本科教学工作合格评估。七十年的发展历程，大体上就是我在"校庆铭文"开篇中所概括的："学脉相传七十载，桃李芬芳满天下。建校之初，其辛也艰；改革发展，其果也实。七秩耕耘正风华，矢志育人再扬帆。"

进入中国特色社会主义新时代，在"十四五"时期，学校党委科学预判高等教育发展形势，明确"南昌师范学院在哪里"的问题意识，科学确立从"十四五"开始"分三步走"的发展战略，向着建设一所新型的高质量、有特色的南昌师范大学目标奋勇前进。目前，学校已被列

积累学术文化，创新大学文化

入江西省教育厅"十四五"新增硕士学位授予单位立项规划重点建设单位；学前教育专业获批教育部国家一流本科专业建设点；学前教育、音乐学、英语三个专业顺利通过普通高等学校师范类专业第二级认证；获批首批国家语言文字推广基地，等等。学校把握新时代高等教育发展新形势、新要求、新任务，研究并驾驭新时代高等教育发展规律，站在江西看南昌师范学院，站在中部看南昌师范学院，站在全国看南昌师范学院，站在世界教师教育看南昌师范学院，学校坚守教师教育底色，守牢育人育才本色，彰显服务基层特色，聚焦师德师风亮色，"四色"有机融合，打造"金色"教师教育，学校找准坐标系，找对参照系，定规划、有目标，"对标对表"做实核心办学指标、打好攻坚发展"组合拳"，凝心聚力、提振精神、鼓足勇气、真抓实干，奋战"申硕更大"新目标，以新的目标牵引学校发展踏上新征程。

历史之路我们已经走过；面向未来并不遥远，严峻挑战摆在我们面前。如何科学回答"南昌师范学院在哪里？""在新时代办一所怎样有教师教育特色的师范本科院校？""师范教育究竟是个什么'范'？"等问题，如果想要直接进行浅层次回答当然很容易；但如果想要进行深层次回答，并且回答准确、回答好，的确很难。在校庆七十周年来临之际，我们推出南昌师范学院七十周年校庆"学者文丛"，就是想借此回答这些问题，并借此积累学术文化，创新大学文化，助力学校内涵式高质量发展。

大学是什么？按照中国传统的说法，"大学"是大人之学；"大学之道，在明明德，在亲民，在止于至善"❶。意思是说，大学是教育成年人立德修身、处世为人、止于至善的教育机构和文化阵地。通俗地说，就是"教做好人"之学。在近代意义上，教育家马相伯说，所谓大学之"大"，并非指校舍之大、学生年龄之大、教员薪水之高，而是指道德高

---

❶ 朱熹撰，徐德明校点：《四书章句集注》，上海古籍出版社、安徽教育出版社，2001 年，第4页。

尚、学问渊深❶。大学就是要培养有道德、有修养、有学问、有才干的有用人才。无独有偶，我的博士研究生导师、华中师范大学前校长、著名历史学家、教育家章开沅先生多次在演讲中论述说，所谓高校之"高"，是指学历高、文凭高、学问高、道德高、文化高、素质高。由此看来，"大"和"高"，是大学或高校的重点和关键。因此，大学是培养人才、传承文化、积累文化、创新文化的地方，大学是由学校、教师、学生和社会组成的教育共同体。这个教育共同的要素（元素）是互动耦合的关系，教师乐教、学生乐学、政府乐办、学校积极、家长支持紧密互动，相互支撑，聚合功能；在这个要素群中，各要素都十分重要，缺一不可。

大学是干什么的？明确了何为大学，也就回答了大学的主业主责、教育功能这个问题。毫无疑问，大学所为，全在于帮助学生"成人立人"。围绕人做教育工作，教人成为有用之才，用古人的话说，是"己欲立而立人，己欲达而达人"，设身处地，推己及人，行仁教之法❷。用当代教育家章开沅先生的说法，是立足于人类命运、人类未来，"最重要的是做人教育"❸。总之，为党育人、为国育才，培养社会主义的建设者和接班人，"培养一个人才，振兴一个家庭，造福一方社会"❹。培养人，使人自立成才、有用有为，做有责任的中国人，做有义务的社会公民，做有家国情怀、有使命担当、有人文精神的人类一分子，首先在人格上要是一个"大写的人"，在道德上是一个"高尚的人"，在才干上是一个"有益于人民的人"❺。

自古以来，教与学就是一个矛盾统一体，它体现为教学互动，教学

---

❶《马校长就任之演说》，《大公报》，1912年10月26日。

❷ 张艳国：《〈论语〉智慧赏析》，人民出版社，2020年，第110页。

❸ 章开沅：《章开沅演讲访谈录》，华中师范大学出版社，2009年，第172页。

❹ 张艳国：《家长委员会在高校人才培养中的地位和作用》，《中国大学教学》，2016年第11期。

❺ 毛泽东：《纪念白求恩》，《毛泽东选集》第二卷，人民出版社，1991年，第660页。

积累学术文化，创新大学文化

相长❶。在大学里，从来都存在教学"双主体"的矛盾互动。从受教育一方说，学生是教育的中心，围绕学生、关照学生、服务学生、提升学生是大学教育的根本任务；从教育者一方来说，教师是教学的中心，投入教学、倾力教学、亲情教学，教育教学是教师的唯一职责和最重要使命。在教育体系和教学资源配置中，两者不可偏废，必须评估好、处理好。但是，从教与学的互动和矛盾关系平衡来说，教师是教学主体，"教也者，长善而救其失者也"❷，他是决定教学质量、教学效果的主导和矛盾的主要方面，学生则是学习的主体，他是决定学习能力、学习效果的主要方面。从根本上讲，由于教师具有教导、指导、引导、疏导的重大作用，因此，一所大学的文化、大学精神主要还是由教师引领的。从这个意义上说，没有教师，就没有教学过程，也没有教学文化。虽然我们常说，衡量一所高校的教育质量看学生，衡量一所高校的学术水平看教师，但是，由于教师在高校里具有道德、言行、价值的主导性和支配性，因此，在一定意义上讲，大学文化、大学精神也出自大学教师。由此可见，教师及教师队伍建设在大学发展中具有非常重要的地位，甚至起决定性作用。

大学教师为何如此重要？除了抽象地说，大学教师是教育的主导者外，更重要的则是，大学教师还是师德师风的引领者，探求知识、追求真理、关切人类命运的领跑者和示范者，特别是在他们中间，有着灿若星河、生生不息、标志着求知求真求善最高水平的名学者和"大先生"，他们既是学术的标杆、知识创新的推手，又是社会的脊梁。所以著名教育家梅贻琦先生说："所谓大学者，有大师之谓也，非谓有大楼之谓也。"❸ 大学重视教师队伍建设，这是抓一般，抓经常，抓根本；关键的是，要培养教师中的教师，即培养教育家、学问家，培养那些堪称"大

❶ 胡平生、张萌译注：《礼记·学记》下册，中华书局，2017年，第698页。
❷ 胡平生、张萌译注：《礼记·学记》下册，中华书局，2017年，第705页。
❸ 梅贻琦：《梅贻琦谈教育》，辽宁人民出版社，2015年，第7页。

先生"的好老师。学术大师、学术名家和大先生，他们是大学的教育标志、学术高度和学术名片，他们体现和代表着大学的学术质量和教育知名度。吸引学生报考入校、影响学生人生规划与行程的，往往是一所大学的著名学者。我曾到东北师范大学、南京师范大学访问。在交流中我注意到，两所学校极具教育眼光和学术眼光地为著名历史学家、教育家日知先生，著名心理学家、教育家高觉敷先生铸立铜像，这两尊铜像在学生和来访人员中极具魅力和吸引力，瞻仰者常年络绎不绝，铜像四周四季鲜花不断。山东大学建设的"八马同槽"文化园，也是如此。"八马同槽"❶，既是高等教育界的经典佳话，也是大学文化的宝贵案例。他们之所以能够成为大学的教育名片、学术名片，产生被家长、学生追慕的"社会效应"，除了他们所达到的学术高度令人敬佩外，最重要的则是他们的教育情怀和学术追求体现为一种伟大的精神和高尚的文化，他们视学术为生命，书写了感天动地的学术人生、教育人生，产生了"润物细无声"的文化辐射力、渗透力和育人功能。在他们身上，终生学习，毕生钻研，进入人生自觉，达到学习的"知之，好之，乐之"的精神境界❷，达到学术的"独上高楼，为伊消得人憔悴，蓦然回首"三重治学境界❸，使教育与学术臻于善美，这实为大学文化、大学精神的灵魂。我们发自内心地尊崇学术大师的精神品格、意志情操、学术贡献，就是对大学文化、大学精神的推崇、敬仰和弘扬。

在南昌师范学院建校七十周年之际，学校围绕大学文化开展校庆活动，就是要固守大学文化的根，守牢大学精神的魂，不忘我们从起点出发走向未来的本，用现代大学文化、大学精神培养我们的下一代和接班人。其中一项重要的内容，就是出版一套校庆学者文丛，它由袁牧

---

❶ "八马同槽"的典故，是说新中国之初，山东大学拥有八位享誉中外的文、史、哲大家名家，令人敬仰。参见许志杰：《山大故事》，山东大学出版社，2013年，第69页。

❷ 张艳国：《〈论语〉智慧赏析》，人民出版社，2020年，第104页。

❸ 王国维：《人间词话》，上海古籍出版社，2008年，第6页。

积累学术文化，创新大学文化

（1925—2015）、周文英（1928—2001）、吴东兴（1931）、李才栋（1934—2009）、郑清渊（1935—2016）、刘法民（1945）、谢苍霖（1947—2006）、李满（1953）、孙宪（1954）、赖大仁（1954）（按出生先后排列）十位名家之作构成，涉及中国逻辑史、中国书院史、马列文论、语文教育、拓扑学、文化研究、国画艺术、文艺评论、文艺美学、生物教育等学科领域。他们在学校的学科专业建设上，数十年如一日，潜心学问，精心育人，是南昌师范学院令人尊敬的大学者、好老师。"一代人有一代人的学术"，学术总是在传承中发展进步。我们出版这套"学者文丛"，就是要以教育文化样本形态，厘清学校发展的大楼与大师关系，彰显深蕴学校发展史中的学术文化，揭示学校倡导的学术标识，弘扬大学文化、大学精神，让师生从中受到教育和启示，激励后人，传承学术，滋养学脉，培养涌现出更多的学术名家大师，使学校为传承江右文化、建设时代新文化作出更大贡献，为建设一所新型的高质量有特色的南昌师范大学提供深厚的文化资源和强有力精神动力！

是为序。

2022 年国庆节于南昌

道法自然 扶隐发微——生物学教研及科普文集

目　录

道法自然 扶隐发微——生物学教研及科普文集

目录

第一篇

学术集萃

四棱豆引种初报[*]❶

四棱豆（*Psophocarpus tetragonolobus*（L.）DC.）又称"翼豆"，是一种热带特殊的豆科作物。分布于东南亚多数国家及西非部分地区，其中巴布亚新几内亚有较大面积的栽培。在我国北热带和南亚热带地区也有分布，其中云南省的栽培历史较久，分布亦较广，如玉溪、大理、思茅和西双版纳等地都有零星栽种。

四棱豆具有高度的经济价值。它的种子含蛋白质高达 28%～40%，粗脂肪含量为 15%～17%，具有 17 种氨基酸以及多种维生素和矿物质，可与大豆的营养价值媲美，故有"热带大豆"之称，可以直接食用或制作豆制品；植株的地下部分能产生块根，其中含蛋白质 8%～12%，比马铃薯蛋白质含量高 4 倍，是世界上含蛋白质最高的一种块根作物，除了供鲜炒或制成干片和淀粉食用外，还可代替尿素充作肥料，其肥效比尿素高 50 多倍；叶含蛋白质 5%～15%，可作汤食；嫩豆荚是极好的时鲜菜蔬，凉拌、鲜炒或作酱菜均宜；藤蔓可充作牲畜饲料。

由于四棱豆具有高度的营养价值，得到了世界上很多国家的重视，1978 年 70 多个国家的 200 多名代表曾在菲律宾举行第一届四棱豆国际会议，大力进行研究和推广。近年来，我国的广西、广东有少量移植栽种，湖南郴州地区也有栽培成功的报道，但都局限于北纬 24°～26°的地

---

* 原载于《江西教育学院学刊》1985 年第 1 期。

❶ 引种试验工作得到云南农业大学蔡克华教授、韩嘉义老师以及昆明市蔬菜公司张锡葵同志的帮助、支持和鼓励，特此一并致谢。

第一篇　学术集萃

区范围内，尚未见有再度北移而获得成功的报道。笔者从云南省的元谋引进种子，于1982年开始在南昌莲塘试验种植，植株生长茂盛，能正常开花结荚，现将试验栽培情况初报于下。

1. 四棱豆的形态特征

四棱豆系蔓性草本植物，根系发达，根瘤数量多，膨大的块根呈长形。茎无毛，绿色或紫灰色，为左旋性缠绕茎，分枝极多，属于无限生长类型。叶为复叶，小叶三片，有两片小托叶，叶片尖阔卵园形。开花时，从叶腋抽生花梗，每一花梗上着生2～6朵花，个别花梗可多达十余朵花，花为蝶形花冠，旗瓣外面呈浅黄白色，里面紫兰色，翼瓣为浅紫兰色，龙骨瓣向内弯，几呈白色，雄蕊10枚，9枚合生成束，1枚分离。嫩荚果绿色，长成时长为6～36厘米，有4个纵生棱角，每一棱角上有锯齿状翼，背线两侧略高，故有"翼豆"之称，是豆类植物中很特殊的性状。荚果的横切面呈四棱体，每一荚果的种子数为7～13粒，种子棕褐色或暗绿色，质地坚硬，种皮有光译，种子千粒重约为250～350克。

2. 四棱豆的生物学特性

四棱豆属于热带作物，生长发育要求有较高的温度，种子在15℃以上萌发，植株在20℃以上能正常生长发育，耐寒性差，在南昌地区11月初霜时植株便受冻枯死。四棱豆是短日照植物，生长发育期要求有充足的阳光，在蔽阴处生长不良，茎蔓纤弱，开花极少。性较耐旱，在排水良好的低地和山地都可种植，受涝时易于烂根，开花期如遇长期阴雨则落花甚多。四棱豆要求有较深厚的土壤，但肥力条件要求不高，在中等肥力条件下，就可获得较高的产量。

在南昌地区栽培四棱豆，适于四月中旬播种，在气温15～20℃之间，幼苗约需10天左右出土，苗期生长缓慢，出土后一个月左右，植株高仅达15毫米，此后开始爬蔓，进入快速生长期，6～8月为生长盛期，枝多叶茂，茎蔓缘高达 4 ～ 5 米，9 月初旬始花，9 ～ 10 月为盛花期，荚果生长迅速，可持续至 11 月中旬（初霜期）。

3. 四棱豆的栽培技术

四棱豆播种前后应深翻土壤，施以农家肥作基肥，种子直播，因种皮厚而光滑，透水性差，应先行浸种或给予机械损伤，以加速种子的萌发。苗高 15 厘米以上要及时搭架，架高应不低于 3 米，以棚式为好。由于南昌 7 ～ 8 月间处于高温炎热期，每隔 2 ～ 3 天浇水一次，以保持土壤湿润，利于植株生长。四棱豆植株侧枝非常发达，要适当整枝，保持良好的通透性，促进植株的发育。南昌地区 11 月初霜时，植株易受冻害而枯死，常不易获得成熟饱满的种子，可以选择保留第一、第二花序结的荚果里，疏掉其上部的花荚，使养分集中供给种子，以加速种子的成熟。在南昌地区种植四棱豆应以食用嫩荚为主，故应注意适时采收，过迟则豆荚变硬，不堪食用。

4. 讨 论

四棱豆是热带作物，经过引种试验，一般认为北移到北纬 24° ～ 26° 的中亚热带温暖润湿的丘陵区作一年生栽培是适宜的，而南昌地处北纬 28°40′，属亚热带季风性湿润气候，栽培四棱豆也能正常开花结荚，证明了四棱豆种植区从北纬 26° 再度北移的可能性。

江西地处北纬 24°24′ ～ 30°12′❶，气候温热多雨，全年平均气温为 16.4 ～ 19.8℃，有相当一部分地区是适于种植四棱豆的。特别是赣南地区，无霜期达 300 天左右，初霜期 12 月上中旬，种植四棱豆是完全可行的，留种问题也能解决。1983 年吉安农校和赣州地区的大余县曾从南昌引进四棱豆试种，植株生长旺盛，花多荚肥，产量也较高。如果能在江

---

❶ 编者注：现江西省纬度为北纬 24°29′ ～ 30°04′。

西省加强四棱豆的研究工作，扩展种植地区（至少在吉安和赣州地区之内），对于开辟蛋自质的新来源，丰富人民物质生活是极有意义的。

引进南昌的四棱豆均属能产生块根的种类，但大部分植株块根很小或不长块根，因此，在南昌地区的气候条件下如何采取技术措施，促进块根的形成，还有待于进一步的研究。

泰国玉米笋引种研究*❶

  泰国玉米笋是一种蔬菜型经济作物，其植株腋芽长出的幼嫩玉米棒形似小笋，外观似指状，呈淡黄色，稍有光泽。笋肉含有丰富的营养，据分析，蛋白质占 1.84%，每百克含维生素 C 为 3.2 毫克，可溶性固形物 6.17% 和丰富的亚油酸、多糖及多种人体必需的氨基酸，具有很高的食用价值。玉米笋的组织细柔脆嫩，无纤维感，香气浓郁，清甜可口，具有独特的风味，无论是整条制作西餐配菜，还是切片做中餐炒菜，都受到人们普遍的欢迎。因此，玉米笋以它品质优良、营养丰富的特点走进高档的新型蔬菜的行列，成为国内外盛行的食物。玉米笋罐头是世界最畅销的蔬菜食品之一。

  1984 年秋，福建省食品工业原料公司从泰国农科院引进玉米笋新品种，经过几年的试种，获得成功。河北、山东、湖南、江苏、河南也有栽种的报道。河北省生产的长城牌玉米笋罐头获得第十四届巴黎国际食品博览会金牌奖，而江西省尚没有栽种玉米笋的报道。笔者于 1988 年从福建南靖引进泰国玉米笋种子，在江西教育学院生物系植物园连续进行了三年的试验种植，对玉米笋的性状、特性和栽培技术作了观察和研究；所生产的玉米笋保持了原种鲜嫩脆香甜的特点。现将引种情况初步小结报告于下。

---

 * 原载于《江西教育学院学报》1991 年第 2 期（综合版）。

 ❶ 参加栽培试验工作的有胡向萍，胡业华，凌思萍和刘江城等同志。

第一篇 学术集萃

1. 植物学特征和特性

泰国玉米笋的种子外观呈金黄色，着生种胚的一面为淡黄白色，种子的形状基本为马齿型，稍有皱褶，一面略显平满，另一面则向内凹陷，呈不饱满状态；千粒重 116 克。

植株状态与我国普通玉米相似，株高 1.70 米左右，茎秆粗壮适中，叶为 12～14 片，较普通玉米的叶片细狭，叶鞘和叶缘生有白色绒毛。

泰国玉米笋属感温性品种，全生育期总活动积温 2200℃ 左右，对光的要求不严格，山区和平原均可种植。它的生长发育经过幼苗期、三叶期、拔节期、雄穗和雌穗发育期和种子成熟期等几个阶段，全生育期约115～120 天。生产玉米笋的周期则比较短，从播种到采笋只需 50～78天。种苗出土 6～7 天就进入三叶期，植株生长 40～50 天左右，雄花序开始发育露顶，一周后雌穗发育，花丝柱头露出苞叶，即可开始采收。生长发育良好的植株，每株可产生 4 个雌穗（即 4 支笋）。一般雌穗着生在第三至第六节的叶腋处，同一植株所产生的雌穗，发育是不同步的，其顺序是由上而下，即第六节最先长出雌穗，第三节的雌穗发育最迟。从第一个雌穗（第一支笋）采收到最后一个雌穗的收获，前后约 10 天。

2. 主要栽培技术

2.1 选地、整地。可选择排灌方便的水田、农地、山坡地、将土壤翻松、耙平，整成窄条高垄式的畦，畦距 1～1.2 米。

2.2 适时播种。在南昌种植玉米笋，4～8 月期间均可以播种，最早的播种时间定在清明（4 月 5 日左右）为宜，最晚的播种期以不迟于 8月 20 日为好。由于气候因素如气温、光照等的影响，不同的播种期对植物的生长发育有密切的关系（见表1），7 月初和 8 月初播种的，植株生长发育全处于气温较高、光照强烈的天气里，玉米笋的生产周期最短，效益最好。

表 1　不同播种期与生产周期的关系

年份	播种期	出苗期	雄穗 发育期	雌穗 发育期	采收期	生产周期
1988	4 月 7 日	4 月 13 日→6 月 10 日→6 月 15 日→6 月 24 日				77 天
1989	7 月 2 日	7 月 6 日→8 月 22 日→8 月 24 日→8 月 29 日				57 天
1990	8 月 1 日	8 月 5 日→9 月 18 日→9 月 20 日→9 月 24 日				54 天
1990	8 月 13 日	8 月 17 日→10 月 9 日→10 月 13 日→10 月 17 日				65 天

2.3 合理密植。播种方式采用双行穴播，穴距 0.3 米，每亩约 3500～4500 穴，每穴播入种子 3 粒，每亩播种量约 1.5 千克，经过苗期的留优弃劣，每亩保留结笋株 8000～9000 株。间苗时注意植株疏密有致，使株株生长发育良好，以保证一定的产量。

2.4 施肥方法。施肥要以土杂肥为主、化肥为辅，按不同的生育阶段集中施用。底肥可用土杂肥或亩施钙镁磷 25 千克和粪水肥 10 担，在三叶期要结合间苗补苗，施一次薄肥、用腐熟粪水肥 10 担和过磷酸钙 15 千克施用，以保证全苗壮苗；拔节前期（株高 50 厘米左右），结合培土重施一次拔节肥，亩施尿素 15 千克，氯化钾 15 千克；雌穗发育前施一次补肥，用尿素 2.5～5 千克即可。最好能在各个生长期多用土杂肥、草木灰等，能减少病害，增强抗倒伏能力，提高产量。

2.5 注意排灌。就南昌气候而言，春播玉米笋，于 4～6 期间雨水较多，应注意及时排水，夏秋播种的要及时灌水，7～8 月间气温高，植株蒸腾量大，应及时灌水；生长中期，如遇干旱天气，有条件的可灌跑马水。

2.6 病虫害防治。三叶期要松土并清除田间杂草，防止病虫害的滋生。秋季发现蚜虫危害时，可用乐果防治，每亩用乐果 100 克加水 60 千克喷雾杀虫。为了保证玉米笋的质量，于采笋前半个月内，禁止使用任何化学农药。

第一篇　学术集萃

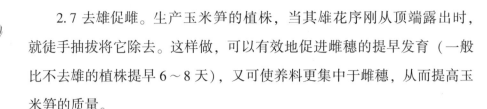

2.7 去雄促雌。生产玉米笋的植株，当其雄花序刚从顶端露出时，就徒手抽拔将它除去。这样做，可以有效地促进雌穗的提早发育（一般比不去雄的植株提早 6～8 天），又可使养料更集中于雌穗，从而提高玉米笋的质量。

2.8 适时采笋。由于在同一植株上所生的苞穗发育是不同步的，所以采笋的日期也是不一致的。一般地说，第一支笋应在苞穗花丝刚露出的第二天采收，第二到第四支笋则应在苞穗花丝刚露出的当天采收。在这一时间范围内所收的笋块质量最佳，同时也符合商品笋的质量要求和制作罐头的标准，即笋的直径不超过 1.6 厘米，长度为 5.5～11 厘米。但因各地的气候条件的不同以及肥、水等因素的影响，苞穗的发育情况也各有差异，种植者必须结合笋块的粗细和长短，灵活掌握。在采笋时应注意不使茎叶受到损伤，以保证尚未采收的苞穗正常生长发育。

2.9 育种方法。生产玉米笋种子，应专设制种区，让植株的雌雄花序自然发育，结出成熟的种子，以备来年播种之用。为了保证原种性能长期保存下去，必须按照一定的要求生产种子。一是要有严格的隔离措施，留种地应远离普通玉米种植区，避免与普通玉米发生杂交而改变玉米笋的种性；二是培育玉米笋的自交系，采用不同的自交系进行杂交的方法制种，以获得生活力较强的后代，从而克服由于多代自交而发生的退化现象。

3. 讨　论

3.1 泰国玉米笋在南昌的气候条件下可以正常生长发育，每年的 4 月～8 月 20 日均可播种栽植。它的生产周期比较短，从播种到摘笋平均以 70 天计，则一年可种三季，山区至少可种两季。在江西省，南昌以南的广大地域，纬度更低，全年无霜期更长，都是泰国玉米笋适宜的种植区，可以作进一步的推广性试种。

3.2 种植泰国玉米笋，一年里每亩单产可达500～600千克，产量颇高，如能制作玉米笋罐头，则具有相当高的经济效益。在种植的过程中无需特殊的设备，经济投入也少，而目栽培技术易于掌握，适于在农村、山区推广种植，是发展农村经济和农民致富的好途径。

参考文献

[1]韩士奇,新型蔬菜——玉米笋[J].生活百事通,1990(10).

[2]朱丕荣,王孟端.杂粮栽培——玉米[A]//农业生产技术基本知识.北京:农业出版社,1962:839-871.

中学生物特色教学研究[*]

生物学是研究生命的科学，研究的对象是"活"的生物体，它有许多区别于"死"物即无生命的非生物的本质属性。生物科学对生命现象的描述，基本概念、基本原理和基本理论的表达，有其区别于其他科学的特点。中学生物教学的学科指导思想、知识规律的掌握和教学方法的选择都必须充分体现它不同于其他学科的鲜明个性特征，突出它的特色。

一、在生物教学中体现生命的本质属性

自 20 世纪中期以来，生命科学发生了巨变，这是由于分子生物学的研究向各个分支学科的渗透，得以进一步揭示各个层次生命活动的奥秘，特别是人类基因组的解密，将使遗传、变异、生长、发育、衰老和死亡等生命现象获得认识上的飞跃，人们对生命活动的本质有了新的理解，概括起来说，一切生命体都具有 6 个鲜明的本质属性。

（一）生命的同一性

虽然生物界种类繁多，但是生命世界中最本质的东西，在不同的生物体中表现出惊人的一致。任何生命都具有物质的属性，构成生物体的元素都普遍存在于无机界，其中以 C、H、O、N、P、S 和 Ca 等占有较

＊ 原载于《江西教育学院学报》2002 年第 3 期。

大的比例；所有的生物体，从最高等最复杂的人类到最低级最简单的单细胞生物，其基本组成物质都是蛋白质和核酸，蛋白质的单体是由相同的 20 种氨基酸构成的，核酸的单体都只含有 8 种核苷酸，由脱氧核糖核酸组成的遗传密码，在整个生物界一般是通用的，并且有着类同的基因转录、翻译和修饰的程式；生命代谢活动，包括各种物质的生成、转化，能量的获取和利用方式也有着高度的一致性。如代谢过程中酶的催化作用，都是三磷酸腺苷（ATP）为细胞的各种活动提供能量，细胞之间及与外界环境物质交换。信息传递都依赖跨膜蛋白质，无论是动物还是植物细胞的呼吸都要经过不需氧的糖酵解和需氧的三羧酸循环过程。这种对生命现象的多样性和生命本质高度同一性的认识，是人类认识自然和自己的一大飞跃。

（二）生命的有序性

有序性是生命的属性，整个生命自然界存在着一种高度有序的现象，从微观到宏观，无论是生命的结构或者是生命的运动程式都呈现出严整的多层次的有序特征。

组成生命物质基础的蛋白质和核酸，其结构和功能是高度有序的。蛋白质是由氨基酸按一定的顺序连结成肽链，然后通过肽链在空间的卷曲折叠而形成三维空间构象。脱氧核糖核酸（DNA）是由 4 种核苷酸按一定的排列顺序连接成为脱氧核糖核苷酸链，再由两条反向平行的脱氧核糖核苷酸链向右盘绕成双螺旋结构。蛋白质和核酸的生理活动也是有序的，如 DNA（基因）控制蛋白质的合成，其信息流向是顺着 DNA→RNA→蛋白质这一中心法则运行的，DNA→RNA→蛋白质的秩序是生命有序的基础和核心。

细胞是包含了全部生命信息和体现生命所有基本特点的独立的生命单位，它的结构和生理运行都是有序的，表现在细胞内各个结构单元

（如细胞器）都有特定精确的定位和生命活动的严格程式，构成了维持生命有序性的基本体系。

多细胞生物，特别是高等动、植物体，是一个有序的多层次的级联结构体，是由组织、器官和系统等层次，通过细胞级联有序地构成一个有复杂结构和丰富功能的生物体，表现了级联的有序性。

生命自然界的结构是有序的，包含了个体、种群、群落、生态系统和生物圈等层次，每个层次有各自独立的活动规律，相互之间又有密切的关联，使生命自然界成为一个有序的统一的整体。

（三）生命的开放性

从系统论的观点考察，生命无疑是一个高度复杂的动力学系统，是一个高度有序的、开放的、具有耗散结构特征的、远离平衡态的系统。其开放性突出表现于生物的新陈代谢作用，即生物和周围环境不断进行着物质的交换和能量的流动，一方面从外界摄取物质和能，将它们转化为生命本身的物质和贮存在化学键中的化学能；另一方面又分解生命物质，将能释放出来，并排出代谢终产物。生命的耗散结构特征是指生命是一种处于远离平衡态条件下的稳定有序结构，这种结构内的物质粒子处在较大范围的活动中，它不断地流入和流出这个体系，物质和能量不断地在消耗（消散）。生命通过开放、耗散和远离平衡态的动力学过程，获得了不断进行自组织的属性，向着有序程度逐渐递增的方向发展，具体表现在个体发育上从一个比较简单的受精卵逐渐发展成为一个成熟的比较复杂的个体。在系统发育上，生物由比较简单低级的类型逐渐发展成为比较复杂高级的类型，生命物质之所以能保持这种有序的发展状态，缘于它是一个开放系统。

（四）生命与环境的统一性

生物体在与环境之间的相互依存、相互作用、相互制约和相互协调的复杂关系中体现两者的统一性。首先，环境为生物提供活动的空间和生活必需的资源，如空气、水分、光和食物等，体现了生物与环境的依存关系；生物从周围环境摄取生活资源，获得物质和能量的同时又将代谢的终产物排于环境中，影响着环境，使环境发生不同程度的变化，环境的变化又反过来影响生物的生存和发展，两者相互作用、相互制约。其次，生物与环境之间是协同发展的，从生物与无机环境的关系看，生物与地球是协同发展的。从生物间的相关性说，存在着物种间的互促关系，如花和采粉的昆虫、寄生虫和寄主、捕食者和被捕食者，它们之间相互适应协同进化，体现了生物与环境间的协调关系。这种生命与环境之间的复杂的不可分割性充分表达了生命与环境的统一。

（五）生命的稳态性

生物对各个环境因素具有高度的适应性，表现在其结构和功能跟环境和谐一致，如鸟类有适于飞翔的翅膀，鱼类有适于水中呼吸的鳃。但由于环境在一定的时间尺度范围内不断地发生着变化，生物体不可能立时由自身的结构和生理的随意改变来加以应对，而只有通过一定的行动方式限制其内环境的变异，保持内环境的相对稳定，来适应易变的外部环境条件，其机制是：当外界环境有较大的波动时，生物通过应激能力，产生一系列的生理过程的调节作用或行为的改变，来维持自身相对的稳定，这就是生物的稳态性（homeostasis）。

生物的稳态性表现在细胞、个体、群落和生态系统各个层次，每个层次有自己特定的机制来保持自身动态的稳定，如恒温动物通过控制体内的产热过程来维持一定的体温。变温动物则主要通过不同的行为来减少热量的散失或利用环境的热源使身体增温。生态系统是通过反馈调节，特别是负反馈来达到和保持稳态或平衡。

（六）生命的进化性

生物进化是一个特殊的生命现象。它不同于非生物物质系统的演化；生物进化是通过遗传过程中的变化而实现的，生物进化也导致生物对环境的适应，而非生物物质系统不存在遗传和适应，可见生物进化是生命的重要属性。

生物的进化又是一种不可逆转和不可重复的物质运动现象。生命诞生后，经历了原始单细胞生物、多细胞生物和各生物物种的辐射发生到高级生物直至高智能人类的出现等重要发展阶段，在这发展的历程中逐步实现了自身结构的复杂化、多元化，提高了应答环境的主动性和灵活性，呈现出生命发展历程层次递进和多态发展的分形演进趋势。

现代中学生物教学必须从整体上体现由于生命科学的新进展所揭示的生命的本质属性，将其作为教学的学科指导思想，来驾驭和统率教学过程，培养学生的生命意识，通过洞察生命的同一性，构建"生命自然界的整体意识"；理解生命的有序性，建立"有序则生，无序则亡"意识；感受生命的开放性，深化生命的"不断运动意识"；考察生命与环境的复杂关系，树立"生态意识"；认知生命的稳态性，培养"生命的自主意识"；揭示生命的进化性，强化"生命的变化和发展意识"，使生物教学充分体现与时俱进的精神，跟上现代生物科学快速发展的步伐，从而体现生物教学的特色。

二、在生物教学中科学地反映生命活动的特征

生命活动具有一定的规律性和它的运动特征。生物教学应科学地、准确地反映这些规律和特征，展现生命活动的原貌，提高生物教学的科学性和严整性。

（一）生命活动是一个整体的活动过程

生命活动是在生物整体中展现出来的，生物体的局部（如生物大分子、细胞、组织、器官等）各个层次的活动只有在整体的调节下才具有意义，才能反映生命整体的属性。我们应该用生命的整体意识去指导生物教学，比较有效的方法是实施综合式教学，把分散在各章节的知识点联系起来，组成知识链，再将知识链有机地结成知识网，最后构建整体知识体系。例如初中植物学部分，可以以植物对水分的吸收、运输和利用为线把根茎、叶、花、果实的结构和功能的知识连结组合，构成整体的知识系统，将知识由点性向线性和网性推进，使学生获得整体的知识。

（二）生命活动是一个有序的连续的运动过程

为了便于理解和记忆，在教材中常将连续运动的过程分成几个阶段或时期来描述，如细胞的有丝分裂，其过程分为前期、中期、后期和末期，并按各个时期描述染色体、细胞器等的行为和变化。实际上，细胞的有丝分裂是一个连续的演进过程，这四个时期完全是人为划分的。在教学过程中，可将染色体的连续变化和行为作主线来突出连续的动态性特征，化去对细胞有丝分裂阶段和间断运动的误解。

（三）生命的运动进程具有序列方向性和不可逆转的特征

各个组织层次的活动都表现出这个共同的特征，如青蛙的发育程序是"受精卵→蝌蚪→幼蛙→成蛙"；高等脊椎动物的生命序列为"出生→生长→发育→繁殖→衰老→死亡"。对于序列性很强的生物知识，如食物的消化和营养的吸收，宜于运用程序式教学方法，首先确定它的序列和方向，然后逐步推进。生物实验是培养学生程序意识的很好时机，如"叶绿体中色素的提取和分离"的实验，首先让学生明确"叶绿体色素的提取→叶绿体色素的分离→实验结果的观察"的方向性程序，再明确具体操作步骤，让学生按程序方向和步骤去独立完成实验，从而强化序列意识。

（四）生命对其生活的环境具有适应性特征

由于环境的时空变化，生物体要不断地以自身的稳态或变化来适应变化着的环境，所以我们在观察和研究生物时要建立对生命的时空思维，突出时空教学，具体体现在生命"三"问：一问生物体处于什么生命进程，即处于幼年期、生长发育期、成熟期还是衰老期。因为不同的生命进程其生命的活力表现不同，生理和行为活动具有不同的特点。二问生物体处于什么季节。由于生物在历史进化过程中，不断地适应着地球表面一年四季的温度、水分和其他环境因素的变化，形成了"春萌、夏长、秋实、冬藏"的生命运动的基本规律，按不同的季节去考察生物，方能获得真实的结论。三问生物处于什么样的环境之中。因为环境不同，生物的种类不同，其生命活动也具有不同的特点，生物教师在指导学生观察生物、采集生物标本和实验材料的准备时，都要考量环境的因素，得以收到预期的效果。

（五）只有活体才能表现出多种生命现象

生物只有活着的时候才能表现出生命的本质特征，所以研究"活体"是研究生物的根本方法，生物教学要尽可能地创造条件进行活体教学，能用活体的就不用"死体"，如观察草履虫，就必须观察活着的草履虫，而不用草履虫的"死体"装片。要解放学习生物学的时间和空间，让学生走出教室，走向大自然，去体验鸟飞鱼跃、草绿花香的真实的生命世界。

道法自然 扶隐发微——生物学教研及科普文集

三、根据生命活动的现象和规律，运用生物知识中的表达特点进行教学

生物的结构和生命活动都有一定的共性和规律性，但是，由于生命自然界的多样性，不同物种或种内不同个体之间存在着明显的差异（异质性），包括基因的差异、结构的差异、生理过程的差异和行为的差异等。因此，对于生命现象某些有一定规律性的表达，如明确的事实或是对过去生命现象的解释，或者是对生命未来的预测，一般很难用定律或定理加以概括，因为在共性之外，还存在突出的个性。总有"例外"的现象存在与发生，这种"例外"在现行中学生物教材中有明显的反映。例如，初中《生物》第一册关于"种子的结构"一节，其中有一段描述："双子叶植物的种子一般没有胚乳，但是也有例外，例如蓖麻、荞麦等的种子里就有胚乳。单子叶植物的种子一般具有胚乳，但是也有例外，例如慈姑、泽泻等的种子里就没有胚乳。"这是生命现象的复杂性和多样性所决定的，也是生物学知识的一个突出特点。

由于生命现象的多样性和鲜明的个体特征，所以在生物学知识的表达上也有相应的显著特色。

（一）生物学知识主要通过生物学概念来表达

生物学概念是对复杂的生命现象和活动规律的高度概括和精炼的总结，一般包括基本概念、原理、法则学说、模型和理论等，构成了生物知识的体系，其中基本概念是体系的核心和基本单元，占主导地位。在中学生物教材中，它是各章节的主干内容，生物教学应下功夫让学生准确地理解和掌握基本概念，因为它是能力的培养和智力发展的前提和基础。搞好基本概念的教学有三个着力点。

1. 要紧紧抓住生物学基本概念的本质。基本概念包括内涵和外延两

部分，内涵就是概念的本质，外延是它的对象或范围。例如植物光合作用的概念是"绿色植物通过叶绿体，利用光能把二氧化碳和水合成贮存能量的有机物，并且释放氧气的过程"，其中最本质的部分（内涵）是："通过叶绿体，利用光能，把二氧化碳和水合成贮存能量的有机物，释放氧气。"其本质的核心是太阳能的固定和转换，"绿色植物"是概念的外延，指出了具有光合作用的对象或范围，学生掌握了光合作用的本质，就能进一步理解光合作用制造有机物，释放氧气对自然界中的物质循环及能量流动所产生的关键性作用。

2. 要深入揭示概念之间的关系。生物学知识中基本概念很多，许多概念之间具有密切的联系，在生物教学过程中着力去揭示概念之间的关系，能促进学生对基本概念的准确理解，并使各方面的知识融会贯通。基本概念之间的关系很复杂，但其关系的本质特征是既相互联系，又相互区别，现列举几种关系的类型。

从属关系。如新陈代谢的概念是指生物体内一系列有序的酶促反应的总称，按其代谢的性质可分为物质代谢和能量代谢。物质代谢和能量代谢概念是从属于新陈代谢这个总概念的，也就是说新陈代谢蕴含着物质代谢和能量代谢，它们是新陈代谢不可缺少的组成部分，这种从属关系是不可分割的。

对立关系。如光合作用和呼吸作用两者是相反的概念。光合作用是合成有机物，储存能量；呼吸作用则是分解有机物，释放能量，两者是对立的，但又是彼此联系的。光合作用可利用呼吸作用产生的 CO_2，呼吸作用可利用光合作用释放的 O_2，它们是绿色植物赖以生存的最为重要的生理作用，它们的关系既是对立的又是统一的。

类同关系。如细胞的有丝分裂和减数分裂的概念，教材首先指出"减数分裂是一种特殊方式的有丝分裂"，说明两者在性质上是相同的，是同一类型的。但减数分裂又不同于有丝分裂，其"特殊"之处是，减数分裂过程中 DNA 复制一次，细胞分裂两次，形成 4 个单倍体细胞。而一般的细胞有丝分裂是 DNA 复制一次，细胞分裂一次，形成两个二倍体的细胞。两个概念之间是类同异质的关系。

层次递进关系。如生物个体、种群、群落和生态系统这几个概念之间的关系，种群是在一定空间中同种个体的组合，群落是在特定的生境下生物种群有规律的组合，而生态系统则是群落加上无机环境构成的，从生物个体到生态系统之间是一种相互包容，由小到大的层次递进关系，各个层次有其独立的结构和功能，它们彼此之间又通过物质循环和能量流动互相作用、互相依存而形成一个整体，体现了一种既独立又统一的关系。

3. 注重基本概念的应用。一方面要重视基本概念的迁移，利用基本概念之间的相关性，通过分析和比较，从已熟悉和掌握的概念知识去推进对新概念的认识和理解。例如，在学生掌握精子形成的过程后，用比较的方法去理解卵细胞形成过程及其特点。又如，在单倍体概念的基础上去推进对多倍体概念的理解。另一方面要注重基本概念与实践的联系。基本概念具有抽象的理性的特征，只有跟实际密切的结合，才能充分体现它的作用、意义和价值。如以细胞渗透吸水的概念去解释一次性施肥过多，产生"烧苗"的原因；了解基因的概念，从而联系人类基因组的测序；掌握细胞分化的概念，进而联系干细胞的功能及其研究意义。这样，将理性知识与感性知识结合起来，从而活化了基本概念，深化了对基本概念的认识。

（二）生物学知识的特定词表达

为了表达生命活动共性中的个体差异，常使用一些特定的词来蕴含"例外"的存在，使生物学知识更符合生命自然界的实际，概括起来有三个类型的词。

1. "辩证词"：这是在表达某些普遍的生命现象的同时，暗示还存在着特殊现象的用词，它们是"一般地说""大多数""多数""大都""基本上""一般""主要""大体上""常常""往往""大约"和"几乎"等。例如："一般地说，被子植物都能够进行光合作用"；"根系的入土深度一般都大于地上部分的主茎高度，根系的扩散范围一般都大于地上部分的扩散范围"；"大多数双子叶植物具有网状脉，大多数单子叶植物具有平行脉"；"生物的形态、结构和生活习性与环境大体上相互适应"；生物的各个物种既能基本上保持稳定，又能不断地进化"；"糖类是细胞主要能源物质"；"草原啮齿动物几乎都过着穴居生活"；"裸子植物大都是高大的乔木"；"病毒往往通过接触、空气、水、伤口、血液、蚊虫叮咬等途径进行传播"。

2. 限制词：这是专门用来指明所描述的生命现象是限定于哪种对象，在什么范围内或处于何种条件下产生的，而不是带有普遍性或规律性表现的用词。例如，"正常成年人每天滤过肾小球的水 Na^+ 和 K^+ 等有99%以上被肾小管和集合管重吸收"；"一个体重65kg的男子，体内大约40kg水，11kg蛋白质，9kg脂类，4kg无机盐，1kg糖类"；"从结构上说，除病毒以外，生物体都是由细胞构成的"；"在一般情况下，根毛细胞液的浓度总是大于土壤溶液的浓度"；"无氧呼吸，如果用于微生物，习惯上称为发酵"。

3. 变量词：由于不同的生物体存在着生理活动的差异，人们对它们生理活动进行测试和研究时，所获得的生理参数并不一致，常呈现出一定的变动范围，所以表达这一特殊情况时，多采用变量的方式来描述。一是"变量幅"描述，指出其变动的量数范围，如"豆科植物从根瘤中获得氮素，占其一生中所需的30%～80%"；"血糖含量80～120mg/dl相对稳定，高于160～180mg/dl为糖尿"；"固氮菌的分离在28～30℃中培养3～4d。二是"概量"描述，其参数没有一定的变量幅，故采用放量方式来表达，如"C、H、O、N 占细胞干重的 90% 以上"；"乳酸菌每小时产生乳酸能达自身重量的成千上万倍"。

除了上述三类词的特定表达以外，在生物学的教材里也常出现辩证词、限制词和变量词三种词中两种或三种同时使用的表达方式，如"正常人（限制词）的口腔温度 36.7~37.7℃（变量词）；"成年人（限制词）身体大约（辩证词）含有 10^{14} 个细胞"；"噬菌体在细胞裂解后，一齐被释放出来，释放量通常（辩证词）在 $10^2~10^5$ 个左右（变量词）"；"森林中（限制词）一种植物灭绝，可能造成大约（辩证词）十种至三十种（变量词）动物消失"。

上述这些"词"的应用，是生物知识在表述上的特色，它使教材更真实地反映生命自然界的多样性、生命活动的复杂性和多变性，是不可或缺的，必须引起我们的重视，特别是在课堂教学的口语中或命题时更要认真对待，以防止产生科学性的错误。

科学家海德·贝利说："生物教育的最品境界是对生命的感悟。"生物教学要紧紧抓住生命和活体这一学科最根本的特点，教出自己的学科特色。要引导学生去认识和感悟生命：感悟生命的旋律、生命的跃动、生命的力量、生命的美丽、生命的尊严和生命的挑战，把生物教学推向新的更高的境界。

参考文献

[1]陈阅增等．普通生物学[M]．北京:高等教育出版社,1997.

[2]程红等．生命科学导论[M]．北京:高等教育出版社,2000.

[3]刘植义等．中国著名特级教师教学思想录(中学生物卷)[C]．
　　南京:江苏教育出版社,1996.

第一篇　学术集萃

从教育学院实际出发，建设优良校风*

　　高等学校是精神文明建设的重要阵地，以自己培养的人才和自身的形象去促进整个社会风气的健康发展，是它的一项重要任务。建设优良校风，创造良好的工作、学习、生活环境，是培养社会主义"四有"新人、提高教学质量的需要，也是学校管理工作的重要内容。

　　教育学院担负着培养中学在职教师、教育行政干部的重要任务，它的"成人、在职、师范"性质，决定了它的培养对象、培养目标、办学方式、方法等不同于普通高校，也不同于其他成人高校。办好教育学院，有它自身的特点和规律。马克思主义哲学认为，矛盾的普遍性和特殊性是辩证统一的，矛盾的普遍性寓于特殊性之中，普遍性通过特殊性而存在。教育学院的校风建设，既有普通高校的共性，又有其个性，我们必须从教育学院的实际出发，进一步解放思想，破除旧框框，适应新形势，走出教育学院校风建设的新路。从 1984 年开始，江西教育学院就提出建设"团结、勤奋、求实、创新"的校风，在这一总目标指导下建立"扎实、高效"的干部工作作风，"严格、负责"的教师教风，"勤奋、主动"的学生学风。经过上十年的工作实践，江西教育学院校风建设已收到一定成效。本文仅从理论与实践的结合上，对加强教育学院校风建设谈一点认识。

---

　　* 与毛秋云合著。原载于《江西教育学院学报》1995 年第 1 期。

一、从教育学院实际出发，加强校风建设

（一）端正干部工作作风是加强校风建设的关键

"火车跑得快，全靠车头带。"领导同志、机关干部的作风好坏，直接影响到学校工作的正常开展。因此，良好的工作作风，是形成优良校风的关键。当前改革开放的新形势，为教育学院的改革与发展提供了新的机遇，也对学院干部提出了新的更高要求。

首先，院、系领导班子要加强思想作风建设，提高整体水平。重点要加强民主集中制，制订议事程序、决策程序，在决策的民主化、科学化方面下功夫；要建立学习中心组，提高思想政治素质、理论水平和业务水平；坚持和完善双重民主生活会制度，用批评与自我批评的方法，重点解决班子内的团结问题、工作协调问题，等等。党的路线正确，领导班子团结有力，真正成为校风建设的带头人，学院的工作就会稳步发展。

其次，机关干部担负着学校各方面的管理工作，要适应新的形势，必须解放思想，增强开放意识。要大胆冲破"因循守旧""按部就班"等陈旧观念的束缚和"唯书、唯上"的思想禁锢，变无所作为为开拓进取，求实高效。一是要正确处理虚与实的关系。学校党政机关各部门开展工作，少不了要开会、发文件、布置任务等，加之教育学院党政机关与普通高校相比，职能不少，干部人数却很少，但这并不等于可以光讲空话，不干实事。正确处理虚与实的关系，就是要克服形式主义、官僚主义工作作风，干部要深入基层，工作深入、细致，搞好调查研究，在使用人、财、物诸方面严格按规章办事，加快工作节奏，提高办事效率，真正为基层、为师生解决实际问题，讲求实效。二是要正确处理管理与服务的关系，机关各部门的工作，主要是通过对基层单位的指导、

管理职能来为育人服务的。管理也是教育，是高校实现培养目标的一种重要手段。正确处理管理与服务关系，就是要使我们的干部认清管理者切不可高高在上，指手划脚，而应发扬艰苦奋斗、廉洁奉公的优良传统和作风，树立重事业、轻得失，少索取、多奉献的高尚情操，努力做到政治上强，工作上实，纪律上严，运用科学的管理方法，为基层工作服务，为师生员工服务。

（二）树立良好教风是加强校风建设的前提

社会主义市场经济的发展，不仅要求学校培养的人才有过硬的业务素质或本领，而且要有良好的道德素质，又红又专。学校只有全面贯彻党和国家的教育方针，全面提高教学质量，既重智育又重德育，才能培养出合格人才，满足和适应社会主义现代化建设和市场经济对人才的要求。列宁曾经指出："学校的真正性质和方向，并不由地方组织的良好愿望决定，不由学生'委员会'的决议决定，也不由'教学大纲'等等决定，而是由教学人员决定的。"毛泽东、邓小平对教师培养人才所起的关键性作用也都有过重要论述。建设优良校风，多出人才出好人才，教师教风的培养非常重要。好的学风来自好的教风，教师的学识、品德、气质及师表作风等对学生良好学风的形成产生着潜移默化的作用。

树立良好的教风，教师必须热爱教育工作，只有热爱教育，才会增强社会责任感和光荣感，从而献身教育事业。当前，我国改革开放的深入发展，要求人们思想观念、精神状态，道德水平、文化素质等与这个伟大时代相适应。教育学院的教师是中学在职教师进修报高的教师，党和人民对他们的期望更高，他们肩上的担子也更重。目前由于教育学院的教育教学改革比普通高校难度大、资金缺，教师福利待遇相对较差，导致教师思想情绪不稳，不利于良好教风的形成。21世纪将是世界范围内经济和科学技术竞争的世纪，国家繁荣、人民幸福，需要大量人才占领下一个世纪科技的制高点，需要我们教师言传身教，教书育人。在社会主义市场经济条件下，树立良好教风，教师一是要正确处理物质利益与奉献精神的关系。教师是人类灵魂的工程师，教师职业是太阳底下最光辉的职业，教师理应受到尊重。当前我国教育迎来了改革发展的最有利时期，从中央到全社会都非常关心、重视教育，教师待遇有了很大提高。今后随着经济效益的提高，教师待遇还会提高。但是，人是要有一点精神的。中华民族不仅历来有重教传统，也历来有献身精神。在社会主义中国向现代化迈进之时，更需要广大教师发扬奉献精神。二是要正确处理安贫乐道与进取创新的关系。教育的确是一项清苦的事业，需要教师耐得住清贫教书育人，但是，市场经济条件下的教育改革，还需要增强改革开放观念，进取创新，积极投入学院的各项改革，在院、系专业调整、课程改革等方面发挥主观能动作用，更新原有的知识结构，拓宽知识面，调整充实自己，主动适应改革开放对人才培养的要求，为学院的发展作出应有的贡献。

（三）创建优良学风是加强校风建设的重点

学生良好的道德风尚、严密的组织纪律性及正确的人生目的和学习动机，构成高校的良好学风。学风是校风建设的重要组成部分，学风的好坏，不仅反映了学校的科学管理水平，而且关系到人才培养的质量。良好学风的形成受到学校诸多因素的影响。教育学院的学风建设，当前存在的主要问题就是学生学习积极性不高。由于教育学院学生是中学教师在职进修，学习努力与否，既不影响毕业分配，每月还有工资可领，比起靠父母供养读书的普高生自然要潇洒得多。普通高校采取的"滚动式竞争"措施用在教院学生身上往往不易奏效。建立"勤奋、主动"的学风，当前应从两个方面入手。

一是帮助学生树立正确的人生目的，增加学习动力。随着改革开放的深入发展和社会主义市场经济目标取向的确立，传统的价值观不断受到冲击和挑战。成人大学生重现实、重实效、重效益的价值取向被普遍认同，社会与个人并重，事业和利益兼得，是他们价值取向的主要倾向，而为人民服务、人生的价值在于奉献的价值取向则相对淡漠，这是教院学生学习气氛不浓的主要原因。混文凭的现象大有人在，并有一部分学生学习目的是为了毕业后"跳槽"。对此，我们必须从建设有中国特色社会主义的总目标出发，着眼于培养忠诚于党和人民教育事业的中学教师，针对学生面临的人生价值观方面的问题，如个人利益与集体利益的关系、市场经济发展与道德进步的关系、奉献与索取的关系、公平与效益的关系等，进行系统分析研究，引导学生把握正确的政治方向，树立社会主义集体主义价值观，解决学习动力不足的问题。

二是深入开展教学改革，使学生有所长。教育体制改革的成效如何，在一定意义上要看是否推动了教育教学改革的深化，多出人才，出好人才。教育学院的学生进校前已从事教育、教学工作多年，有一定的知识基础和实践经验，特别是大专起点达本科的专业，许多学员都上过师专并取得大专学历或自学达到大专学历。进修高师本科开设的专业课程与师专大同小异，教师讲课难免有"炒现饭"之嫌，这也是学生听课兴趣不高的重要原因之一。解决这一问题的根本办法，就是要推进教学改革，要从学生实际出发，在教与学的关系上，致力于鼓励学生大胆发扬科学精神、创造精神和竞争精神，教学相长；在教学内容上，致力于不断充实反映社会进步和科学文化发展的新鲜内容，除介绍中学各相应学科的教材、教改情况外，还要增设现代化、应用性强的课程；在教学方法上，致力于启发、帮助学生有效地发展智能，把过去以"讲"为主逐步转变为以"导"为主，把自学、研讨、参观见习等形式结合起来，以提高学生教育、教学的实践能力。只要教学双方共同努力，良好学风的建立就不难办到。

二、加强思想政治工作，把校风建设落到实处

（一）发挥主渠道作用，搞好"两课"教育

列宁曾经说过，人们不能自发产生社会主义意识，如不进行科学社会主义思想的灌输，人们就会自发地倾向资本主义。历史的经验告诉我们，一个人如果先接受了马克思主义，再去接触形形色色的资产阶级思潮，他就会以马克思主义世界观和价值想为尺度去审视其他思潮，就会有抵抗力；反之，如果先接受了资产阶级世界观，再来听你讲马克恩主义，他就会以资产阶级价值观为尺度去衡量马克思主义，就会格格不入，再让他转变过来要花费很大气力，经过许多周折。教育学院学生入学时已初步掌握了马克思主义的基本原理，在他们中开设马克思主义理论课和思想教育课，如果按照普通高校的教学内容去安排，学生就会产生厌烦情绪。因此，教育学院的"两课"建设，应遵照邓小平同志关于学马列"要精，要管用"的指示精神，正确认识和处理马克思主义理论教学中的科学性、系统性与现实性和针对性的关系，加强理论教育的时代感和针对性。当前主要应搞好建设有中国特色社会主义理论这一当代中国的马克思主义和形势与政策课的教学，对学生中普遍关注的重要的现实性理论问题给予正确解答，帮助学生掌握马克思主义基本立场、观点和方法，去分析、研究、解决改革中出现的新情况、新问题，提高理论水平和实践能力，从而在"两课"学习中逐步树立马克思主义的优良学风。

（二）理顺关系，增强合力

校风建设是一个系统工程，涉及全校各个方面的工作。建设优良校风，学校党政工团必须理顺关系，增强合力，形成一股统一的教育力

量。一是健全党委领导下的校长负责制，建立学生工作机构，各部门之间分工协作，形成教育和管理的完整系统。把校风建设纳入学校改革发展、教学、管理工作的总体目标，加强综合治理。二是建立岗位责任制和定期考评制度。无论是党总支、党支部书记还是系、室主任、无论是专职党务、政工干部还是兼任班主任的教师，都要围绕学校校风建设的总目标，把任务层层分解，责任到人，真正做到有布置、有检查、有总结、有提高。三是在工作方式上，多层次、全方位、多样化地开展工作，把理论引导、思想引导、情趣引导、行为引导有机结合起来，按照"一个中心"（以致学为中心）、"两个重点"（重点培训中学在职教师和教育行政干部）、"三个育人"（教书育人、管理育人、服务育人）、"四个提高"（提高学院的教学科研水平、提高学院为地方建设培养多方面人才的能力、提高学生的思想道德素质、提高学生的业务水平和实践能力）的工作思路，扎扎实实地开展工作，使校风建设朝着健康正确的方向发展。

（三）创造良好的校园育人环境

校园内良好的学习、工作、生活条件，稳定的教学秩序，和谐的人际关系等，构成学校良好的校园育人环境，对人才的健康成长有着极其重要的作用。一是从实际出发，创建优美的物质环境。学校的一切教学设施、文娱体育设施等，都要为学生成才提供有利条件。校园内寓意深刻的雕像，窗明几净的教学楼，曲径通幽的林荫小道，花繁似锦、绿草如茵的花园、草地等，无不给人以格调高雅、清新怡神、诗情画意之感，有利于学生陶冶情操，塑造美的心灵。二是以理想信念为龙头，开展多种教育活动，搞好校园文化环境。这里的校园文化环境，是指课堂之外的特殊文化氛围。如通过校报、广播、黑板报等宣传舆论阵地，大力宣传党的路线、方针、政策，以正确的舆论引导人；建立职工俱乐部和大学生活动中心，广泛开展师生喜闻乐见的文体活动；结合各专业特点和个人兴趣爱好，成立各种文学、艺术类社团，开展融思想性、知识性、娱乐性为一体的社团活动，等等，使校园文化环境成为育人工作的重要组成部分。三是创造和谐融洽的校园人际环境。学校里面主要的人际关系是师生关系。要提倡师生互相尊重、互相理解、互相承认、互相学习、互相谅解。反对那种拉拉扯扯，"平时你敬我一杯（酒），考试我放你一码"的庸俗不正当的师生关系。要在校园内进一步培育和发展"尊重知识、尊重人才"的良好风气，使每个人的聪明才智得到最大限度的发挥。校园内和谐融洽的人际环境，有利于调动师生的学习、工作积极性，有利于学校的团结、稳定，有利于良好校风的形成。

良好校风的形成，需要经过一个逐步提高认识和不断实践的过程，需要经过一个不断倡导、培养、巩固、提高的过程。加强教育学院校风建设，还有不少新问题需要探讨，还有大量工作要做。我们一定要在邓小平同志建设有中国特色社会主义理论的指引下，全面贯彻党的教育方针，全面提高教育质量，及时发现问题、解决问题，不断总结经验，典型引路，树正气刹歪风，创造性地开展工作。相信坚持数年，教育学院校风建设必定会收到显著成效。

在生物教学中培养提高学生的观察力 *

　　科学发端于观察。生物科学从宏观到微观的发展过程，都是从观察生物开始的。大凡有成就的科学家都是具有非凡的观察力的。伟大的生物学家达尔文说过："我既没有突出的理解力，也没有过人的机智。只是在觉察那些稍纵即逝的事物并对其进行精细观察的能力上，我可能在中人之上。"俄国生理学家巴甫洛夫在科研中则提出了"观察、观察、再观察"的著名格言。因此，我们在教学中必须十分注意和培养提高学生的观察力。下面，谈谈我们在生物学教学中培养提高学生的观察力的几点做法和体会。

　　1. 课堂观察教学。教师在课堂中利用标本、模型、挂图来讲述生物的形态、结构和生理，这是传统的教学方法。但如果仅仅是教师讲学生听还是很不够的，必须让学生仔细看，既动脑，又动手，培养提高他们的观察力。一年来，我们在这方面作了较大的努力，即在上课时，教师先出示生物标本，写出对标本进行观察的提纲，让学生通过实际的观察，回答提纲中的问题，由学生报告观察的结果，教师再归纳总结。例如，在节肢动物一节讲授昆虫的形态特征时，教师先发给学生实物——蚱蜢，要求学生观察它的身体可分为几部分，各部分有什么结构特征，并归纳出昆虫的外部形态特征。实践证明，这样做的教学效果很好，既培养了学生的观察力，又提高了他们学习生物的兴趣。

---

　　* 与吴世杰合著。原载于《江西教育》1980 年第 2 期。

2. 野外观察课。大自然里动植物的生态、习性，有机体与生活环境的统一等现象，在室内是无法观察到的，为了弥补课堂教学之不足，扩大学生的视野，丰富学生的感性知识和锻炼观察能力，我们增设了野外观察课这一生物学教学形式，如我们讲授完植物的类群后，就带领学生到郊外上野外观察课；引导学生观察水绵、葫芦藓、凤尾蕨、马尾松等植物，要求观察它们的生活环境，繁殖特点，描述它们的形态特征。讲完动物的类群后，又组织学生到动物园实地观察动物的生态习性，并要求作好观察记载（由教师印发观察记载表）。在组织野外观察时要因地制宜，地点不宜太远。教师应事先作实地考察，选择合适的地点和观察的对象，并拟好观察提纲。上完野外观察课后，要求学生认真写好观察报告，经教师批改，择其优者在班上宣读，或出版"野外观察专刊"，以进一步激发学生学习的积极性。

3. 电化观察课。为了使抽象的知识形象化、具体化，便于学生观察、理解而形成明确的概念，我们还采用了电化观察教学。如初中生理卫生课中人体心脏的构造、机能和血液循环，初一生物学的植物生理机制部分（吸收作用输导作用、蒸腾作用和光合作用），这两部分教材既是重点又是难点。一般实验课多应用标本、模型、挂图及实物观察等形式进行教学，只局限于静物的解剖或部分机能变化的表面现象。在活的有机体内，其动态的机制是怎样的呢，则无法观察。为此，我们制作了两套幻灯片进行电化教学：先是让学生观察动态的分解图，使学生明确各部分的构造机能，后观察动态的整体图，使学生明确生物有机体的完整性、统一性。课后要求学生写出人体血液循环途径和植物光合作用的生理机制的观察报告。这样的教学既生动逼真，又通俗易懂，学生易于接受。

4. 课外科技观察活动。组织学生课外生物科技小组活动，可以培养青少年独立思考、重视实践的良好习惯，还可以培养他们勇于探索、敢于创新的革命精神，也是培养学生观察能力的较好方式。

我们在初一年级组织了两个小组，每组十二人，开展各项观察活动，内容有："校内树木物候观察""茅膏菜的生态观察""鸟类的生态观察"等。每三人组成一个小组开展观察活动。教师对每个小组进行指导，帮助他们制订观察计划，检查观察日记，一起分析观察中的情况，解决观察中碰到的问题，审阅观察报告，组织观察报告会，交流经验和收获。这样做的效果也很好。

高中学生的课外生物科技活动，主要是组织他们搞点专题性的科研活动。不仅要求学生掌握一些基本的观察记载的方法，还要求初步学会如何积累资料、分析资料、撰写科研总结等。如1976—1978年三年，我们组织高中部的学生开展花生正交试验活动，在老师的指导下，写出了《种植花生运用正交试验的分析与研究》一文，该文入选1979年全国青少年科学讨论会，列为答辩论文之一，并荣获1979年全国青少年科技作品三等奖。

为了提高学生观察生物的自觉性，我们还对生物学科成绩的考核方法进行了改革，改变了以往单纯以书面考试成绩为准的评分方法，实行书面的理论知识考试与基本技能的考查相结合的评分方法。基本技能的考查内容，主要是学生的观察报告、实验操作技能、生物绘图技能、实验报告等，这样做，学生学习的积极性就进一步调动起来了，"双基"教学就得到了较好的落实。

高中生物学教学浅议[*]

生物学是研究生命的科学。初中生物学主要讲述生命的现象，高中生物学则着重揭示生命的本质，现行教材反映了现代生物学向微观、综合和定量发展的方向，内容较新，具有一定的深度，教与学都有一定的困难。但是，只要我们掌握教材的特点和内在的知识规律，相应地改变教学方法，困难就可以克服。

一、树立六个生物自然观

1. 生物体是活的机体。生物体是活的机体而不是死物，因此，在讲授生物知识时，必须让学生建立"动态"的观点。首先，生物体是一种具有自我更新能力的特殊物质系统，其内部不断地进行着新旧更替，如细胞的衰老、死亡和新细胞的产生是经常进行着的。其次，生物体具有自我稳定的机能，但同时又发生着变化，如染色体的数目在历代传递过程中保持着稳定，但又会发生倍数性和非倍数性的变异。最后，生物体的机能是连续的动态过程。如细胞有丝分裂过程，从前期到末期是一个动态的连续过程。又如核遗传和细胞质遗传，它们只是控制性状遗传的基因所在的位置和传递方式的差异，二者都是同时进行的。从这些分析中可以概括出生物体是运动的、不断变化和发展的活的机体，树立活体的观念对学生理解纷繁复杂的生命现象及其本质是很有帮助的。

---

* 原载于《江西教育》1982 年第 6 期。

2. 生物体结构的层次性。生物体具有高度的组织和严密的结构，是一个多层次的结构系统，其层次分别为原子、分子、细胞器、细胞、组织、器官系统、个体。各层次的结构都具有一定的功能，如细胞的亚显微结构就是从细胞、细胞器和分子等不同的层次论述其结构和性能的。"遗传和变异"则是从染色体、DNA 和基因等不同层次的结构、功能及它们之间的相互关系来揭示遗传和变异的实质。因此，在教学上抓住生物体不同层次的结构和功能，层层剖析，步步深入，可以使知识脉络清晰，易于理解和记忆。

3. 生物体结构和功能的统一性。生物体的结构总是和它的功能紧密联系、相互适应的，如 DNA 分子中碱基的互补性是跟遗传信息的贮藏、复制和表达等功能相适应的。叶绿体的结构和运动是跟光合作用的功能相适应的。因此，在教学过程中引导学生从结构和功能的相互关系中来加深对知识的理解，就不致于死记硬背了。

4. 生命现象的矛盾、对立和统一性。生命总是在矛盾、对立和统一的过程中生存和发展的。新陈代谢是生物生存的基本条件，它是由同化作用和异化作用这两个同时进行的过程组成的，这二者恰恰是矛盾相对立的，但又是相互依存的统一的。生物的遗传和变异也是一对特殊的矛盾，只有二者同时存在，才能使生物体既稳定又变化。这样，生物物种才能延续，生物才能不断进化发展。

5. 生物体的整体性。由于历史的演化，生物体形成了有高度自我组织能力、多层次结构、多级控制、自我稳定机能、内部有大量信息传递、转换和处理系统的机体。但是，不管其层次和功能如何复杂多样，它们总是彼此协调、密切配合、相互影响的，是一个统一的完整的机体。如染色体和基因虽然属于不同层次的结构，但它们的行为却是平行的，彼此协调和统一的。

6. 生物体与环境的统一。生物体依赖环境而生存，同时也反过来不断作用于周围环境，二者是互相联系和互相影响着的、统一的。环境条件的稳定，生物体也相对地稳定，环境条件发生一定的改变，常可使生物体产生一定的变异。如外界环境条件的改变，引起 DNA 分子学中核苷酸种类、数量和排列顺序的改变，导致生物体产生变异。又如外界环境条件的剧变，可阻碍细胞的有丝分裂，从而形成多倍体。可见生物和环境是不可分割的、统一的。

二、注意处理四个关系

1. 表与里。"表"指生物体的外部性状或它的机能表现。"里"是生物的内部结构和生理生化过程。教材在描述生物时，总是由表及里，即先说生物的形态，再说它的内部结构，进而阐明它的生理功能，有时还进一步阐述其生化过程。如细胞中的叶绿体、线粒体，就是按形态—结构—功能的顺序描述的。但是在了解"里"后又可反过来进一步加深对"表"的认识，如知道了叶绿体中基粒的片层上有叶绿素，就可进一步理解为什么叶绿体呈绿色了。这样，由表及里，表里相融，使知识更为完整和深刻，如果在教学中注意突出这一特点，学生在学习时便有规可循，不致于杂乱无章了。

2. 宏观与微观。初中生物学着重在个体、种群的水平上讲述生命现象，而高中生物学则在细胞、亚细胞、分子水平上来阐明生命的本质，从宏观到微观的顺序发展。但是宏观和微观是相互联系的，互相结合的，二者都不可偏废，在教学时应注意联系初中教材的宏观基础知识，使宏观和微观的知识有机地结合和统一起来，这样，知识更加全面和完整。

3. 局部与整体。研究生物的方法，一般都是从局部开始的，局部的研究是为了了解整体，即认识一个有生命的完整生物体的活动规律。教材内容的结构也是从讲述局部的结构和功能开始的，在教学过程中，讲述局部知识时，必须指出它在整体中所起的作用，最后运用归纳法，将各个局部串连起来，以形成生物整体的概念。如讲授细胞各个精细结构

第一篇　学术集萃

时，应同时指出它在整体上的作用，最后综合形成细胞具有"全能性"的特点，获得完整的概念。

4. 现象与本质。研究生物总是从观察入手，发现种种复杂的生命现象，再进一步研究各种生命现象的机理，从而了解生命的本质。在教学过程中，也应先讲述各种生命现象，但决不能停留于纯知识性的描述，必须把重点放在揭示生命现象的机理方面，弄清它的本质。如讲授三个遗传的基本规律时，在摆出杂交实验的结果的同时，应将注意力集中于基因在配子形成过程中的活动规律方面，抓住它的实质，这样，现象与本质结合，因果明确，大大加深了对知识的理解。

三、突出运用两个教学方法

1. 综合法。高中生物学教材，前后紧密联系，互相关连，在教学过程中必须突出综合法的运用，特别要注重全书的综合复习，教师要立足全书，纵观全局，努力发掘出章节知识间的内在联系，以一定的知识系统，将分散的知识串连起来，以获得完整的概念。例如关于生物界多样性的原因，教材分散在许多章节阐述这个问题：即蛋白质分子的多样性；DNA 分子的多样性和特异性；基因的重组和突变以及染色体倍数性增减所产生的变异，使生物种之间、同种生物个体之间产生差异，构成了丰富多彩的生物界。

2. 对比法。不同的生物体或个体中不同的结构或机能具有不同的特性，但又有一定的共性。因此，我们在教学过程中，可充分运用对比方法，抓住共性，突出特性，以分清概念。如细胞的有丝分裂和减数分裂；精子的形成和卵细胞的形成过程；需氧呼吸和厌氧呼吸；自养和异养；DNA 和 RNA；核遗传和细胞质遗传；分离规律、自由组合规律和连锁与互换规律；二倍体、单倍体与多倍体等，都可以用对比法进行教学。

努力把生物课教活[*]

生物体是具有生命现象的活体，生物体的结构和功能千变万化，整个生物自然界永远是运动着和发展着的。生物课应该反映生物体的这种"活"的特点，体现出生物自然界生机勃勃的面貌，但是，由于受传统教育思想的影响，不少教师在生物教学中存在着单纯传授书本知识，理论和实际脱节的现象，致使学生死记硬背，生物课变成了"死物课"。针对这种情况，很有必要在教学上来一番变革，努力把生物课教活。

一、要把生物学基础知识讲清楚

首先，要以动态的观点来讲授基础知识。生物体的结构和功能都是处于运动、变化和发展的过程之中，学生在学习这些基础知识时，最容易产生"死"的现象，教师要以动态的观点进行授课，使学生建立"活"的概念。例如在讲细胞的结构时，应着重指出构成细胞膜的磷脂分子和蛋白质分子是可以运动的、变化的，具有一定的流动性，细胞质是细胞渗透系统的组成部分。就植物细胞而言，细胞质夹在细胞膜和液泡膜之间，进入液泡的水和其他物质必须经过细胞质，因而细胞质的物质成分是经常变化着的，细胞核里的染色质在细胞周期中也是处在染色质和染色体、复制和不复制的变化之中的。就细胞整体来说，都经历着产生、生长、成熟、衰老和死亡的变化过程，这样，一个时刻活动着

* 原载于《江西教育》1983 年 7-8 期。

第一篇 学术集萃

的、生息不止的活细胞形象便建立起来了。

其次，讲授基础知识要着眼于使学生理解，不仅知其然，还要知其所以然。例如，有些教材内容因限于篇幅或其他原因，仅简单地提及或作了浓缩性的概括，讲课时如果照本宣科，学生对知识并没有真正理解，就会造成死记。教师在上课时就应对浓缩的部分作适当的、必要的展开，加深学生对知识的理解。如伴性遗传的概念，教材只说："性染色体上的基因所表现的特殊遗传现象"，"特殊"的提法是对伴性遗传规律的高度浓缩，学生是不易理解的。在教学时，应在讲完人的色盲遗传后，总结载在性染色体上的基因伴随着性染色体而行动的特点，就位于 X 染色体上的隐性色盲基因来说，它表现了隔代遗传和患者男性多于女性的特殊现象，学生理解了它的特殊所在，对伴性遗传的概念就不致死记硬背了。又如，在讲授基础知识时既要揭示科学的结论，更要讲清楚获得这一科学结论的过程，科学结论是前人实践经验的总结，是知识的精髓，必须很好地掌握它。前人获得结论的过程往往是非常生动和精彩的，它能给人以许多启迪和鼓舞，在教学中给予足够的重视，能使科学结论更加坚实和丰满。例如，生物教材中细胞的发现和细胞学说的建立，植物生长素的发现，噬菌体侵染细菌的实验和 DNA 遗传物质的证实，孟德尔的豌豆杂交实验和遗传规律的总结，达尔文的环球旅行和生物进化学说的产生等，都有许多生动的发展过程，在教学中都应作详细的介绍。

二、要注重观察、实验，加强理论与实际的联系

当前，生物教学普遍存在着从理论到理论的弊病，上课是"一册课本，两支粉笔"，以书本代替生物活体或标本，变实验课为理论课，这是生物教学"死"的主要表现之一。这种教学，使学生失去了学习的兴趣，必须用大力改变这一现状。生物学是一门实验科学，生物学知识是通过对生物的观察和实验总结出来的，生物教学也必须抓住这一基本方

法，加强观察实验教学，让学生用眼动手动脑，在直觉的基础上通过积极的思维而获得知识。新编的初中《植物学》和《动物学》大大增加了演示、观察和实验的内容，每册书的观察实验达9课时，占全书总课时的1/6。书中例举了几十种植物和动物，我们必须千方百计地采集标本，培养实验材料，筹齐所需的仪器、用具和药品，力争全部完成这些观察和实验项目，使生物课上得生动活泼，从而激发学生学习生物的兴趣。

生物教学不能只是围着课堂转，还必须开展一些课外的实践活动，使理论与实际密切结合起来。首先，应提倡走出教室，走向大自然，开展对植物和动物的观察活动，采集动植物标本，参观植物园、动物园、生物保护区和禽畜饲养场等，借以扩大学生的知识视野，激发学习的兴趣。其次，要积极组织课外生物科技小组，进行作物栽培、动物饲养、开展小专题科学试验，从中培养学生的动手能力和严肃认真的科学态度。除此之外，还可开展一些饶有兴味的辅助性教学活动，如生物智力竞赛活动。智力竞赛能促使学生灵活运用学过的知识，训练学生的思维能力。笔者曾尝试将这一竞赛活动应用于课内教学。例如，在讲完动物学"节肢动物"一章教材后，拟出一批与本章知识有密切关系的智力竞赛题，在学生中开展竞赛，这样，使知识性和趣味性结合起来，颇受学生的欢迎。

三、改进命题和考试方法

考试是指挥棒，试题的形式和内容都在一定程度上左右着学生的学习，因此，我们应该在命题上下功夫，引导学生生动、活泼地学习。一般说来，试卷应尽量避免出现可以简单照书背答的问题，扩大综合题和灵活应用基本知识题目的数量，并增加这类题目的比重，引导学生去理解知识，发展智能。平时的考查，可以采用多种形式，如口试，实验操作，辨认或判断生物标本，指定观察生物的任务和写观察报告等，这样可以比较全面地了解学生的学习情况，有利于把教学搞活。

四、教给学生学习生物学的方法

达尔文说过："最重要的知识是方法。"教师在传授生物学知识的同时，还应该教给学生掌握本学科知识的方法，这也是把生物教活的重要方法之一。例如，在上课过程中，向学生交代理解重点内容、突破难点的方法；在讲完每章教材后，揭示本章知识的内在规律，指点掌握全章知识的方法；对于怎样学好全书的问题，可以通过举办专题讲座或其他方式，作较系统的介绍。例如，怎样学好动物学？教师首先向学生揭示动物学知识编排的规律，即在介绍各个门或纲的代表动物时，都是按照生活习性、形态结构、生理功能和分类的顺序叙述的；接着指出各门或纲动物的主要特征；最后阐明它的起源和进化。这样，可使学生全书在胸，繁而不乱。其次，要向学生介绍学习动物学知识应掌握的几个相关性原则：即动物的形态和生活条件相联系，构造和功能相联系，现象和原理相关连。例如，在水域生活的鸟类，趾间有蹼、喙扁而阔（雁、鸭类）；在沼泽浅滩生活的鸟则足长喙长（鹭、鹬类）等。最后举例说明怎样在理解的基础上记忆动物学基本概念、名词、术语。通过学习方法的介绍，学生感到知识有规律可循，对知识的掌握也更为灵活了。

道法自然 扶隐发微——生物学教研及科普文集

比较法在生物教学中的应用[*]

比较法是指在感性认识提供材料的基础上，把各种事物加以对比，以确定它们同异的一种思维方法。就生物学而言，就是在掌握生物的生态、形态、结构和生理功能等知识的基础上，将各种生物加以比较的方法。这是生物教学中培养和发展学生智力而经常采用的一种基本的思维方法。

比较法与生物学的产生和发展有着不可分割的联系。生物分类学就是通过生物间性状的比较而建立起来的。生物由简单到复杂、由低等到高等的进化规律也是通过生物之间的比较，揭示彼此间的亲缘关系，从而获得的结论。一个优良的品种，常常是通过对子代同一性状的比较，留优弃劣而培育成功的。在生物学的发展史上更有从事比较研究的生物学家和比较专著。例如，法国的居维叶（Georges Cuvier）创立了《比较解剖学》；又如，俄国的贝尔（Karl Ernst von Bear）从事比较研究脊椎动物胚胎发育，创立了《比较胚胎学》，并提出了胚胎学上著名的"贝尔法则"。德国植物学家荷夫迈斯特（Wilhelm Hofmeister）著有《比较形态学》，法国白洛嘉（Paul Broca）著有《灵长类比较解剖学》、俄国的梅契尼科夫著有《炎症的比较病理学演讲集》，这些例子都说明了比较法在生物学发展过程中所起的重要作用。

现行的中学生物学教材《植物学》和《动物学》在编写上也突

---

* 原载于《生物学教学》1985 年第 2 期。

出了比较思维。教材中主要有三种比较形式。（1）在课堂中以比较表的形式表达知说，如《植物学》中光合作用与呼吸作用的比较，双子叶植物纲与单子叶植物纲的比较。（2）以直观图的对比鉴别生物的性状或实验结果：如叶序的比较图，古代总鳍鱼的化石与现代的总鳍鱼（矛尾鱼）的比较图，证明植物需要无机盐的实验对比图。（3）在复习题中用比较法设问，这种方式在教材的复习题中占有较大的比重，在《植物学》中有 19 个比较题，《动物学》中有 14 个比较题，《高中生物学》也有 9 个这种类型的复习题。例如，对比细菌与酵母菌在形态、结构、营养和生殖方面有哪些相同之处和不同之处？比较蚯蚓和涡虫的形态和构造有什么不同？XY 型与 ZW 型的性别决定有什么不同？用比较法提问是符合学生的年龄特征的，青少年时期，意义识记开始占优势，通过对知识的比较并引导学生对知识进行分析和综合，能大大促进学生意义识记的发展。

比较法在生物教学中有其特别重要的意义。通过生物个体间或群体间的比较，能从中看出各类生物的特性和共性，洞察生物之间的内在联系，从而揭示生物发生和发展规律，把感性知识提高到理性认识的高级阶段。通过比较能使学生所学得的生物学知识，由繁化简、由多化少，有利于学生对知识的记忆。

怎样在生物教学过程中运用比较法呢？一般可有三种方式。（1）同时比较：就是将具有一定联系的生物个体或有关的知识同时列出来，加以比较。例如，将河蚌、蜗牛和乌贼进行比较，使学生明确这些动物之间虽然形态、生态各异，但都有共同的特征，即身体柔软、有外套膜和贝壳，获得这些动物都属于软体动物的结论。（2）前后比较：以前面已经学得的知识为基础，将新的知识材料与之对比，从而掌握新知识。例如，在"爬行纲"一节的教学中，教师不必逐个系统去讲解蜥蜴的内部结构，而可以青蛙的内部结构知识为基础，突出蜥蜴比青蛙复杂的特点，获得蜥蜴比青蛙更适于陆上生活的结论。（3）系统比较：是指学习了某一个单元或全书以后所进行的横向比较，如在讲完脊椎动物各纲的知识后，对各纲动物的生活环境、形态、结构进行比较，可使学生对脊椎动物有系统和全面的了解。

应用比较教学有很多具体方法，最为常见的是"列表比较法"，就是将欲比较的生物和比较的项目制成表格，将比较的具体内容写于表格里，这种方法概括性强、简洁、便于复习，易为学生所接受，效果较好。举例如下。

例一：对比葫芦藓与水绵的主要不同点。

植物名称	形态结构	生殖	生活环境
水 绵			
葫芦藓			

例二：填表比较鸟类和爬行动物相似点。

	鸟 类	爬行动物
体表		
生殖		
胚胎		

在进行列表比较法时，不要停留于教师制表、学生填表的模式里，而应启发学生自己制表和填表，培养学习能力。在列表比较中还要注意知识的延伸和深化，如学生在（例二）中填了鸟类与爬行动物相似点后，必须接着提问："通过比较可以得到什么结论？"这样做，使知识更为深化。

漫谈采华

生存的科学*

地球是人类的家园，是人类生存的环境。我们从环境中获得生活所必需的物质，如水、空气、食物等，同时也将生活和生产活动产生的废气、污水、垃圾等等排入周围的环境。这就对环境造成了一定的影响。近些年来，由于世界人口的激增和人们对地球资源的掠夺性开发，使环境日渐恶化。出现了系列的环境问题。

一是土地沙漠化。据估计世界每年有 5 万平方公里的土地变成沙漠，35% 的土地有被沙漠吞噬的危险。沙漠化的过程使耕地日渐减少，迫使乡村人口迁入城市，有的背井离乡，被称为"生态逃亡者"。二是森林衰亡。由于滥砍乱伐，全世界每年消失的森林面积达 26 亿亩❶，按这个速度发展只需 300 年，森林将丧失殆尽，将给人类带来无穷的水旱灾害。三是大气、土壤和水质的污染严重。由于工厂三废（废气、废水和废渣）的排放和滥用有毒化学品，出现了天降"黄雨""黑雨"和"酸雨"的异常现象，使动植物和建筑物受到严重的损害。四是生物种类消失迅速。全世界的高等植物约有 24 万种，每年要灭绝 200 种左右，估计到 20 世纪末至少有 1/6 灭绝，等于每天至少有一种植物从地球上消失。就动物来说，两千年来，全世界有 140 种鸟类和 110 多种兽类被灭绝，其中 1/3 是在近 50 多年内灭绝的。五是全球变暖，冰川缩小，海

---

* 原载于《初中生之友》1995 年第 5 期。
❶ 1 亩 ≈ 666.7 平方米，下同。

第二篇　漫谈采华

平面上升。由于大气二氧化碳骤增，"温室效应"加剧，地球的温度上升，使冰川和覆盖着南极与格陵兰的极地大型冰帽融化，海平面上升，严重威胁着海岸，沿海地区有可能会逐渐被淹没。这些环境问题已构成对人类自身生存的严重威胁，人们惊呼：

"环境危机"！"生存危机"！！"拯救地球"！！！

要解决这些面临的环境问题，必须从调整生物和环境的关系入手，这就要依赖生态学了。生态学是研究生物与其环境相互关系的科学，是探讨生命（包括人）与环境相互作用规律的学问，从而控制和调节生物与环境之间的关系。例如，研究怎样合理地利用资源和保护资源；怎样防治环境污染，维护和改善自然和社会环境，使人类既能从环境中获得充足的生活资料，又能避免环境遭到破坏而保持自然状态。可见，生态学是一门关系到人类乃至宇宙万物生死存亡的科学，所以人们称它为"生存的科学"。研究生态环境问题，使人与自然得到协调发展，已成为现代科技研究的重要课题。

维护地球的自然环境，使它成为人类生活的乐园，除了依赖生态学以外，还需要生活在地球上的人们共同的努力，才能取得成效。为此，世界成立了不少维护生态的国际组织。联合国教科文组织于1965年组织了"国际生物学规划"，1971年以后又建立了"人与生物圈的国际大协作"，还成立了"生态系统保持协作组"，组织和协调世界有关生态环境问题的研究，积极组织旨在维护和改善生态环境的群众性活动。例如，1994年世界环境日开展了以"一个地球，一个家庭"为主题的活动，提出了"我们只有一个天，只有一个地，只有一个海，只有一个家"的主题词。通过活动，大大增强了人们对生态环境重要性的认识。我国在1978年也成立了"国家人与生物圈委员会"，而且在我国宪法中列入了重视生态的有关条文，还具体制定了保护环境的各项方针政策。

人类是今日地球的主宰者，我们相信通过全人类的共同努力，一定能逐步解决当前存在的环境问题，创造出一个山更青、水更绿、天更蓝、气更新的美好环境。

第二篇　漫谈采华

生物之间的复杂关系*

在美国亚利桑那州的凯巴草原，生活着草食动物黑尾鹿以及肉食动物美洲狮和狼，黑尾鹿是美洲狮和狼的捕食对象。人们为了保护黑尾鹿，不断捕杀美洲狮和狼，黑尾鹿由于天敌数量的减少而逐渐兴盛起来。经过若干年，美洲狮和狼几乎被杀灭，黑尾鹿则由 4000 多头猛增至 10 多万头，但好景不长，10 多年后，黑尾鹿却大量死亡，只剩下 1 万多头。

为什么黑尾鹿没有天敌美洲狮和狼的捕食反而数量迅速下降呢？科学工作者经过研究解开了这个谜：因为黑尾鹿数量过多，草原遭到破坏，食物来源发生困难；还因鹿群密度太大，各种疾病蔓延，致使黑尾鹿大量死亡。可见，为了使黑尾鹿繁盛起来而彻底消灭美洲狮和狼的做法是极不明智的。

假如让美洲狮、狼和黑尾鹿同时存在于草原上，情况就会不同了：美洲狮和狼捕食了一些黑尾鹿，防止了黑尾鹿的过量存在，草原的环境不会受到破坏，牧草也能满足黑尾鹿生活的需要。美洲狮和狼所捕食的黑尾鹿大多是一些老弱病残者，也大大减少了鹿群疾病的蔓延，这样，美洲狮、狼和黑尾鹿都同时得到生存和发展。

通过对上述事例的分析，我们就不能简单地说美洲狮和狼是绝对的坏，这里面可以引出生态学的一番道理来：首先，我们可以看出自然界

---

* 原载于《初中生之友》1995 年第 11 期。

生物之间存在一种相互依赖又互相制约的复杂关系，捕食者的美洲狮和狼与被食者的黑尾鹿，二者相互依赖，互相制约，互为生存条件，如果美洲狮和狼把黑尾鹿吃光了，则自身也由于食物的缺乏而无法生存下去，所以说捕食者和被食者之间是不可分离的。其次，在美洲狮和狼捕食黑尾鹿的过程中，黑尾鹿依靠快速的奔跑来逃避被食的厄运，而美洲狮和狼也要加快奔跑的速度或者采用其他方式（如潜伏在草丛中伺机突袭）才能捕食到黑尾鹿，这样，捕食者和被食者协同进化和发展。这就是自然界生物之间的一种生态平衡。

我们了解了自然界生物之间的复杂关系，就能够根据自然界生物之间的消长规律，来保护生物资源和合理地开发利用生物资源，以造福于人类。如果违背了自然界生物兴衰的规律，以人们的主观意愿去对待自然，就会受到自然的惩罚。这方面的教训是很多的，如我国东北地区，由于过量捕杀紫貂，造成林区松鼠过多，而松鼠大量啃食松子，影响到红松的天然更新和直播造林。可见洞察自然界生物之间的复杂关系，对于指导农林业生产也是具有十分重要的意义。

绿色与人类健康*

  祖国大地，放眼四望，一派葱绿，生机勃勃。我们生活在绿色的世界里，绿色主要来自地球上生长的绿色植物。我国的陆地有 18 亿亩左右的森林和 58.3 亿亩的草原、草山、草坡、滩涂草地，加上农田耕地庄稼的覆盖，人们生活的环境形成了绿色的海洋

  环境的绿色主要是从绿色植物的叶片表现出来的。叶片为什么是呈绿色的呢？那是因为叶肉细胞里含有叶绿体，叶绿体里含有叶绿素。科学家发现，叶绿素具有吸收阳光的特异功能，它们能吸收七色阳光里的红光和蓝紫光部分，对橙光、黄光和绿光吸收很少，特别对绿光吸收最少，所以叶绿素呈现绿色。这就是绿色世界的奥秘。

  绿色是生命之色，人类能够生存和繁衍，归功于绿叶的绿色效应。首先，绿叶里的叶绿素能够吸收光能进行光合作用，把二氧化碳、水等无机物制成有机物，进而合成蛋白质、脂肪、糖类等营养物质，供人类生长发育之需。所以绿叶是地球上一切生命存在、繁荣和发展的基础。其次，绿色植物通过光合作用吸收大气中的二氧化碳，制造有机物，同时释放出氧气，使大气中的二氧化碳和氧气维持在一定的数量水平，人类才能够不致于由于缺少氧气和过量的二氧化碳而影响健康。有人测定，人体在安静时每天由肺吸收氧气约 0.7 千克；每天呼出的二氧化碳约 0.6 千克。工作和劳动时数量还要更多。这样大量的氧气的来源以及

  * 原载《初中生之友》1995 年第 12 期。

二氧化碳的去向，都靠绿色植物帮忙。通常 1 公顷阔叶林一天可以消耗 1000 千克的二氧化碳，释放出 730 千克的氧气，而 25 平方米的草坪就可以基本供给一个人一天所需的氧气，并全部吸收所呼出的二氧化碳。再次，随着现代工业的发展，燃烧矿质燃料愈来愈多，这不仅消耗大量的氧气，放出大量的二氧化碳，而且还排出二氧化硫、氯气等有毒气体，污染环境。实验证明，绿色植物在低浓度范围内，吸收各种有毒气体，使污染的空气得到净化。例如，1 公顷柳杉林每月可以吸收二氧化硫 60 千克。无怪乎人们对绿色植物冠以“空气净化器”的美称。此外，绿色植物在过滤尘埃、杀灭细菌、消除噪声等保障人类健康方面，都起着非常重要的作用，人们还给它安上了“空气过滤器”“绿色卫士”“天然的消声器”等美名，确实是不过分的。

为了人类的健康，营养学家特别强调要多吃绿色蔬菜和水果，因为绿色蔬果中的叶绿体，含有 25% 的干物质，其中含有蛋白质、脂类、色素和丰富的铁、钙等矿物质，还有各种维生素、纤维素，这些物质是人类健康所必需的。

绿色植物覆盖大地，营造了优美的自然景观，人们生活在绿色的自然怀抱里，清凉的绿荫，清新的空气，清净的流水，是对大自然的一种美的享受，从中也陶冶了人们的情操，对人体的健康是大有裨益的。

当前，由于种种原因，绿色的环境遭到一定的破坏，环境污染日益严重，有害的气体、有毒的物质侵入绿色植物，威胁着人类的健康，人们正呼唤着自然的、没有任何污染的绿色食物，“绿色”成为自然、无害、健康保健的代名词和标志。绿色食品、绿色服装在市场上俏销，这都表现出人们对环境和人类健康的关注和追求。维护美好的绿色环境最根本的办法是治理环境，植树造林，防止污染，让大地永远披上绿装，人类才得以健康地生存和发展。

饮水与健康[*]

水是生命之源，没有水就没有生命。水是组成人体细胞的重要成分，在一般的情况下，水占细胞鲜重的 80%～90%；水又是细胞内良好的溶剂，许多物质都能溶解在水中，并在人体内流动，把营养物质运送到每个细胞，同时也把细胞新陈代谢产生的废物运送到排泄器官或直接排出体外。因此，我们应该根据人体对水量的要求，适量的饮水，使体内的生理活动得以正常进行，从而增进人体的健康。

饮水，饮用什么样的水最好呢？我们日常生活中饮用的水有白开水、茶水和各种饮料，但是，最经济最容易获得而又最洁净的水则是"活水"。什么是"活水"呢？就是新鲜的温开水，即将水煮沸后，仍盖着盖子冷却，不暴露在空气中，这种水科学家称誉它为"复活之水"。实验证明，这种水所含的氯气比一般自然水减少二分之一，水的表面张力、密度、黏滞度、导电率等理化特性都很近似生物活细胞中的水，很容易透过细胞膜而具有奇妙的生物活性。

掌握多少饮水量才是适宜的呢？科学研究认为人体每天平均消耗水分约 2500 毫升，除了从一日三餐饮食中获得一定数量的水分外，每天至少要饮水 1000～1500 毫升，才能满足人体的需要。还要根据气候的变化、运动量的大小和身体的实际状况，灵活掌握饮水量。

什么时候饮水最好呢？首先，必须养成良好的饮水习惯，做到"不

---

* 原载《初中生之友》1996 年。

待渴时人自饮"。未渴先饮可使体内保持充足的水分，能消除人体潜在的疾病，对健康大有裨益。其次，要在饮水的时间上作合理的安排，早晨起床后，饮一杯活性水，能很快被胃肠吸收，进入循环系统，达到稀释血液、清洗内脏器官的目的。每日三餐前半小时适量饮水，可促进消化液分泌，增进食欲。每天夜晚就寝前半小时饮水，会使人感到舒适，有利于睡眠。在学习和工作时也可适量饮水。只要养成饮水的习惯，持之以恒，一定会获得健壮的体魄，充满青春的活力。

南昌北郊的食虫植物*

——茅膏菜

假如于四五月间选个风和日丽的天气，漫步在昌北的丘陵山地，很容易在那草地低湿处或是松林边缘，看到一种高约 10～30 厘米，茎秆纤细、略带黄绿色的植物，这就是著名的食虫植物——茅膏菜。

茅膏菜又名"石龙牙草"，茅膏菜科，多年生草本，它被人们视为一种奇花异草，奇就奇在它具有捕虫食虫的本领。其捕虫食虫特技，是由叶子来表演的，那叶子是个奇特的捕虫器，稍呈半月形，叶身生有很多腺毛和触毛，每根触毛的顶端膨大，渗出一种透明的黏液，展开的叶子犹如一朵银色的小花，一些小昆虫常被她的奇姿所吸引，纷纷飞临它的身旁，好领略它的丰采。哪知刚一接触叶面，便被触毛的黏液粘住，发现上当了，但为时已晚。那些带着黏液的触毛已经弯曲起来，紧紧地缠住它，这可怜的小昆虫只得乖乖地当了俘虏。猎物得手，丰盛的美餐便开始了：叶面上密密的腺毛随即分泌出含酶的消化液，侵润和包裹着虫体，将其慢慢分解消化，营养物质也由腺毛直接吸收，一只小昆虫就这样被叶子吃掉了。

茅膏菜生长在土壤贫瘠的地方，由于它能吃虫，大大增加了营养，促进了生长发育。科学工作者进行过有趣的试验：经常用小昆虫饲喂茅膏菜，其植株比没有饲喂过的要长得高大，开花也多些。联想现代遗传工程学的新进展，将可能把食虫植物的遗传物质提取出来，载入农作物

---

* 原载于《南昌晚报》1980-04-11。

体内，使农作物也具有吃虫的本领。这样，既可以提高农作物的产量，又可以大大节省我们对农业生产的投资，也避免了使用化学农药灭虫而污染环境的弊害，岂不是一举两得吗？

小小鹌鹑价值高*

鹌鹑，简称"鹑"，是一种野鸟。它头小尾短，翅长而尖，体似小鸡，每只重约二三两（100～150 克）。鹌鹑平时栖息在近山平原、溪流岸边、丘陵山脚的杂草灌木丛间，以谷类和杂草种子为食。繁殖在我国东北及新疆，迁徙和越冬时，遍布于我国东部地区。

鹌鹑有很高的经济价值，鹑肉肥嫩，味鲜美，而且有治病、补益健身之效。《本草纲目》载："补五脏，实筋骨，耐寒暑，消结热；和小豆生姜煮，止泻痢。酥煎食，令人下焦肥。"鹑蛋富含卵磷脂，营养价值比鸡蛋高，能治胃病、肺病、心脏病和神经衰弱。鹑血也可药用。鹑粪是一种优质的有机肥料。鹌鹑真可谓是一种宝鸟了。

鹌鹑已经被驯化，作为一种新的家禽进行饲养。实践证明，养鹌鹑具有极大的优越性：鹑蛋只需 17 天就可以孵出小鹑，出壳后饲养 40 多天就能下蛋，繁殖率极高，收效快。一只雌鹑每年可产蛋 250 个到 280 个，产蛋率比鸡高 15%。生产 1 斤鹑蛋（约合 40 个，500 克）只消耗精饲料 3 斤（1500 克），比生产 1 斤鸡蛋节约饲料 45%，而且鹑蛋出口价格相当于鸡蛋的 3 倍。成本低，利润大。鹌鹑体小，每平方米禽舍可容纳 150 只，适于大规模饲养。饲料多用玉米、豆饼、麦糠、骨粉、鱼粉、青菜等，来源也很丰富。只要注意它的习性，精心管理，是可以养得很好的。在国外，鹌鹑被认为是"20 世纪养禽业发展的方向"，朝

---

* 原载《南昌晚报》1980-05-09。

鲜、日本、东南亚各国纷纷建立大规模的养鹑场，大有压倒养鸡业之势。在我国，上海、广东、辽宁等地已有养鹑的报道，这是十分可喜的。相信不久，美味滋补的鹑肉、鹑蛋将成为家家餐桌上的佳肴。

第二篇　漫谈采华

点水蜻蜓款款飞[*]

　　夏、秋季节，人们经常看到各种蜻蜓在晴空中自由飞翔。看那艳丽的色彩、飞机似的体型、闪亮的大眼，着实惹人喜爱。在塘边、溪边、田野，甚至在城市空坪隙地的上空都可以看到蜻蜓的身影。有时，蜻蜓成群飞舞在园圃花丛之中，更增添了夏秋的美丽。古今有不少诗人、画家以蜻蜓为题材赋诗作画，南宋爱国诗人陆游在《秋思绝句》中写道："黄蛱蝶轻停曲槛，红蜻蜓小过横塘。"描绘了一幅秋日佳境。

　　蜻蜓是捕食害虫的能手，专在飞行中攻击猎物。蜻蜓有两对膜质的大翅膀，飞行速度极快，每小时可达六七十公里，而且飞行姿态灵活多变：能忽上忽下、忽快忽慢，可在疾速的飞行中突然降落，可以悬在空中不移动位置。这些高超的飞行本领，为追捕害虫创造了条件。蜻蜓有三对锋利的足，害虫被它钩住，就无法走脱。它的捕食动作既巧妙，又凶猛：用六只脚紧紧钩搂住猎物的同时，用口猛咬，因而捕虫的效率很高。有人统计过，一只蜻蜓在一小时内能捕食二十只苍蝇或八百多只蚊子，蛾类、浮尘子、小甲虫也是蜻蜓捕食的对象。

　　我国古书上有"点水蜻蜓款款飞"的诗句，蜻蜓点水，这是雌蜻蜓在水面产卵的动作。卵在水中孵化为稚虫，叫做水虿。其下唇特化为捕食器官——"面盖"，它像一块折叠起来的长板子，末端有两个能活动的大钩子，用以捕捉水中的蚊子幼虫——孑孓和其他小虫。水虿要在水

---

　　* 原载《南昌晚报》1980-07-11。

中生活两年，期间约经十次蜕皮，长大二十到三十倍，到第三年夏天才爬离水面变为蜻蜓。由于蜻蜓对空气、水质污染反应敏感，易于中毒死亡，因此，我们可从它们数量上的变化，判断环境污染的程度。所以，蜻蜓可以作为环境质量的指示昆虫。

第二篇　漫谈采华

深秋观雁[*]

　　深秋的傍晚，湛蓝的天空，经常可以见到一群群大雁自北向南缓缓掠空飞行。那一忽儿排成"人"字，一忽儿变为"一"字的雁阵，伴和着邕邕嘹亮的鸣声，使美丽的秋日景色更增添了无限的诗意。古代诗人留下了"一行横紫塞，万里入青云""一声随落日，片影入寒塘"的佳句。

　　雁为大型游禽，常栖息于田野、河湖、沼泽滩地。主食植物的嫩叶、细根、种子等。在我国常见的有豆雁、鸿雁、白额雁、斑头雁等，一般所说"大雁"就是豆雁。

　　"天际征鸿，遥认行如缀。"古时，人们称雁为鸿，而"征鸿"之谓是由于雁是一种冬候鸟，春夏在我国北部和西伯利亚繁殖，秋冬则集群迁到我国南部越冬，按季节南飞北返，长途跋涉，征途数千里，故为"征鸿"了。秋冬季节，大雁南飞到哪里是界呢？王勃的《滕王阁序》一文中就有"雁阵惊寒，声断衡阳之浦"的绝句，古时相传雁飞到衡阳就不再南飞了，衡山有"回雁峰"，传说因雁飞不过此峰而得名。其实，雁南飞何止于衡阳，从长江下游直到福建、广东都有大雁的踪影呢！

　　大雁多在八九百米高空飞行，每小时可达七十公里至九十公里，飞行时领头的都是身强力壮的雄雁。而严整壮观的雁阵，是大雁适应高空气流变化的一种省力的飞行。当气流急骤时，雁阵呈"人"字形，犹如锐利

---

　　* 原载《南昌科协报》1981-10-10。

的箭头，直插长空，穿破气流的阻力，有利于飞行。同时，头雁鼓动翅膀时，翅尖发出的上升气流可使后面的雁群借助这股气流的冲力滑翔前进，从而大大节省了体力。当气流平稳时，雁阵呈"一"字形，可使头雁得到休整，以利再展翅翱翔。而壮观的雁阵凌空，显示着雁群是一股团结的战斗的集体，有利于防御敌害。无怪乎那失群的孤雁会感到无限凄楚而鸣声嘹唳了。

大雁是很机警的，当群雁入睡时，常有一只经验丰富的老雁站在旁边警戒，若遇危险，立即鸣警，唤醒雁群，"嘎"地一声，远走高飞，脱离险境。在古时的《禽经》中就有"夜栖川泽中，千百为群，有一雁不瞑，以警众也"之说。雁是家鹅的祖先，现今饲养的鹅是由鸿雁驯化而来的，直到现在，家鹅还保持着它的祖先鸿雁的机警特性呢。

相传鸿雁能传书信，《汉书·苏武传》："天子射上林中，得雁，足有系帛书。"可见我国很早就利用雁传递书信了。直至如今，人们还亲切地称呼那些辛勤的邮递员同志为"鸿雁"。

每年秋季，在我省的鄱阳湖湖滨，都有雁群飞临，正是观雁的好时机呢！

第二篇　漫谈采华

鸣鸟杂话*

清明时节，新绿遍野，杂树生花，文采灿丽的鸣鸟，发出如歌似语的鸣声，给人们带来无限的欢乐。

善于鸣啭的鸟类属雀形目，称为鸣禽，它们都有特殊的发声器官——鸣管和复杂的鸣肌，所以能发出悦耳多变的鸣啭。著名的鸣鸟，如黄鹂，它的鸣声为"秀—活—活活活活活"，曲调活泼轻快，被誉为大自然的"歌唱家"；画眉发出"由—流由—流由—流由……"的鸣声，音调格外的婉转优美；芙蓉鸟的啭鸣曲调爽朗愉快，声如"叽叽—追追"；白脸山雀鸣声尖锐清越，"吱吱飞—吱吱飞"，似有颤音的小笛。还有一些善于效鸣的鸟类，如鹦鹉、八哥、百灵、鹩哥、白头翁等，它们能效学其他动物的叫声或人类的简单语言，真是妙趣横生，听后令人捧腹大笑。

鸣鸟又是诗人、艺术家吟唱的对象，大凡听过《空山鸟语》《云雀》《百鸟朝凤》乐曲的人，无不陶醉于那优美的旋律之中，殊不知这些佳作都是艺术家广采大自然鸟类的鸣声加工谱写而成的。至于鸣鸟的诗赋就更多了："春眠不觉晓，处处闻啼鸟""两个黄鹂鸣翠柳，一行白鹭上青天""桃红柳绿花飞雪，莺语鹃啼燕舞吱"，都是人人传诵的佳句。

在满足和天气晴朗时，鸟类并不歌唱，鸟的鸣叫主要是相互传递信息或表示某种生理状态，如求偶、集聚、觅食、欢快、不安、示威等。

---

* 原载于《南昌晚报》1986-04-16。

如果我们能熟知鸟音之义，可应用于招引益鸟，保护益鸟，为农田林区消灭害虫，有利于维护自然界的生态平衡。

鸣鸟能丰富人们的生活，是人类的朋友，我们应该爱护它们。

涡虫的再生术[*]

神话小说《西游记》里的牛魔王在孙悟空和天兵天将的围攻下，困兽犹斗，摇身变成一只大白牛。哪吒太子赶来挥起斩妖剑砍下牛头，不料那牛王又生出一个头来。头断再生岂只仙魔奇迹，其实，在林林总总的大千世界里，动物再生本领高超者也不乏其例。

涡虫，属于扁形动物，身体柔软、扁平细长，生活在溪流中的石块下，当它找不到食物，饥饿得难以忍受时，就将身体内的器官充当"食物"，以免断食而死。这种吃掉自身部分内脏的办法，看来未免愚蠢和滑稽，可是，它却留有一手，即体内其他器官可以吃掉，唯独神经系统不动分毫。这种舍去局部而保存整体的招数，岂不令人叫绝！

科学工作者在实验中曾有趣地发现：切去涡虫的头，它能再生出一个头来；将它的头部纵切为两半，它能再生复原成为双头涡虫；将它的尾部纵切为两半，它能再生复原成双尾涡虫；甚至把它切为只有自身百分之一大小的片段，每一片段还是能顽强地再生复原为整体；如果将一只再生的涡虫反复多次地切，结果可获得不超过 1/1500 厘米大小的涡虫。真是千刀万剐犹不死，再生复原任自由！难怪有人称它为再生"魔术师"了。涡虫的肢体和器官是怎样再生的呢？假如人的肢体和器官受到损坏后，也能再生复原，那就太妙了。可以相信，随着生物科学的迅速发展，将会逐步揭开动物再生的奥秘，用来造福于人类。

---

* 原载于《江西青年报》1982-05-08。

道法自然 扶隐发微——生物学教研及科普文集

草长平湖白鹭飞[*]

如果想走出闹市，奔向原野，放飞心情，那当去象山观鹭，那里"花开红树乱莺啼，草长平湖白鹭飞"的景色会使人宁静、爽心、怡神！

每当春暖花开的时节，白鹭、池鹭、苍鹭、牛背鹭等成千上万羽鹭群从南方款款飞来，栖息于新建县象山森林公园的杉树中。它们筑巢、孵卵、育雏，构成了奇特的鹭林景观。当登上高高的观鸟台时，鹭儿多姿多彩的身影，会立时将人迷住，带进一种不知身在密林中的境界。

首先映入眼帘的是那万顷绿色波涛上的点点"帆白"，那就是最成景的白鹭了。白鹭形体纤瘦，通体白色，羽毛一尘不染，诗人赞它"一点白如雪"；刘禹锡说它"毛衣新成雪不敌"，更是极言其白；宋人李昉因而尊白鹭为"雪客"。羽毛如此之白，其秘密在于它身上长着一种特殊羽毛——粉冉羽。它能分泌一种奇异的"洁身粉"，涂在羽毛上，可不断分泌又不断脱落，随时可将羽毛上的污物清除掉，自然皎皎胜雪了。

用高倍望远镜观察白鹭，会发现它的"饰品"极其精美：头上枕后饰有两枚飘带似的冠羽，胸前垂着矛状饰羽，背上披着毵毵如丝的蓑羽，恰似穿着"霓裳羽衣"。它体态清秀，风度优雅，令人有"天上来客"之感。白鹭的翔姿极为优美，它飞翔时头颈缩成"乙"字形，两腿向后伸直，两翅缓慢而柔软地扇动着，那雪白的身影在碧天、夕阳、青

---

* 原载于《南昌日报》2001 年。

山、绿水的染映下，成为一幅美轮美奂的天然图景。历代诗人留下了不少脍炙人口的丽词佳句："两个黄鹂鸣翠柳，一行白鹭上青天""棹动芙蓉落，船移白鹭飞""漠漠水田飞白鹭""惊飞远映碧山去，一树梨花落晚风"，让人回味无穷。

下了观鸟台，可走向田野、水泽边去欣赏白鹭的特种姿态。白鹭属于涉禽，善于涉水，在涉步浅水时，好自低昂顾盼，又喜悠悠踱步，恰似行吟泽畔、举止温文、仪态闲雅的"文士"。白鹭的"腿功"更是了得，它站立时是一脚蜷缩，一脚踏地，一动不动，可持续相当长的时间。

白鹭以水生小动物为食，常可见到它修长的腿站在浅水里，慢悠悠地用它长长的嘴伸入水中，捕捉小鱼、小虾、小蛙，这样的忙中闲态也入诗入景，故有"长腿立碧水，喙啄水中天"之吟。白鹭的进食又是何等的文雅，绝不狼吞虎咽，而是先以长长的嘴轻点食物，颇有尝尝滋味的君子之风，所以《尔雅》称白鹭为"春锄"。

白鹭的繁殖行为也颇有趣，亲鸟"迥出孤烟残照里"，衔来粗细不等的树枝，在高高的杉树树冠处，搭就一个简陋的巢。孵鸟的任务由老鸟轮流担任，一只鸟孵久了，它便衔着一根树枝，伸展双翼，把树枝交给自己的配偶，树枝似一支孵卵接力棒，借以告诉对方："该由你接班了！"白鹭哺幼的方式与众不同，亲鸟将捕获的小鱼藏在长长的喉囊里，张开嘴让儿女们在自己的嘴里啄食，使食物毫不掉失。

历经数月的忙碌，幼鸟迅速长大，到了秋风萧瑟之时，它们遂老幼结群南迁，返回它们生活的家园，翌年的春天复又来到这里，开始新的繁殖生活。

观鹭的时机又一次来临了，快快行动吧！

春雨潇潇鸣斑鸠

仲春时节，天色微明，晓梦初醒，听窗外春雨潇潇，于朦胧间，校园里传来斑鸠的鸣声，这雨声伴和着鸟声，使我想起少时在农村听到"斑鸠叫，春雨到"的农谚。斑鸠爱在春雨中啼鸣，农民闻声开颜，那是由于春耕时节"春雨贵如油"啊！正如明代陈玺《斑鸠》诗所云："香禽自何处，共立枝头语。唤起晓耕人，西畴足春雨。"这首诗表达了农人春耕喜雨的心情。

校园里常见的有棕背斑鸠和珠颈斑鸠两种，以珠颈斑鸠更为漂亮，它的后颈有一块黑色领斑，其上布满了白色或黄白色珠状斑点，好像脖子上围着一条珍珠丝巾，故又称"珍珠鸠"。古代诗人赞它"领上玉花碎，臆前檀粉轻"，使人们更感到它的质朴美丽了。

斑鸠的鸣叫声为"bo-gu-gu-gu"，四声一度，声调清晰响亮，第三、四声滞后而转低，人们拟其声为"我一姑一姑—喔!"斑鸠亲热地叫你姑姑，能不感到亲切温馨吗？

斑鸠古时就与人们建立了浓厚的感情，以斑鸠为题的诗画很多，最早的诗见于《诗经·氓》所载"吁嗟鸠乎，无食桑葚"，是幼稚的斑鸠，不要太贪吃桑椹啊！唐代的温宪写有《春鸠》诗云："村南微雨新，平绿净无尘。散睡桑条暖，闲鸣屋脊春。远闻和晓梦，相应在诸邻。行乐花时节，追飞见亦频。"通过描绘春天清新的环境，进而烘托出斑鸠在屋脊上鸣叫，相互欢快追逐嬉戏的情景。著名的古画《梨花斑鸠图》

画中有明代王恭观此画而赋的诗作："绣颈斓斑锦翼齐，梁园春树好飞栖。乐游少年偏嫌雨，莫向花间自在啼。"真乃佳画配好诗，双色皆生辉。

斑鸠也是民间歌唱的好鸟，江西著名的民歌《斑鸠调）唱道："春天斑鸠叫呀嘿咳，斑鸠里格叫得亲，是格里格叫得好，你在那边叫呀嘿咳，我在这边听呀嘿咳，叫得那个桃花开呀嘿咳，叫得那个桃花笑啊嘿咳，叽哩咕噜咕噜叽哩，依呀依子哟！"曲调淳朴热情，幽默风趣，极富浓郁的江西民俗风格和地方特色。

斑鸠自古以来就被视为吉祥如意之鸟，我院校园林木繁茂，适于斑鸠栖居，经多年观察，它已落户成为校园的留鸟，是我们的朋友和邻居。我们应该爱护和保护它们。笔者曾遇到过陌生的外来猎鸠者，我们一定要坚决制止种种的猎鸠恶行，好让这些温善吉祥之鸟平安地与我们相伴，使林茂花香鸟语的校园更加和谐，充满生机和活力。

校园春光好　处处闻啼鸟

暮春时节，葱茏的校园里满眼新绿，娇黄的迎春、红艳的杜鹃竞相绽放。茂林花卉间，各种鸟类跳跃高歌，低徊飞舞。它们体态优美，羽衣艳丽，鸣声婉转，风姿绰约，使校园变得欢乐而愉快，充满了诗情画意。校园里有许多鸟类，诸如杜鹃、乌鸫、伯劳、斑鸠、白头鹎、画眉、绣眼和山雀，等等，尤其是一些善于鸣啭的鸟类，它们树梢啁啾、临窗唧咕、丽日欢唱、雨中啼鸣，大大增添了师生们的生活情趣，校园更显出一派美好、和谐和吉祥。

校园里杜鹃的啼鸣最令人动情。杜鹃鸟又名"子规"，它具有秋去春来、隐形扬声的习性。我国常见的有大杜鹃，俗称"布谷鸟"，其啼声为"客咕—客客咕"，人们将其啼声谐音为"刈麦播谷"或"快快种谷"，它的啼声似是提醒农人快快耕种，不违农时，故有"布谷声声催春种"的民谚。宋代蔡襄有诗云："布谷声中雨满犁，催耕不独野人知。荷锄莫道春耘早，正是披蓑叱犊时。"可见杜鹃古时就成为物候之鸟了。每当黎明时分，常听见"咕咕—呜—咕"的鸟啼声，这是"四声杜鹃"的啼鸣，其声调高亢而尾声浑重深沉，像是旷远传来的呼唤，又似凄厉哀怨的悲啼，古人谐其声为"不如归去"，静听啼声，常会激起人们怀乡念亲的情思，宋代朱熹有诗曰："不如归去，孤城越绝三春暮，故山只在白云间，望极云深不知处。不如归去不如归，千仞冈头一振衣。"又说它"唤得形神两超越，不知底是断肠声"。可见，诗人闻声生情，故咏出了具有浓厚生活意趣的诗作。

校园里乌鸫鸣啭的技艺最为出众，你看它通体辉黑，嘴呈鲜黄，显得朴素而又雅致，它常发出"吉—吉—吉—吉"的鸣声，高昂宏亮。每到春天繁殖季节，其啭鸣声悠扬婉转，音韵多变，唐代刘禹锡赞它"笙簧百啭音韵多，黄鹂吞声燕无语"。乌鸫还善于模仿其他鸟类的鸣叫声，被誉为高超的口技家，它最善于仿学画眉、黄鹂和柳莺的鸣声，惟妙惟肖几可乱真，人们说它能"反复百鸟之音"，浑身是舌，故又得名"百舌"。古诗人严郾曰："此禽轻巧少同伦，我听长疑舌满身。"宋人文同曾有诗云："众禽乘春喉吻生，满林无限啼新晴。就中百舌最无谓，满口学尽众鸟声。"南北朝诗人刘孝绰赞它"百啭似群吟"，苏轼则最喜欢"卧闻百舌呼春风"！

校园里还有一些小型鸣鸟，它们体形小巧玲珑，姿态活泼可爱，生性机敏好动，常于林间穿梭跳跃，边歌边舞。画眉最擅长独唱了，白天常在树梢枝桠间引颈高歌："哥—来噢—哥—来噢"，鸣声高亢奔放，婉转清亮，胜似笛声。北宋欧阳修的《画眉鸟》诗云："百转千声随意移，山花红紫树高低。始知锁向金笼听，不及林间自在啼。"晨晚间的鸣唱，声稍小但嘹亮悦耳，如蜜语声声，清歌阵阵，不绝于耳。张潮评说："鸟语之佳者，当以画眉第一。"以头顶黑色，眉及枕羽白色为特征而得名的白头鹎，晨曦初露即鸣："咯叽—咯咯叽""叽—咕儿，叽—咕儿"，它们常双宿双栖，好双飞对鸣，似双双细语。钱洪有诗曰："山禽原不解春愁，谁道东风雪满头。迟日满栏花欲睡，双双细语未曾休。"白眼圈的绣眼鸟，喜欢成群穿飞跳跃，其鸣叫声好似"滑儿、滑—儿、滑—儿"，高唱时清晰悠扬，令人心旷神怡；小叫时吐音轻柔婉转，似细语缠绵，既甜蜜又神秘。

校园里，春光明媚，更有"翻飞多好鸟，婉转弄芳辰"。有的鸣鸟伴着歌声直冲云霄，有的鸟儿比翼双飞尽情欢唱；时有群鸟交啭，百音纷鸣，处处欢愉歌，曲曲清新调。风景如此美妙，当尽情地欣赏。

道法自然 扶隐发微——生物学教研及科普文集

美丽吉祥的红嘴相思鸟

红嘴相思鸟是极其名贵的观赏鸟，又名红嘴玉。据《粤志》载："鹩鹩，又名相思，亦曰相思子。"属鸟纲画眉科，它们体形轻盈娇秀，小巧玲珑，羽毛华丽，性情温柔，喜欢结群活动，一边唱着清脆动听的歌，一边跳着袅娜多姿的舞。雌雄常形影不离，时而在长空比翼双飞，时而立在枝头互相偎依，彼此情意绵绵，成双结对。听着那如管笙轻奏，又似银铃般悦耳的"啾啾"鸣声，令人非常心畅。人们把相思鸟作为自由美满、坚贞纯洁、吉祥如意的象征。

红嘴相思鸟的上体全部呈橄榄绿，胸部是炫耀的橙色，金黄的下颏，黄白的眼圈，两翅具有明显的红黄色翼斑，尾叉如燕子，脚黄褐或绿黄，配上鲜红的喙，非常美丽，俨然是活生生的艺术品。

红嘴相思鸟的家乡在我国的南方，常栖息于常绿的阔叶林或成片的竹林中，以捕食林中幼虫和食种子为生。夏居高山，冬天迁往低山山麓，是长江流域以南的留鸟。这种体长约 15 厘米的小鸟，于每年的 5～8 月间繁殖后代。

红嘴相思鸟素为外国朋友所钟爱，有的国家把相思鸟作为一种高尚的礼品，每逢亲朋婚姻之喜，送上一对相思鸟，祝福新婚夫妇长相恩爱，白头偕老。

红嘴相思鸟作为一种礼品鸟，出口贸易量逐年增加，山人大多用围

---

* 原载于《江西教院报》2011-08-15。

第二篇　漫谈采华

· 075 ·

网捕捉。为了保持生态平衡，现正开展人工繁殖。愿相思鸟作为一种吉祥鸟，展翅飞向海外，为友谊架桥梁，给人类添乐趣。

道法自然 扶隐发微

——

生物学教研及科普文集

秋风起 河蟹肥*

　　秋风起，河蟹肥。金秋的蟹，肢中细肉条条嫩，壳里盈盈满是脂，泼醋擂姜，品尝河蟹之美味，正当其时。

　　河蟹自古列为美食。每当秋分前后，选取"青背、白脐、金爪、黄毛"的活蟹，精心烹调，成为色红、肉嫩、脂香、味鲜的美馔，人们剥壳、剔肉、挖脂而食，那"螯封嫩玉双双满，壳凸红脂块块香"的滋味真令老饕们大快朵颐。河蟹更是人们喜爱的佐酒佳肴，南北朝时的毕茂世说："一手持蟹螯，一手持酒杯，拍浮酒池中，便足了一生。"把食蟹饮酒视为人生的上等享受和极大的满足。更有诗云："未知蟹肉味，枉为海内生。"这些说法未免过分和夸张，但也可反映出人们饮酒食蟹的一种特殊爱好。

　　河蟹虽然味美，并非人人敢食。有的人说："那东西形态怪异，看着也骇人，哪敢吃啊！"细看那活着的河蟹，它硬壳包身，不时转动着一双有柄的复眼，口周冒着泡沫，更常高高挥举着一对钳状的大螯，犹如铁甲长戈的武士，着实有些吓人，难怪有人不敢食它。但河蟹毕竟为多数人所食，特别是第一个吃蟹的人被赞为勇敢的人。自古以来，那些敢于尝试、勇于承担风险而开辟新路的人，被誉为"敢于吃螃蟹的人"。

　　人们在食蟹之时，也常会议论它有趣的习性，多说它生性凶恶，横行霸道。河蟹是横向爬行的，这一特殊的行走方式，是由于它的步足关

* 原载《江西教院报》2007-09-30。

第二篇　漫谈采华

节不能前后屈伸，无法向前或退后行走，只能左冲右突，而且是向上斜着爬行的，故人们笑它"眼前道路无经纬"，还给它取了"横行介士"和"横行公子"的绰号。对于河蟹的横行，唐代皮日休《螃蟹》诗曰"莫道无心畏雷电，海龙王处也横行"，却是赞它敢于横行无忌，既勇敢又无畏呢！至于说河蟹生性凶恶与霸道，古人早有评说，宋人陈与义《咏蟹》诗云："但见横行疑长躁，不知公子实无肠。"说河蟹横行只是急躁而已，而"无肠"并非指河蟹真的没有肠子，而是说它肚子里没有藏着邪意恶念，虽然躁而横行，但它不凶恶也不霸道，并不可怕，故人们又称它为"无肠公子"。这从河蟹的一些习性也可佐证，比如当它遇到敌害攻击，总是急速爬行，潜入泥底或钻进洞穴躲起来。如果节肢受伤，则受损节肢会从基部自行压断，弃断肢迷敌而伺机逃之夭夭，过一段时间，断肢又会再生复原。这种"自切"与"再生"之术，有"丢卒保车"之妙，着实高明。

河蟹味美，食蟹之人颇多，但自然资源却很有限，只有通海的河川才产河蟹，那是由于它受"生殖洄游"的习性所限。民间有"秋风响，蟹脚痒"的谚语，是说河蟹平时穴居于江河湖荡的堤岸泥滩中或隐伏在水草里，每年秋风响时，发育成熟的蟹就要顺江河水迁游到浅海里繁殖，故说蟹脚痒痒要远游了。雌雄蟹在海里交配产卵并抱卵于附肢上，卵孵化后生长到大眼幼虫期，又开始从海里沿江河出海口逆游而上，如此往返远游，水路迢迢，历尽艰险才得以来到适宜的淡水栖息地。江西省鄱阳湖水系通海，湖区汊涂网布，水草繁茂，是河蟹生活的乐园，每年秋季都能捕获一定数量的成蟹，但产量有限。为了扩大生产，现已实行海水人工育苗和淡水围网养殖，强调生态养殖、绿色养殖和无公害养殖，并逐步向天然养殖的方向发展，人们将可享食到美味、营养、安全的河蟹。

杜鹃啼开杜鹃花[*]

　　清明时节，登上昌北梅岭的山颠，满眼新绿，到处是盛开的杜鹃花，殷红的、淡紫的、鹅黄的、雪白的，点点簇簇，漫山遍野，斑斓似锦。当你陶醉于自然美景的时候，身边常有飞鸟掠空而过，远处山谷不时传来杜鹃鸟清脆而浑重的叫声："布谷布谷"。杜鹃花的灿烂和杜鹃鸟的鸣啼，构成了一幅声色传神的春之图画。

　　杜鹃花又名映山红，属杜鹃科，是著名的木本观赏花卉，全世界有八百五十多种，我国就拥有六百余种。有常绿的、落叶的；有春季开花的春鹃，夏季开花的夏鹃；有丛生灌木植株，又有高达二十米以上的大树杜鹃，花色品种极为丰富。蜀中的川鹃花十数层叠缀在一起，鲜红艳美；云南有五色双瓣杜鹃花，十分娇艳；福建有红、紫、黄、白等花色的杜鹃花，还有红边白芯、红里间白、紫白相间的稀有品种，色彩缤纷，满目锦绣。江西境内也有二十多种杜鹃花，其中著名的有井冈山杜鹃、云锦杜鹃和猴头杜鹃，具有很高的观赏价值。杜鹃花喜生长于酸性土壤，我省红壤山地均有分布。园林庭院、花圃盆景都有它的丽姿，古诗云："花中此物是西施。"可见人们对它是赞誉至极了。

　　杜鹃鸟又名子规、思归，属鹃形目，为夏候鸟。我国常见的有大杜鹃，它的叫声被人们谐音为"布谷"，故名布谷鸟。还有四声杜鹃，其叫声为"咕咕—喔—咕"，人们常拟其声为"割麦种谷"。它们每年春

＊　原载于《中学教学报》1994 年。

天从南方飞来，正值农家春种之时，其叫声好似催促人们快快耕种，故有"布谷声声催春播"的诗句，杜鹃鸟遂成农时物候的标志了。

杜鹃鸟的叫声，声调柔和，声声似恳切的呼唤，古代文人谐音为"不如归去"，使远离故乡的游子顿起思乡之情。晏几道《鹧鸪天》中写道："百花深处杜鹃啼""殷勤自与行人语……声声只道不如归。"所以，杜鹃也叫归思鸟。杜鹃鸟的叫声宏亮，夜以继日，通宵达旦，人们说它叫得口吐鲜血。相传鲜红的杜鹃花是杜鹃鸟的血染成的，故有"杜鹃啼处血成花""杜鹃啼血，染遍满山"的说法，实际上杜鹃鸟并没有啼血，只是因为它的口里具有一种血色斑点，好像点点血珠，这可能就是所谓"啼血"的根据了。

杜鹃鸟有奇特的繁殖习性，自己不筑巢，不孵卵育雏，而是伺机将卵产于别种鸟的巢里，由别的鸟为它义务孵育。它所选择的义亲鸟达一百多种，都是雀形目的鸟类，如：苇莺、画眉、伯劳、山雀等。由于杜鹃鸟的卵孵化比义亲鸟的卵来得快，幼鸟能将义亲鸟的卵或幼雏挤出巢外，从而占领全巢，独受哺育，所以成长特别快。这些行为义亲鸟并不觉察，仍然辛勤为之觅食，殊不知喂养的却是假仔呢！唐代诗人杜甫在《杜鹃》诗中吟道："生子百鸟巢，百鸟不敢嗔，似为喂其子，礼若奉至尊。"说得多么传神有趣啊！

杜鹃鸟是著名的益鸟，嗜食毛虫，松毛虫、松尺蠖、舞毒蛾、松针枯叶蛾等都是它的美味佳肴，一只成年杜鹃鸟一天可食虫 100～300 条之多，确是农林天然绝好的卫士。杜鹃花可以入药，有消炎、止咳、平喘和治疗慢性气管炎等功效。这一花一鸟都在为大自然和人类作出积极的贡献，我们应该好好保护它们。

金秋柿子满树丹*

柿是一种可作观赏的果树，夏天树大叶茂可以遮荫，秋来叶红果艳，十分美丽，令人百看不厌，是美化环境的优良树种。唐代段成式在《酉阳杂俎》中话柿有七绝："一多寿、二多阴、三无鸟巢、四无虫、五霜叶可玩、六嘉实、七落叶肥滑可以临书。"可见它自古就为人们所喜爱了。

柿属柿树科，为落叶乔木，原产我国，已有三千年的栽培历史，除极寒冷地区外，各地均有栽培。我国是柿子生产最多的国家，品种也极丰富，据统计达到八百个以上，可分为甘柿和涩柿两大类。甘柿摘取时即可食用，涩柿则需经人工脱涩或后熟作用，才可食用。柿的果实形态多样，有长形、圆形、扁形、方形。果实的颜色各有不同，有大红、朱红、橙红、橙黄和黑色等。果肉的质地和风味又各有特色，有绵、粘、水、脆软和松密之别。国内著名的品种有浙江杭县的方柿、山东青岛的金瓶柿、河北的大盖柿。在江西省也有久负盛名的上品，如产于于都、兴国的合柿，产于萍乡、高安、宜春、上高和丰城等地的高脚方柿，它们均以果实大（平均重可达 200～300 克，最大可达 500 克）、汁液多、味浓甜等特点而著称。

柿的果实营养丰富，含有蛋白质、脂肪、糖分和维生素 A、B1、B2、C，以及钙、磷、铁等无机盐类，除鲜食外，还可加工成柿饼，其

---

* 原载于《中学生报》1996 年。

第二篇　漫谈采华

· 081 ·

肉柔如枣，味甘似饴，是人们喜爱的果品。柿饼表面的白粉称为柿霜，它是柿饼中的糖随水渗出果面凝结而成的，柿霜含有甘露糖醇、葡萄糖，可加工成霜糖。

柿子可作药用，鲜柿和柿饼有健美养神、助消化、补脾胃、润肺涩肠、生津宁咳、降压止血的功效。柿蒂性温，味苦涩，有下气降逆之功，主治呃逆、嗳气等症。柿霜可治喉疼、咽干和口疮。

柿叶可以加工制成柿叶茶，柿叶茶含大量的维生素，有软化血管，防止动脉硬化的特殊功能。北京平谷县大华山柿叶茶厂生产的柿叶茶遐迩闻名。远销日本，颇受赞誉。

柿子还可以酿造柿酒、柿醋，又可提取"柿漆"，用于染渔网、漆雨伞和雨帽，具有防腐和防水的作用。可见柿是一种很有价值的果树，应大力提倡种植，并加强产品的加工和综合利用，它对发展农村经济是很有意义的。

五月枇杷正满林*

初夏时节，正是百树花隐、嫩果挂枝之时，独有枇杷特出，满树金黄。白居易诗云："淮山侧畔楚江阴，五月枇杷正满林。"这时，走近枇杷林，看那"万颗金丸缀树稠"的景象，令人叹为观止。

枇杷属蔷薇科常绿果树，据宋代《本草衍义》记载："枇杷其叶似琵琶"，故名。诗人杨万里说它"大叶耸长耳，一枝堪满盘"，既描述了叶的形态，又说明了果实着生的特点。往往是一个果枝着生 5～10 粒果实，所以，只摘一枝当可盈盘了。

枇杷最为养生家所推崇，认为金果富有灵气，它"四季长青，寒暑无变，秋萌冬花，春实夏熟，独具四时之气"。人们见到秋来落叶纷纷之时，它却枝苗芽壮，独显生机；寒冬百树敛眠，唯它苞蕾绽放，白花缀枝；待到草色青青，万物复苏的时候，它已饱尝春风雨露，迅硕其果；进入初夏，已是黄果满林，极目皆金了。正是它这特异的生长发育规律，得以广纳四季日月精华于果中，自然灵气有加，不同凡俗，故有"灵果"之美誉。

枇杷浑身都是宝：木材质地坚实，可制作工艺品和家具；叶子可以入药，具有利尿、消热、止渴、镇咳之功；果肉含有丰富的营养，生食、酿酒皆佳，兼有"止渴下气，利肺气，止吐逆，主上焦热，润五脏"等药效。枇杷也是一种蜜源植物，其花蜜更富药、食价值。

---

* 原载《南昌日报》2000 年-05-20。

第二篇　漫谈采华

人们对枇杷情有独钟，因为它的果实呈金黄色，体现了一种热烈、凝重之美，蕴意富贵吉祥，常作为馈赠礼品，给亲朋好友送去"财福双至"的美好祝愿。难怪人们誉之为黄金果、富贵之果了。

枇杷原产于我国，常见的野生种有栎叶枇杷、大花枇杷和台湾枇杷。栽培枇杷已有一千七百多年的历史，现在世界各国的枇杷均是从我国传出去的。我国以福建、浙江、江苏等地栽培较多，有二百多个品种。从果实上可区分为长果种和圆果种两类，长果种多数独核，圆果种则含核较多。较著名的品种有浙江塘栖的"软条沙""大红袍"，江苏洞庭山的"照种白沙"，吴县的"葛家坞荸荠种"，福建莆田的"大钟""梅花霞"和"白梨"等，它们均以果大汁多，皮薄肉厚，风味甜美而著称。

江西气候温和多雨，适于枇杷的栽植，报载万安县曾从福建莆田移植枇杷并获得丰收。

银杏之歌*

　　银杏非杏，而是我国特有的庭园中常见的一种裸子植物，它既古老，又神奇，浑身匿藏着一个个难解的"谜"，一首首动人的歌。

　　银杏从远古走来，它"谜"一般的身世可追溯到地质年代，距今1.8亿年前的侏罗纪。中生代时，它是盛极一时的大族，遍布北半球各大洲，时至第四纪发生于北美和欧亚大陆的大冰川，严重摧毁了植被，使它迅速衰微。而在当时的我国地域，却只出现一些分散的山地冰川，有些地方的银杏才得以存活下来，繁衍至今，茕茕孑立于现代植物界，成为古老稀有的残存树种，故有"活化石"之称，被列为国家二级保护植物。

　　银杏具有极顽强的生命力，在漫漫的岁月里，经受着严酷的摧折，不屈不挠地生息着，其寿可越千年，人们誉之为"长寿之树"。清代诗家袁枚在《牛首庙门古银杏歌》里叹曰："不知此树生何年""疑与盘古同开天"。它的长寿是和它生长发育缓慢的特性相关的，一般栽植后20年左右，才开花结果，也就是说，祖父种的树要到孙子那一代才能收取种子，故称"公孙树"。至于其他长寿之秘，还是个待解之谜。

　　银杏虽寿，但并不"老"，它身材硕大，秀姿挺拔，古朴典雅，毫无衰态。现生长于山东莒县定林寺的一棵银杏树高达24.7米，树身最粗处为15.7米，树冠平铺达一亩多，相传为商代所植，距今3000多年，

* 原载《江西教院报》2001年。

是我国最为古老的了。江西残存的古银杏有 30 余处，其中南昌市湾里太平的一株古银杏，树高 28 米，为梁朝大通二年太平观道人手植，距今约 1540 年以上。时至今日，这些寿星们仍然枝叶繁茂，生机勃勃，古代诗人喻它们"老树高不休""干如蟠龙欲飞天"，确是气势不凡，令人赞叹！

银杏的叶子极为别致，其叶形初看起来像是鸭子的脚，故人们又叫它"鸭脚树"。细细观赏它，则会发现叶的形状更似扇子：有一细长的叶柄，叶片有多条交叉状并列的细叶脉，叶缘浅波形，酷似一把玲珑的小折扇，秀丽古雅，简直是天然的艺术品。将它夹在书页里，是一枚精美的书签。

银杏的种子也很奇特，外观呈核果状，外种皮成熟时为浅黄色或橙黄色，中种皮则为白色，种仁就是人们说的"白果肉"，它却是绿色的，商品出售的种子是去掉外种皮的，故显白色，叫做"白果"。所以，银杏又称"白果树"，银杏的雅称也由此而来。

银杏具有非凡的价值，自古以来它的种仁用于药食，白果肉含有蛋白质、脂肪、钙、磷、铁、胡萝卜素、多种氨基酸和碳水化合物，还有少量的氰甙和白果酚甲等物质，略有小毒。食时入口软滑，别有风味，宋代诗人杨万里赞它"小苦味甘韵最高"。它在医药上具有敛肺定喘之功，用于治疗痰哮喘咳、遗精、带下、小便频数等症。时至 20 世纪 60 年代，科学家对银杏叶子的成分进行了分析，爆出了惊人的发现，原来银杏的叶子秀外慧中，叶里含有黄酮类化合物和银杏内酯等物质，具有恢复血管弹性、抗血栓、改善微循环、清除自由基、延缓细胞衰老、增强机体的免疫力、改善循环系统和脑的功能等的保健功效。特别是 20 世纪 90 年代以来，以银杏叶提取物为主的功能食品、保健饮料和药品不断推出，广泛用于防治心血管疾病，显示了它独特的医疗价值。

神奇的胡杨*

唐代诗人王维在《使至塞上》的诗中，对着连绵的沙漠和望不尽的戈壁唱曰："大漠孤烟直，长河落日圆。"人们常会从这名句里感受到荒漠的空旷和苍凉。其实，沙漠并非不毛之地，常有一些沙生植物，如胡杨、野梧桐、梭梭、骆驼刺等散生其间，有的成片分布，形成绿洲，展现了沙漠地区奇特的绿色景观。在这些植物中，要数胡杨最古老、最高大、最神奇、最为人们青睐。

大漠"英雄树"。大凡西部地区的人们说起胡杨，无不神采飞扬，同声赞叹："大漠英雄树，死活三千年。"说它"可活一千年不死，死后一千年不倒，倒后一千年不朽"，好一个"死活三千年"！在植物界中是绝对神奇的了。胡杨树具有如此强健的生命力，却是在逆境中造就的。科学工作者曾在新疆库车千佛洞和甘肃敦煌铁匠沟的第三纪古新世地层中发现过它的化石，距今约650万年，它历经数百万年与沙漠严酷环境的抗争，战胜了高温和严寒，顶住了狂风和沙暴，耐受住了干旱和贫瘠，越发使它健壮和刚强，真乃"逆境出英雄"也！

银白色的"泪"。胡杨也会流"泪"，但它有泪不轻弹，只有受到伤害的时候，才会"泪飞顿作倾盆雨"，这是怎么一回事呢？原来，当它的树皮受到伤害时，其伤口会滴滴答答地流出很多银白色的汁液来，看上去像人在伤心落泪，当地人称其为"胡杨泪"。其泪液的水分蒸发

---

* 原载《江西教院报》2001 年。

后，成为碳酸钠盐结晶，这就是传说的"胡杨碱"了，它可供食用，也可用于工业原料。胡杨浑身都是碱，尤以根、叶和树皮为多，这些碱盐都是从土壤里随水分吸进体内的。奇怪的是它体内到处含碱，却不为碱所害，所以它能生活在别种植物不能存活的盐碱地里，成为一种著名的抗盐碱植物。

枯树也成林科。考队曾在西部地区发现过枯木林，那就是枯死的胡杨树。它们虽然死去，却不甘于躺倒，在风沙的肆虐下，仍巍然屹立，挺拔而刚劲，成为站着的"木乃伊"，名副其实的"不倒翁"。胡杨枯而不倒的奇迹缘于根深且茂，它的主根可深入地下8米，直达沙漠的地下河，它的侧根长达20米，且密织成网，使它稳固地屹立于沙地之上。又兼胡杨树身巨大，高可达15米，树粗三人围抱不拢，再狂的风、再猛的沙暴也吹它不折，撼它不动。面对这枯死的胡杨林，其惨烈之态和不屈的精神，令人感慨万端。

"英雄树"。胡杨木是沙漠地区的栋梁之材，它的木质缜密坚硬，不受虫蛀，耐湿耐腐。虽倒地能千年不朽，又兼纹理美观，当地人常用它建筑房屋和桥梁，日常生活用的盆、勺、碗、叉都是用胡杨木制成的，连烤羊肉串也是用胡杨的树枝作燃料。所以，胡杨自古就备受人们的爱护。科考队曾在沉睡千年的楼兰古城发现过最早的护林法令，其中有"砍断一棵胡杨树罚一匹马，砍伐树枝罚一头母牛"的规定。时至今日，由于人们的垦地、夺水、砍树等行为的干扰和破坏，胡杨树成批地枯死，仅新疆塔里木河下游的胡杨林，已由过去的80多万亩锐减为目前的10多万亩。我们不应忘记由于筑城造寨、大量砍伐胡杨致使生态恶化，楼兰古城废灭的惨痛教训，善待胡杨、保护胡杨、发展胡杨已成为人们的共识。现在，我国已建立胡杨林自然保护区，相信用不了太久，"英雄树"将会在西部广袤的土地上茁壮成长，为民造福。

池畔芙蓉 醉舞秋风 *

深秋时节，露冷风寒，却看校园，群松竞苍，杉柏争翠，众樟展绿，修竹婆娑。更有池畔木芙蓉，蓓蕾怒放，满树繁华，醉舞秋风。绿海红葩，好一派瑰丽秋色！

木芙蓉盛花于每年 10 月间，此时正是寒露、霜降的节候，虽是群花摇落，满庭黄叶，而它却挺寒拒霜独自芳，使人们倍加珍惜，称它为"拒霜花"。宋代苏轼的诗作中有："细思却是最宜霜"，道出了木芙蓉适应霜寒的特性。

木芙蓉的花最显著的特点是：一日之中，花色多变，清晨为白色透青，中午转为桃红，下午变为深红色，故诗家赞它是"晓状如玉暮如霞"。其花色一日三态，被人们喻之是"醉"了，故又有"醉芙蓉""三醉芙蓉"之称。在四川、广东有一种"照水芙蓉"，一花可开数日，一日白，二日鹅黄，三日粉红，四日深红，至花将落时又呈微紫红色，令人称奇。芙蓉花的"醉"态，是由于花瓣细胞里所含的花青素能随着一日间水分、温度和酸碱度的变化而变幻出种种鲜艳的颜色来。

木芙蓉的栽培地历来颇为讲究，以临水而植为最佳，水边的芙蓉花，枝枝艳影，临照清漪，芳姿更加妩媚。宋代梅尧臣的诗最为传神了："灼灼有芳艳，本生汉江滨，临风轻笑久，隔江淡妆新；白露烟中客，红蕖水上邻，无香结珠穗，秋露浥罗巾。"描写了芙蓉花如少女亭

立江边，婀娜多姿，含笑欲语，水映倒影，娇艳妩媚之态，可谓"清艳照秋江"了。

校园里的木芙蓉景点，最显眼的有两处：一是教学大楼后面的松林边，它排列于大楼后门的入口旁。清晨，似玉繁花，欢迎着莘莘学子的光临；傍晚时分，又捧出红艳之花庆贺学子的丰收，朝迎暮送，其情深深，其意也切，让人如啜甘饴。另一处位于西塘的岸边，它临水而立，枝叶茂盛，繁花似锦，艳态倒映水中，波光闪耀，花影摇曳。更有男女学子，手捧书本，傍花神读；有的头戴耳机，漫步池畔，倩影映水，涟漪起处，人花相伴而舞。如果你徜徉池桥，放眼西眺，那绝佳景色，会令你叹为观止。木芙蓉的景色如此瑰丽，你可不要错过欣赏啊！

绿叶文化　源远流长*

　　苍翠的叶子染绿了祖国大地，为人们营造了秀美的生活环境。它不娇不争，却又悄悄融入人们的生活，历经五千多年的发展和积淀，形成了绚丽多彩的绿叶文化。它表达了中华文化特有的形态和个性，体现了中华文化的博大精深和源远流长，同时也展示了中华民族强大的生命力和创造力。本文仅从中采萃数朵绿叶文化之花，以飨读者。

　　你吟过叶诗吗？中华绿叶文化深深蕴含于古典诗词之中，诗人观叶、爱叶，在咏叶中抒发情意，留下了脍炙人口的佳作。郑燮的《芭蕉》诗唱曰："芭蕉叶叶为多情，一叶才舒一叶生，自是相思抽不尽，却教风雨怨秋声。"陈玉瑾的《落叶》诗感叹："木叶惊微脱，相看惜故枝，一秋今古梦，万树别离思。入水飘无定，随风下每迟，始知天地意，摇落总无私。"却原来绿叶舒生缘相思，落叶惜舍别离情，读来别有一番情趣。宋代的杨万里是吟叶的大诗家，他对叶色的吟咏，独具韵味："接天莲叶无穷碧"，"碧罗袖尾滴猩红"，"若为黄更紫，仍借叶为葩"。叶子也如此五彩纷呈，艳丽如花，所以诗人杜牧也不禁要高吟"霜叶红于二月花"了。

　　你读过"叶书"吗？有些植物的叶子，可用以代纸写字，大书法家怀素，就用过芭蕉叶练字。唐人郑虔，因家境清贫买不起纸，听说长安城南慈恩寺内积存有数间屋的柿叶，他便借僧房住下，每天取叶写字，

＊ 原载《江西教院报》2004-10-3。

一年中把所有柿叶都写满了，后来又在叶上写书作画，整合成书。元末陶宗仪著有三十卷的《南村辍耕录》，竟是他在农村摘叶写书，投叶瓮内，埋于地下，历经十年后完成的。佛教中有些佛经是刻写在贝多罗树树叶上，叠编成册而制成的，称为"贝叶经"。我国西双版纳傣族人民也常刻制"贝叶经"，成为独具一格的叶书。

你会识别"叶信"吗？居住在我国西南边陲的景颇族人习惯用树叶来传递信息，借以表达情意。每一种叶子的含义，各不相同，用多了就"约定成俗"。例如，大青叶意为"希望见到你"，蕨叶表示"跟你一起外出玩耍"，竹叶是要"邀你来家做客"，赠你寄生叶是誓言"跟你永不分离"。用各种不同的树叶，按一定的顺序串扎成束，用大树叶包好，就成一封"叶信"了，收信人只要按叶子顺序进行"阅读"，便尽知其意，男女青年常以"叶信"传情寄意，别具情趣。

你参观过"叶画"吗？利用不同形态和颜色的树叶，可制作"叶贴画"。制作者先采集各种不同造型的叶子，压制干燥后作保色或染色处理，成为叶贴画的构件，通过立意、构图后，选取合适的叶子，用粘合剂进行拼接、剪切和排列，再经装饰，便成"叶贴画"了。这种画所展现的人物、花鸟、昆虫具有色彩缤纷、栩栩如生之妙，时至今日，已形成别具一格的叶贴艺术，也是美术家的一种新创作。

你听过"叶乐"吗？我国中南和西南少数民族地区，有一种别具风情的树叶音乐，它是选用不同的树叶，卷曲成形，放在嘴边，就可吹奏音色与小唢呐相似的乐曲，很是优美动听，人们赞之为"卷叶吹如玉笛声"。以绿叶为主题的名曲为数不少，如二胡曲《雨打芭蕉》、琵琶曲《飞花点翠》，描绘了蕉雨的静谧和松柏清雅高洁的意境，令人百听不厌。著名的古乐《胡笳十八拍》表达的正是绿叶的旋律，那是蔡文姬从匈奴回汉时，当地百姓依依不舍，用树叶吹奏出缕缕凄婉的旋律，借以寄托离愁，后经她的模拟和发挥，终成传世之曲。

你欣赏过"叶舞"吗？我国西南地区有一种豆科植物叫舞草，它是植物王国里的"舞蹈家"。它的复叶由三片小叶组成，其中两片对生的小叶，能一刻不停地舞动，有时叶尖跳起"圆形舞"，有时两小叶上下慢慢摆动，跳着"蝴蝶舞"。其不但舞姿优美，"舞步"也时快时慢，极富节奏。舞草最为傣族人民所喜爱，称它为"风流草"，年轻的姑娘和小伙子，常围着舞草高唱情歌，翩跹起舞。人叶共舞的妙趣会使你感受着"天人合一"般的独特的民族风情。

明代张羽在《叶》诗中说"看叶胜看花"，绿叶文化如此生动有趣，虽难说它胜过花的文化，却也可以与花文化媲美了吧！

雄姿气势赞劲松*

古话说："为木当做松，为草当做兰。"可见国人早就将松树列为木本植物之上品，广为人们所喜爱。白居易在《栽松》诗中说："欲得朝朝见，阶前故种君。"真是爱得难以释目。元代的元好问则对着自己种植的松树"一日三摩挲，爱比添丁郎"，对松树确是既爱又惜，情意深浓。

大凡爱松者都极为欣赏松树的雄姿，由于它的枝干蟠曲，树皮呈鳞片状，故有"苍龙"之称。元朝的王冕在《孤松叹》中写道："孤松倚云青亭亭，故老谓是苍龙精"；清代的孔尚任喜爱松树，作诗曰："系马为看古庙松，方知松是蜕鳞龙。"历代诗人把松喻为"龙"是很恰当的，你看它的姿态雄健粗犷，苍劲朴拙，风韵古奇，高亢壮丽，真是活生生的一条"苍龙"啊！

松树的气势令人赞叹，唐人李山甫在《松》诗里盛赞它："地耸苍龙势抱云，天教青共众材分。孤标百尺雪中见，长啸一声风里闻。"宋时的王令在（大松）诗中惊叹："长蛟老蜃空中影，骤雨惊雷半夜声。"在诗人眼里，松树顶天抱云，如蛟龙跃空。松涛阵阵，啸声震天，其气势令人心神震撼，确是不同凡响。

松树的风格最为人们所称颂，你看它：千岩玉立，高大凌云，四季常青，特别是在寒冬的逆风里，虽遭雪压霜欺，仍翠绿清秀，苍劲挺

---

* 原载《江西教院报》2005 年。

拔，显得格外高亮，故人们赞它具有傲寒凌霜的品性和超尘拔俗的风格。自古以来，在人们心里，松树更是坚定执着、刚正勇敢的象征，并常在吟颂松树的诗作中表达自己的心声。陈毅元帅的诗"大雪压青松，青松挺且直。欲知松高洁，待到雪化时"凸显了他在逆境中的青松风骨，让人敬佩。

　　松树对人类的抗衰保健价值更会让你惊奇。人们普遍知道松树是长寿植物，古时，民间就有松树用于药食的事例和记载，张九龄的诗里有"松叶堪为酒，春来酿几多"的佳句；医药家孙思邈则创立"服松脂法"的自然养生方法；宋人林景照在《古松》诗里说"剧药人能寿，巢枝鸟亦仙"，但都没有完全认识它的价值。进入 21 世纪，"抗氧化"的健康长寿新理念逐渐普及，指出人体衰老及心血管疾病是机体在代谢过程中不断产生"氧自由基"的缘故，于是科学家们着力攻关寻找"抗氧化剂"，以抑制或清除自由基。研究者发现松树提取物是世界上迄今为止找到的最佳的复合型的抗氧化剂，松树的根、皮、节、叶、花粉、球果和种子都具有保健治病的功效，尤其是松针（松叶）的作用更佳，它含有大量生物黄酮类物质、前花青素、松针氨基酸、松针精油、β-胡萝卜素及其他维生素等抗衰老成分。医学家大力提倡人们喝"松针茶"来健身祛病，并出版了《松针革命》一书作具体指导。江西的松树资源十分丰富，马尾松遍布红壤山地，如果你有兴趣，不妨购书一读，试着喝喝松针茶，去体验一下它的保健功效，领略它的奥妙与神奇！

"绿色"漫话

"绿色"已不再专指一种青中带黄的颜色，随着社会文化的发展，人们赋予它更广泛、更深刻的含义："绿色是无污染、无公害、秀美洁净环境的标志，是自然的原态；绿色是生命的象征，它显示健康、蕴涵生机、充满活力；绿色是希望、是慰藉、是快乐；绿色意味着安全、顺遂与和谐。"

当今世界掀起了一股绿色浪潮，绿色理念全方位地渗入政府、社会、经济、生产和生活中，营造绿色家园、绿色城市、绿色园区、绿色社区、绿色企业、绿色学校和绿色家庭成为人们着意追求的目标。发展绿色经济，构建绿色建筑，研创绿色技术，使用绿色能源，实施绿色生产，生产绿色产品，倡导绿色生活，鼓励绿色消费成为时代的主旋律。开展绿色教育，确定绿色责任是素质教育的重要组成部分。绿色 GDP、绿色设计、绿色模式、绿色管理、绿色发展成为政府工作的新理念。祖国大地，绿色之风劲吹，绿色事业方兴未艾，绿色之歌响彻云霄。

联合国环境规划署于第 34 个世界环境日提出了"营造绿色城市，呵护地球家园"的主题，我国的城市群也正以"既要小康，又要健康；既要金山银山，又要绿水青山"的双赢理念，着力于绿色城市的建设，相信用不了太长时间，市民的眼前将会呈现出更为湛蓝的天空和清澄的阳光，获得洁净的饮水，呼吸清新的空气，还能过着"不出城廓而获山林之趣，身居闹市而有林泉之致"的高质量的生活。

国家环保局呼应世界环境日确定了"人人参与，创建绿色家园"的主题，旨在号召人人行动起来，积极投身绿色家园建设。"人人参与"要求学院人在思想上构建起爱绿、护绿、兴绿的意识，革除"非绿"陋习。在学院阶梯教室旁的景观草坪，由于人们的不断"入侵"，硬是踩出一条"新路'来；有时，就地焚烧垃圾，黑烟笼罩校园，人们呼吸着被污染的空气；更有人一边吃着包子、茶蛋，一边随手抛撒塑料袋和蛋壳。目睹这些"非绿"行为。能不让人心头涌起绿色之痛吗？"人人参与"要求学院人行动起来，从身边的小事做起，不随意乱扔废弃物，不破坏绿色景观，不攀折植物、花卉，不食用野生保护动物，不使用一次性筷子。同时，选购绿色食品，使用绿色能源，节水节电，加入"绿色志愿者"行列，参与绿色建设活动，争当"绿色使者"，建设"绿色校园"。

绿叶扶疏意味长*

　　有人喜欢赏花，有人却爱好观叶，宋人罗与之的《看叶》诗里云："看花应不如看叶，绿叶扶疏意味长。"绿色的叶子虽然没有花的娇艳，也没有花的香浓，但却以它万千的形态和多变的姿容，处处展示它的魅力，只要用心观赏，定会感受个中意韵的幽远与绵长。

　　绿叶的形状多有变化，有圆形、卵形、披针形、匙形、心形、盾形、肾形、镰刀形、提琴形、三角形，等等。绿叶的造型千姿百态，松叶似针、柏叶如鳞、柳叶像眉、丝兰叶像剑、芭蕉叶像旗、田旋花叶像戟、灯心草叶像锥、藜叶像梭、槭叶像爪。著名的观赏植物鹅掌楸，其叶裂成马褂状，端部近截平形，每一柄叶都像一件精工剪裁的马褂，故称"马褂木"。面对满树吊着的"马褂"，真让人不知该"选购"哪件好呢！食虫植物猪笼草，其叶的中脉延伸成卷须，至顶端膨大而成囊状体，众多的叶子如袋似笼，正悄悄地等待着小昆虫的光临。最让人赞叹的要数王莲了，它的叶硕大无比，直径可达 18～2.5 米，圆形的叶缘向上转折，浮在水面上像是一只土红色的大圆盘子，一个 30 多千克重的孩子可以坐在叶子上，就像乘一叶小舟，在河中飘荡，奇趣焉然！最有特色的是慈菇的叶子，沉在水中的叶子像带子，浮在水面上的叶子呈椭圆形，探出水面的叶子像箭矢，一株上有三种形态的叶，使人感叹大自然的造化，真是"一树一世界，一叶一乾坤啊！

---

　　* 原载《江西教院报》2005 年 6 月。

绿叶会随季节的转换，变幻它的群体姿容。君不见春风和煦，引发万树展叶，嫩绿遍野，春光更加明媚；夏阳高照，群叶翁郁，浓荫蔽日，风不来时也自凉；秋风萧萧，霜激露染，众叶竞换新妆，红叶醉舞夺春华；冬雪飘飘，黄叶遍地，仍有常绿叶子冲寒傲展映眼明。绿叶营造的四时景观，都能带给人们身心的愉悦，就看你能否去亲近和感受它了。

绿叶在不同的环境里，则景观各异，观叶者心随景移，自有它的奥妙。雾里看叶，绿海一派白蒙，叶片缀满雾珠，含苍滴翠，更显叶子的清雅华净。风中观叶，心情殊异：清风徐徐之时，看群叶轻摇漫舞，绿光闪耀，不时伴有叶香扑鼻来，闲适之情油然而生；而疾风劲吹，群叶骤舞，绿波翻腾，蔚为壮观。雨中观叶则更富韵味了，雨和叶的默契会演绎出诸多美妙的佳景，尤以雨中观荷最为人们所喜爱，那淅淅沥沥的雨点洒在荷叶上，即时"碧碗倾摇，银珠戏跳"，犹如"大珠小珠落玉盘"，更似玉人"碧玉盘中弄水晶"。雨中听叶，更是一绝，最为人们推崇的要数芭蕉雨了，雨中的芭蕉叶，姿态婀娜，清秀宜人，又兼雨点打在蕉叶上发出清脆的滴答声，使人更觉静谧和清凉。历代诗人有不少关于蕉雨的炙人之作，如杨万里的"芭蕉得雨更欣然，终夜作声清更妍""细声巧学蝇触纸，大声铿若山落泉"。哪怕是"三点五点俱可听"。朱长文轻吟"夜静忽疑身是梦，更闻寒雨滴芭蕉"。正是那入夜的蕉雨把人们带进如梦之境，也带给人们沉思和无限的遐想。

如今，观叶已成时尚，一些观叶植物很受人们的青睐，如文竹、散尾葵、大叶曼绿绒、龟背竹、绿萝、花叶芋和朱蕉等，已成为家居和各类馆舍的饰物。它们亭亭而立，亮丽可人，各具风韵：有的挺拔刚毅，翠绿明亮；有的苍翠清秀，小巧别致；有的轻柔飘逸，幽静文雅。它们会使你感到绿意盎然、生机勃发，也为你的居室增辉不少。

竹之韵*

在葱茏的校园里，丛丛翠竹拥抱着精致的阶梯教室楼。走近它的身旁，看那竿竿青竹，冰肌玉骨，亭亭玉立，神韵悠悠，一身仙姿，引来不少师生驻足凝神。我也不时徜徉在竹丛之间，静听竹笋拔节解箨的噼啪声，欣赏那茂叶在微风中的轻舞和浅唱，体会着"六出飞花入户时，坐看青竹变琼枝"的闲情逸致，不由轻吟起"一节复一节，节节枝满叶，我自不开花，免了蜂和蝶"，爱竹之情油然而生。

自古以来国人对竹都很喜爱，竹与松、梅被尊为"岁寒三友"。晋代的王徽之爱竹之情尤笃，他指竹曰："何可一日无此君耶？"扬州八怪之一的郑板桥说："宁可食无肉，不可居无竹。"历代文人常以竹和笋为题吟诗作赋，如唐代李群玉的《题竹》诗曰："一顷含秋绿，春风十万竿。气吹朱夏转，声扫碧云寒。"诗作兼及四时，声色俱佳。咏笋的名作首推韩愈的《和侯协律咏笋》，写竹笋的生长情状，兼吟赏笋、惜笋、食笋、咏笋，形象活现，文情飞动，确为赋笋之佳作，值得细细品味。

竹子的姿容、形、色颇为人们称道，菲白竹玲珑秀丽，凤尾竹婆娑幽雅，花孝顺竹则以株形秆叶皆美著称。有些特种竹，如秆呈圆角四棱形的方竹、节间膨大如瓶的佛肚竹、节间肥短且各节交互斜面连接的罗汉竹，其形态之奇，会使你的眼界大开。竹子的色泽和斑纹多有变化，产于湖南九嶷山的斑竹早已闻名于世，新秆淡绿，一年后变为紫黑色的

---

* 原载于《江西教院报》2005年。

紫竹，常使人迷惑。有一种竹子叫"黄金嵌碧玉"，其秆呈金黄色，节间嵌着绿色纵条纹。更有一种色纹反配、秆色墨绿、条纹金黄的竹子，其名当然是"碧玉嵌黄金"了。金黄与墨绿两色相间，显得高贵凝重，好像是天然竹雕工艺品。

竹的生命力极为旺盛，在严酷的环境里，能够"咬定青山不放松，立根原在破岩中，千磨万击还坚劲，任你东西南北风"。竹的抗逆性也很强，能在逆境过后迅速恢复原态，有一首小诗为证："雪压竹枝低，低下欲沾泥。一朝红日起，照旧与天齐。"竹笋的萌发力极强，能在短时间内蓬勃翠发，快速生长，"一夜成林"。比如毛竹，它每天长高可达 2 尺（0.67 米），在 6 个星期内可长到 90 尺（30 米）左右的高度。古代诗人形容它"一夜抽千尺"，可谓天地造化出神奇。

竹是木质长秆植物，有明显的节，节间中空，人们赞它既虚又实。其木质的地下茎，也生有密密的节，人们给予"未出土时先有节"的美誉。竹笋破土后，便一路笔直生长，大有直冲云霄之势。它高风亮节的品性，备受人们的尊崇，故有"千古虚心尊此老，九州高节拜先生"的名句和"宜和竹论虚实，不与谁争高低"的格言，赋予了竹以人格的灵性。又兼竹的植株姿容恬淡宁静，能高可低，坚贞高雅，不媚不俗，其意韵之幽，气质之雅，气节之高，广为人们赞颂，也带给人们以无限的生命感悟和深深的启迪。

万紫千红花烂漫*

祖国大地，四季皆花，万紫千红，五彩缤纷，表现了生命自然之美，又富含人工培育的艺术美，值得人们去欣赏和品味。赏花是一种艺术，爱花人崇尚花的色、香、姿、韵，有的花四绝皆备，如水仙、兰花，有的花随品类的不同各有所长。古书上有这样的描述："梅标清骨，兰挺幽芳，茶呈雅韵，李谢浓妆；杏娇疏雨，菊傲严霜；水仙冰肌玉骨，牡丹国色天香；玉树亭亭阶砌，金莲冉冉池塘；丹桂飘香月窟，芙蓉冷艳寒江。"此番描述不但突出了花的色、香、姿、韵，还融入了地理、气候和典故，非常生动入神，对人们怎样赏花很具启发。

佳花丽卉，绚丽多彩，常见的花色有红、黄、白、紫、蓝、橙、黑等。例如，红艳的山茶、娇黄的迎春、雪白的李花、紫色的玫瑰、蓝色的牵牛、黑色的牡丹，她们各显神韵。有的妩媚娇艳，雍容华贵；有的飘逸淡雅，端庄秀丽，带给人们以美的享受。还有一些品类的花色多有变化，如茶花中，南京的"倚栏娇"，白色花瓣缀有红点和红丝；上海的"牡丹点雪"，大红的花瓣洒有白色的斑点。月季中的"龙泉"，粉红花瓣夹姜黄，红黄相衬，格外娇艳。杨万里咏玫瑰诗云："接叶连枝千万绿，一花二色浅深红。"可见一花两色的品种，是很珍贵的了。还有一种叫宫锦红的芍药，竟是红黄白三色相间，令人惊奇。有的花在开放过程中会变换颜色。如金银花，刚开的花呈白色，后来变为黄色，一

---

* 原载于《江西教院报》。

藤之花黄白相映，故得其名。有一种月季花，花开后由青色变为粉白，而后又转为粉红，因而有"娇容三变"的美称。绣球花初开时白色微绿，几天后变为粉红。她生在不同的土壤中，花色也异，在有些土壤上开粉红花，在另一类土壤上却开蓝色花。有一种樱草花，白天开红花，在暗室里却开出白花。花色的种种变化，大大增添了赏花人的情趣。花的色彩是由于花瓣细胞中含有花青素、胡萝卜素和类胡萝卜素所致，大多数的花在红、蓝、紫之间变化着，当花青素是酸性时，花显红色；花青素呈碱性时，花为蓝色，碱性较强时泛为蓝黑色；花青素呈中性时，花显紫色。有的花呈黄色、橙色，这是花瓣中胡萝卜素和类胡萝卜素占多数时显现的，白花则是花瓣里不含色素的缘故。花的色变也是由于色素随不同的温度、湿度、酸碱度的变化而产生的，故花瓣细胞的色素被称为"魔术师"。

花的芳香沁人肺腑，其香气随花的开放而发。一年四季有看不完的鲜花，闻不尽的花香，比较香的花有桂花、茉莉花、栀子花、水仙花、梅花、兰花、含笑花、玉兰花、夜来香、荷花，等等，不同的花，其香各异，有的清香淡雅，有的馥香浓郁。梅花幽香清雅宜人，香浓而不艳，冷而不淡，有古诗云："初来也觉香破鼻，顷之无香也无味。虚疑黄昏花欲睡，不知被花薰得醉。"这种醉而不知醉的境界十分微妙。桂花以香著称，唐代宋之问写诗赞道"桂子月中落，天香云外飘"。其香有清浓两兼的特点，说香清可涤尘，香浓能透远。茉莉花也是有名的香花，古诗云："虽无艳态惊群目，幸有清香压九秋。"花舒展时香风冉冉，清芬飘荡，香气浓烈、清新、幽远、持久，人们说它"一卉能薰一室香，炎天犹觉玉肌凉"。故茉莉花有"人间第一香"的美誉。花的香气和花色有一定关系，一般来说，花色越浅，香味越浓，色越深，香味越淡，白花和淡黄花香味较浓，紫、红、黄花次之、浅蓝花香味最淡。花的芳香主要是由于花瓣里的一种油细胞能分泌芳香油，它易于挥发，其分子扩散于空气中，所以香飘四方。花香与气温和湿度有一定关系，大凡阳光强烈，温度较高时，香味浓且散得远。但有些花却是在日落后放香的，如夜来香、待宵草，那是因为夜晚空气湿度较大，促使气孔扩张，芳香油分泌也多些，所以香气就浓了。我们可以根据花香的特性，选择花的品类和掌握赏花时间。

花形姿容，千姿百态：牵牛花酷似小喇叭、豌豆花状如蝴蝶、鹤望兰花像一只翘首远望的鹤、吊钟花宛如倒挂着的金钟、拱手花篮好似红艳的花灯、茄子花像轮、仙客来花似耳、薄荷花如唇，她们各展风姿，美观有趣。俗语说"鲜花还须绿叶扶"，赏花者还注重枝叶形态的美观。你看那迎春花，她的小枝细长散垂，舒展如带，婀娜之姿，博得"金腰带"的美称；梅的老干古枝，苍劲挺秀，疏影横斜，独具风韵；山茶花的枝条黝纠，犹如鹿尾龙形。株姿刚健，别具一格；海棠叶茂枝柔，人们赞它柔蔓迎风，垂英袅袅，幽姿淑态，娇妍动人；茉莉株形玲珑，叶色翡翠，花似玉琢，芳香播远，雅而不俗；玫瑰花的叶子坚韧油亮，微微起皱，花叶交辉，分外引人。

人们赏花，重在赏"韵"，"韵"是色、香、姿三者的结合，体现花的神态、气质和风格。人们赞梅花"万花敢向雪中出，一树独先天下春"，她是纯洁、稳重、坚贞不屈的象征，被誉为"花魁"。菊花"不畏风霜向晚欺，独开众卉已凋时""宁可艳香枝上老，不随黄叶舞西风"。顶秋寒、傲风霜的品性，为人称道。兰花乃仙姿逸韵，誉她"有菊之静而无其孤，有水仙之清而无其寒，有梅之雅而无其悍，有牡丹之贵而无其俗"，称为"花中君子"。月季花热烈、执着，韵丰而不媚，花呈四时之丽，只有它能"花落花开无间断，春来春去不相关。"桂花最是"铁骨金英枝碧玉，天香云外自飘来"，微香缕缕，神韵脉脉。迎春花于岁首春头，北风尚紧，余寒犹烈之时绽放出一簇簇的黄灿灿小花，密缀枝头，生机勃勃，欣欣向荣，人们颂她是"东方第一枝"。山茶吐蕊于红梅之前，凋零于桃李之后，花期耐久，陆游诗曰："东园三月雨兼风，桃李飘零扫地空，惟有山茶偏耐久，绿丛又放数枝红。"玫瑰花典雅庄重，至情至美；康乃馨品格高雅，倚丽温馨；芍药花姿色娇艳，丰采奕奕；杜鹃花赪如丹砂，灿若蒸霞；百合花含露低垂，圣洁无瑕；萱草黄花六出，卷瓣四垂，清香宜人。还有榴花烘天、葵花倾日、凌霄冲云、仙子凌波、沼上芙蓉，可谓群英华灿，满目皆芳。

花是大自然的情魂，国人赏花常将自己的情感融合于花，以花喻人，以花抒情，借花寄意，故有寻花、感花、颂花、惜花、叹花、落花和哭花之作。杜甫的《寻花》诗有"不是爱花即欲死，只恐花尽老相催。繁枝容易纷纷落，嫩蕊商量细细开"，传足诗人无限爱花之情意。张藉眼见树花坠地，撰《惜花》诗说："为君结芳实，令君勿叹息！"读来别开生面，新颖独到。杨万里叹《落花》诗："红紫成泥泥作尘，颠风不管惜花人。落花辞树虽无语。别情黄鹂告许春。"看那落花默默辞枝，却又依依不舍，又借黄鹂的啼鸣告诉人们春事已暮，写出了诗人惜花惜春的情怀。唐代的韩偓写有《哭花》诗，云："曾愁香结破颜迟，今见妖红委地时。若是有情争不哭？夜来风雨葬西施。"诗人先是愁花晚开，未料花开又为风雨所败，惜花之情缠绵悱恻。《红楼梦》里的林黛玉看花落了，感叹："花谢花飞飞满天，红消香断有谁怜？"痛感自身命不如花，满怀愁绪，难怪有"葬花"之举了。面对花谢花落，清人龚自珍却说："落红不是无情物，化作春泥更护花。"其格调和境界与悲情愁绪迥然不同。可见，如果人们身心健康，乐观豁达，热爱生活，就会领略到大自然的生机勃发，感受到花卉的美丽，从中得到鼓舞与启发。

花是大自然的骄子，又是美好事物的象征，诸如常春花象征健康长寿，并蒂莲是夫妻恩爱，百合花是情谊长存，芍药是依依难舍，玫瑰是初恋，荷花是出尘不染，桂花是高尚不俗，兰花是正气清远，梅花是坚贞不屈，牡丹是繁荣富贵。人们常以送花表达对他人的美好情意，生时以化相贺，恋时以花相约，别时以花相赠，与花结下不解的情缘，赏花、咏花、写花、画花成为人们美好生活的一部分。花又是节日的饰物，每逢佳节，鲜花云集，万紫千红，花团锦簇，芳菲灿烂，喜气洋洋，使人倍感温馨。

赏花始于种花，种花是休闲，是生活，是一种愉快的活动，它能舒缓紧张，益于健康。种花又是一种艺术，宋代欧阳修写有《种花》诗："浅深红白宜相间，先后仍须次第栽。我欲四时携酒去，莫教一日不花开。"诗中说种花时注意不同颜色的花要错杂相间，还要顾及到各种花期的顺序，使之日日有花开。种花是一条致富的途径，目前已发展成为一项产业，它成本低、利润高，生产周期短，资金回收快，花卉经济方兴未艾。

花卉能美化环境，俗话说："鲜花一盆，春色满园。"花卉能给人美感，可以愉悦身心，陶冶情操，增添生活的情趣。让我们都来种花、爱花、赏花、护花，与百花为友，与群花相伴，生活将更有风采、更加美好！

国色天香话牡丹

牡丹原产我国，是世界著名花卉之一。每当谷雨时节，正是牡丹迎风竞放之时。她花容丰满，姿态烂漫，色彩绚丽，人们说她"艳如霞锦，香如兰麝"，将她誉为"花王"。古代诗家赞她"国色朝酣酒，天香夜染衣""天上有香能盖世，国中无色可为邻"。"国色天香"遂成为牡丹独享的美誉。

我国栽培牡丹历史悠久，唐代就极为盛行，人们无不为她的芳姿艳质所倾倒。刘禹锡在《赏牡丹》诗中说："唯有牡丹真国色，花开时节动京城。"可见当时京城盛赏牡丹，轰动若狂的情景。现今，我国牡丹栽培以河南洛阳和山东菏泽为盛，尤以洛阳牡丹著名于世，人们有"洛阳牡丹甲天下"之说。民间有武则天冬日赏牡丹的传说：武则天登上皇位后，有一年冬天，她突然兴致大发，到上苑饮酒赏雪。只见白雪皑皑，却有红梅盛开。随即在白绢上写了一首五言诗，令花神催开百花。花神奉旨，百花齐放，唯有牡丹傲骨，独不奉诏。武后大怒，把牡丹贬至洛阳，故今天的牡丹以洛阳为冠首唉！

现今的牡丹约有五百多个品种，色彩极其丰富艳丽，有红、黄、绿、紫、蓝，还有深浅不同的过渡色，如深红、粉红、墨紫等等，更有一花二色者，是为上品。古时人们最推崇的牡丹有"姚黄"和"魏紫"，说"魏紫"窈窕，"姚黄"肥硕，尊"姚黄"为花王，"魏紫"为花后，她们自然是"艳冠群芳"了。如今，还成功培育出了"黑牡丹"

"豆绿"和"洛阳红"等新品种，其中"黑牡丹"的花瓣呈暗紫色，成为牡丹中的"骄子"；"洛阳红"能在严冬开花，堪为绝品，倍受人们的青睐。由于牡丹的花色品种繁多，人们根据色泽、姿容和风韵的不同，赋予了诗意的美名，如：霓虹焕彩、桃红飞翠、白鹤卧雪、乌金耀辉、冠世墨玉、蓝海碧波、杏花春雨和银鳞碧珠等等，将花容诗情画意融于一体，大大增添了人们赏花的情趣。

牡丹花型大，花径可达 15～30 厘米，单生于枝条的顶端，既耐于单花观看，又长于群花欣赏。当你步入盛花的大型牡丹园时，那群花争艳的景象，有如"千片赤英霞烂烂，百枝绛点灯煌煌"，一派烂漫，令人陶醉。

国色天香的牡丹是诗人吟咏的对象，自古至今诗作甚多，苏轼赞红牡丹云："一朵妖红翠欲流，春花回照雪霜羞。"韦庄赏白牡丹："闺中莫妒新妆妇，陌上须惭傅粉郎。昨夜月明浑似水，入门唯觉一庭香。"白居易的《牡丹芳》里唱曰："宿露轻盈泛紫艳，朝阳照耀生红光。红紫二色间深浅，向背万态随低昂。"清代孔尚任《看天坛牡丹》云："一枝开在云霄上，又压群芳几万丛。"这些诗作都极赞牡丹的丰妍艳丽和姿容韵致，读来别有一番感受。

古时，又盛行以牡丹花喻美人，或以美人喻牡丹花，这也是牡丹文化的特色之一。例如，西汉成帝的皇后赵飞燕被喻为像牡丹花一样美丽、可爱。李白的《清平调词》有"云想衣裳花想容，春风拂槛露华浓"和"借问汉宫谁得似，可怜飞燕倚新妆！"的诗句，赞杨贵妃的衣裳如云彩，容貌像花容；说赵飞燕的美貌和可爱如盛开的牡丹花。人花双喻，颇为传神。

牡丹花芳菲烂漫，富丽堂皇，倾城姿色寰中无二，国人视之为富贵、吉祥、幸福和繁荣的象征，人们普遍具有欣赏牡丹花的愿望。近日，欣闻人民公园举办"南昌首届牡丹花暨文化艺术展"，欣赏牡丹花正其时呢！

水仙缘

水仙是冬季室内观赏植物,她秋冬生长,早春1~2月开花,成为春天到访的漂亮客人。此时,又逢新春佳节,在明窗净室内,于茶几案头摆上几盆吐翠含芳的水仙,静观那碧玉般的丛叶,欣赏着她的仙姿神韵,享受着馥郁四溢的清香,更增添了几分节日的温馨和情趣。

家里年年培育水仙,与水仙结缘已有几十年的历史了。每年深秋时节,都记得去花市选购福建漳州出产的水仙鳞茎,经过一番精心刻削,暴露了隐于鳞茎内的花芽,细数着花芽的数量,憧憬那花开时的繁盛之貌,自有一番乐趣在心头。将刻好的鳞茎浸于清水中,选取一个做工精致的,或淡雅或雍容华贵的船形花盆,洗去鳞茎削面分泌的黏液,底盘朝下置于花盆内,用鹅卵石子固定,然后向花盆内注入清水,白天放于室外的阳光下,晚上倒净盆中水,次日清晨再注入清水,植株便日渐茁壮成长。约经40~50天,丛叶里抽出的花葶顶端挂满花蕾,美丽的仙子向您凌波微步而来。

水仙的叶片呈带形,叶端钝圆,线条流畅,叶子翡翠碧绿。水仙的花呈高脚碟状,花瓣洁白无瑕,花心生有黄色杯状的副冠,白色如银,黄色似金,素雅高洁,素有"金杯玉盘""金盏银台"之喻。综观植株,那金黄的头饰,洁白的披肩,一袭翠衣飘裙,显得格外妩媚和潇洒。她凌波而至,步态微轻,诗人赞她是"水上轻盈步微月""袅袅绿云轻",故昵称她为"凌波仙子"。宋人刘邦直赋诗赞叹曰:"得水能仙天与奇，寒香寂寞动冰肌。仙风道骨今谁有，淡扫蛾眉爹一枝。"

水仙的芳香乃花中一绝，她含苞欲放之时，散发出微微幽香，群花绽放之际，香气浓郁，弥漫绵久，令人饮芳自醉。诗人黄庭坚赞她"含香体素欲倾城"，杨万里说她是"韵绝香仍绝"，极言她是神韵与芳香双绝之花。

水仙是素雅清纯的象征，她冰肌玉骨，仙姿卓约，风神闲远；她冰清玉洁，清奇别致，气质高雅。清人王夫之喻她"凡心洗尽留芳影，娇小冰肌玉一梭"，没有丝毫的俗气。水仙的生活只需一勺清水，几粒石子足矣，在这样的清境里长成的仙女，自然是高标逸韵，不同凡响了，故而被誉为不染尘垢的仙品。

当今，随着人们生活质量的提高，培育水仙的人日渐增多，新开发的水仙品种不断涌现，如喇叭水仙、红口水仙、围裙水仙、仙客来水仙、三蕊水仙、丁香水仙等等，她们花形各异，姿容各具特色，加上能工巧匠将鳞茎雕刻成种种的艺术造型，融自然与工艺于一体。每年还举办水仙花展览会，形成了独特的水仙文化。如果您有兴趣，不妨试试邀请水仙造访贵舍，一睹水仙风采，说不定也会与水仙结下不解之缘呢！

翠盖红裳说莲花

夏日炎炎，正是莲花盛开的季节，漫步于荷塘曲岸，看翠碧的莲叶，红艳的莲花，那"亭亭翠盖拥群仙"的佳景，令人润心畅怀，暑意全消。

莲花通称"荷"，又名芙蓉、芙蕖、菡萏、水芸、泽芝，为多年生水生草本植物，依其不同的用途可分为"藕莲""子莲"和"花莲"，其中供观赏的"花莲"品种最多，著名的有并蒂莲、重台莲、四面莲、千叶莲、大紫莲、绿荷、碧绛云等。传说古代有一种四季莲，可四季开花；还有一种夜舒莲，一茎开四花，莲叶入夜舒展，白天卷合，可惜未见传承发展。莲花的花型多有变化，有单瓣型、复瓣型、千层型、佛座型、复台型。花色多为红、白，也有淡碧和紫色，众多的花型品种，大大增添了它的观赏价值。

夏日赏莲，广为人们所爱，我国民间自古以来就有赏莲的风俗。每年农历六月廿四是莲花的生日，这一天定为观莲节，江南水乡的文人雅士，乘坐彩舟，在箫鼓声中，出没于莲浦，观景赏花。宋代杨备的咏莲诗"双莲倒影面波光，翠盖风摇红粉香。中有画船鸣鼓吹，蓦然惊起两鸳鸯"描绘了节日赏莲的情境，那波光、翠盖、洁花与情鸟相互交融，格调清新高雅。临塘观荷，更是一绝。当你走近莲塘，那翠盖红裳、浮香绕岸的美景令人陶醉，不论你什么时候观赏，从什么角度，其景色都是一幅幅优美动人的图画。远观"接天莲叶无穷碧""绿红相倚拥云霞"，近看"团团碧叶遮如盖""红裳佳人临水立"。烈日下，花瓣绽放，花容妩媚灿烂；夜晚，清风朗月，蛙鸣声声，花瓣闭合，清影更显娇绮；风吹，绿波微浪红裳飞衣，荷香阵阵沁心脾；雨打，莲叶上的水滴随风荡动，犹如碧盘滚玉珠，既有趣，又可爱。

采莲也是民间一种富有情趣的劳动。莲花谢后，花托迅速膨大，形成莲蓬，蓬内并生着多个坚果，这就是莲实了，而莲实在七成熟时就要采收。这时，采莲者划着轻舟，穿梭于莲丛间，边歌边采，欢声笑语在莲池中回荡。唐代王昌龄的《采莲曲》就有生动的写照："荷叶罗裙一色裁，芙蓉向面两边开。乱入池中看不见，闻歌始觉有人来。"轻舟、短棹、歌声、笑声汇成了一首轻快优美的丰收曲。

人们喜爱莲花，崇尚莲花的清纯、高洁、无邪，视它为知己，称她是"君子花"。宋人周敦颐颂扬它"出淤泥而不染，濯清涟而不妖"，具有至纯至清的品格。诗圣李白吟有"清水出芙蓉，天然去雕饰"的诗句，故后人常用"出水芙蓉"来比喻少女自然纯真的美貌。陆龟蒙在《白莲》诗中说"此花端合在瑶池"，将白莲比作仙子，更显莲花风姿的轻盈和朴实无华的丽质，堪称花中珍品。

莲又是长寿的象征，莲子是世界上长寿的种子，具极强的生命力。我国曾在辽宁省新金县泡子屯村的泥炭层中，发掘出距今千年的"古莲子"，经科学家精心的处理和培育，竟然发芽生长，开出绚丽的淡红色花朵，并结出了丰硕的果实。千年古莲开花结实，轰动了世界，令人无限惊奇。

莲花的清纯、洁净、高雅及莲子的长寿，最为佛门所推崇，是佛门"善"的象征，释迦牟尼佛就是坐在莲花座上，称为"莲座"，故在信徒心中，佛即莲，莲即佛，人们拜佛，同时也是拜莲。莲已经深深地融入了佛教的文化之中。

在观赏花卉中，莲使人类得益最多。莲藕是一种很好的水生蔬菜，

道法自然 扶隐发微——生物学教研及科普文集

· 112 ·

既可生吃、炒食，又可制作蜜饯、加工成藕粉。莲子富含淀粉，营养丰富，用以制作糕点、甜食。莲叶柔韧、清香，可用以调味，具有清热解暑之功效。莲蒂、莲梗、花瓣、莲须（雄蕊）、莲蓬、莲子心、藕节均可入药，莲真可谓全身都是宝。我们应该大力提倡在水域中广为栽培，从而营造一个芬芳、温馨、吉祥的莲花世界。

秀雅兰花挺幽芳

　　兰花原出于山涧幽谷、密林深处，清艳含娇，姿色俊美，馥馥吐香，有"空谷佳人"之誉，为观赏花卉中的珍品，也是我国传统的十大名花之一。

　　我国栽培兰花已有两千多年的历史，在屈原的《离骚》中有"扈江离与辟芷兮，纫秋兰以为佩"的诗句，可见在春秋时期，兰花就广为栽培了。国产的兰花多属地生兰，多分布于浙江、广东、福建、广西、云南、贵州和台湾等地区，最初栽培的兰花，都是从山上采得的原种，称"落山兰"。经长期人工栽培，育成了繁多的品种，主要有春兰、蕙兰、秋兰、寒兰、墨兰和台兰，其中较著名的品种有大富贵、翠盖、笑春、极品、永安素心、十八学士、白花报岁兰等，她们花期不同，花容、花色、花香各异，人们可以四季欣赏，尽饱眼福。

　　兰花的叶很有特色，丛生的叶呈线形，革质，常年碧绿油润，叶姿多样。有的品种叶窄而长，弯曲下垂，光泽净洁，婀娜多姿；有的阔大劲直，刚拔挺秀，气宇轩昂，矫健潇洒，很耐观赏。

　　兰花的造型也很别致，花被有六瓣，分内外两层，外三瓣为花萼，生于上方的一瓣为主瓣，位于下方的两瓣为副瓣，俗称为"肩"，萼瓣形态多有变化。根据其姿色，可分为几种类型：梅瓣型的外瓣短圆，色翠绿，风姿动人；荷瓣型的外瓣阔大，临风舒展；水仙瓣型的外瓣瘦长且尖，风雅多娇；蝴蝶瓣型，其副瓣向外翻卷，好像翩翩起舞的彩蝶，秀丽而优美。内三瓣为花瓣，上部两侧各生一瓣，下方一瓣较大，形状奇异，叫作唇瓣，俗称为"舌"，有的品种唇瓣上有紫红色斑点，称为"荤瓣"，没有斑点的称为"素瓣"，素瓣者称为"素心兰"，其舌瓣白色，副瓣淡绿，绿白相间，更显素洁清雅。

兰花的芳香很是动人，品种不同，其香也异：春兰幽香阵阵，香气袭人；蕙兰清香幽远，弥久不散；建兰芳馥浓烈，香气远播。有诗曰："久坐不知香在室，推窗时有蝶飞来。"可见兰花之香迥出群花之上，故人们称兰花为"香祖""王者之香"了。

兰花风姿秀雅，清高不群，诗曰："崇兰生涧底，香气满幽谷"，"兰在幽林而自芳"，这种"不以无人而不香"的品德，何其高尚。有人将兰花与"岁寒三友"的竹、梅、松比较，"竹有节而无花，梅有花而无叶，松有叶而无节，唯兰独并有之"，对兰花以极高的评价。

兰花虽香，但不少人以为兰花很难栽培，其实不然。兰原生于大自然，经受自然的历练，并非弱躯柔质，只要掌握它的习性，并不难以培育。兰喜生于湿润凉爽，有适当散射光的环境中，忌高温干燥，不耐渍水严寒。栽培时要注意营造适宜的生长环境，古人曾总结养兰十二字诀："春不出，夏不日，秋不干，冬不湿。"其意是说春要避风霜之患，夏应遮荫避暑，秋季浇水需勤，冬天少浇水以免冻害。这些都是很有益的经验，值得参考。

兰花姿色清秀，香味浓郁，广为人们所爱，国内不少公园建有兰圃、兰园，为群众赏兰服务。有些城市的爱兰者还成立了"兰花协会"，交流兰花品种，研究植兰经验，举办兰花展览，形成了独特的兰花文化。

你喜欢兰花吗？

野草萋萋绿大地

初春时节，乍暖还寒，时有潇潇春雨润泽大地。春风起处，野草最先醒来，悄悄绽芽放叶，染出片片新绿，四野又呈现一派生机。

野草，它"自立斜阳自偃风"，任凭风雨自低昂，它自由自在，自生自长自荣枯。它随遇而安到处为家，可在路边处生，石缝中活，墙头上长。它"托根无处不延绵"，只要有一点根茎，就能在贫瘠的土地上繁衍。它从不选肥择优，不计较名利，不争不扬，不论荣悴，长出了精神，长出了风韵，充分展现了生命的坚韧和顽强。

野草，它善于保护自己，遇劫而后复生。白居易在《赋得古原草送别》诗云："离离原上草，一岁一枯荣。野火烧不尽，春风吹又生。"为什么连火也毁灭不了它呢？却原来许多匍匐生长的野草，属于多年生地面芽植物，也称"半隐芽植物"，它的更新芽位于近地面的土层内，野火烧掉的是长出地面已枯死的茎叶，土层内的芽并没有受到伤害，待到春风和煦时，它便突出地面，展放植株而蓬勃生长。这就是人们赞颂野草"寸心烧不死"的缘由了。

有些野草在严酷的生长环境里，善于抢天时以自利。在荒漠地区，有时数月不下雨，但它长于忍耐，一旦遇雨之时，只要获得些许水分，便能迅速生长发育，几天之内，就能开花结籽，完成它的生命史，获得生命的延续。此后，种子进入休眠期，以待机再起，进入另一轮的生命过程。

我国五千年的文明史，也积淀了丰富的草文化，野草也是诗人吟咏的对象。杨万里的《春草》诗："天欲游人不踏尘，一年一换翠绿茵。东风犹自嫌萧索，更遣飞花绣好春。"春草覆盖地面如绿色地毯，花落在草茵上似绣成的春锦，描绘了一幅明丽的春意图。李煜《清平乐》词："离恨却如春草，更行更远还生。"以春草寄情叙意，读来另有一番感受。

在草文化中，鲜为人知又很有意趣的就是"斗草"了。民间农历二月踏青时节，人们有斗百草的游戏。清代袁枚的《春草》一诗中就有斗草的诗句："千般甘苦尝难尽，一局输赢斗易终。"相传，斗草有两种"斗"法：一是"斗"花草名。两人"斗"草时，一方报出草名或花名，另一方必须对出在形态或寓意上与之相近而贴切的花名或草名。如狗尾草对鸡冠花，连钱草对金银花，双方斗至一方对不上而认输为止。曹雪芹在《红楼梦》中就有斗百草的描写。这个说："我有观音柳。"那个说"我有罗汉松。"那个又说："我有君子竹。"这个又说："我有美人蕉。"这个又说："我有《牡丹亭》上的牡丹花。"那个又说："我有《琵琶记》里的枇杷果。"很是生动有趣。二是"斗"草的多寡和韧性。斗草者把花草打成结，双方互套，然后拉一下，谁的花草断了，谁就输了。农人常以酢浆草为对象，两人各自撕下叶柄的表皮，连于小叶上，斗草者手握小叶，双方以丝状表皮相交互拉，丝断的一方就是输家了。除此之外，还有一种投掷游戏，就是采一根车前草的茎，把它扭一个扣，用手指猛地从底部向前滑动，将车前草头弹出。玩这种游戏主要是看谁能把车前草头弹得最远。"斗"草的双方没有年龄之限，也不分辈分，是一项平等有趣的游戏，也是农民自娱自乐的一种方式，这应该算是我国的一种传统的民间文化吧！

野草，"栽培不仗主人翁"，它不需要人们浇水、施肥和着意的呵护，从不向人们索取，只需阳光、春风和雨露，便能在自然的怀抱里茁壮生长，但它对人类的贡献却是十分丰厚的。它铺满了大地，为人们挡住了灰尘，保持着水土；它默默地进行着光合作用，为人们提供了氧气，维护了环境的生态平衡。

野草一族，种类繁多，是人类的宝藏，它们之中有不少种类具有医药、饲料和观赏的价值，丰富的资源正等待着人们去开发。

近几年，城市掀起了草坪热，铺设草坪成为城市建设的时尚，草坪所植之草都是从野草中筛选而来的，例如，北方普遍推广种植的四季常绿、耐阴、耐旱、耐湿、耐寒的丹麦草，南方常见的草坪草有结缕草、狗牙根、匍匐剪股颖、早熟禾、黑麦草和匍匐紫羊茅等等，它们都具有适性广、贴地生长，易于管理的特点，广为人们所喜爱。草坪能展现城市田园风貌，又能调节气候，减少噪音，净化大气。

那翠绿的草坪，伴随着清风、蓝天和白云，使人心胸开阔，依偎在它的身旁，人们会忘记工作的疲劳和生活的忧伤，给人以闲适的享受。

野草虽没有芝兰之贵，没有群花之艳，但从不自卑自弃，它紧贴大地，绿遍天涯，默默奉献，俯仰无愧，人们应当将"野草"尊称为"芳草"才是啊！

山　藤

谷雨时节，游婺源大彰山卧龙峡，峡谷里林茂、石奇、泉清、瀑鸣，点点皆景、处处锦绣。这里气候温润，生态保持良好，原生植被蕴藏着丰富的物种，其中众多的藤本植物随处可见，它们各自不同的生态，形成了独特的景观，展现了大自然的美丽和神功。

看那涧边光滑的巨石，悬挂着条条绿色的藤蔓，好像是石里蹦出的绿色精灵。那绿藤随风轻盈地摇曳着，酷似少女头饰上于额前轻舞摆动的流苏，饶有风韵。从整体上看，巨石饰绿蔓，造型又如精致的盆景，自然天成，美在其中。藤蔓何以长在石上呢？记得唐代岑参写有一首《石上藤》的诗："石上生孤藤，弱蔓依石长。不逢孤枝引，未得凌空上。何处堪托身，为君长万丈。"原来只是"不逢孤枝引"，只有随遇而安，傍石而长，却也长得潇洒，活得悠然自得。

越过七叠泉，突现一块两峰状的大石，上面长满薜荔，这种常绿藤本植物的藤蔓多有分枝，他们相互交错盘结成网，几乎将整石罩住，人们称之为"网石藤"。细观藤蔓，有的网结得紧密，有的疏朗分布，其形态被唐时顾况喻之为"委曲结绳文，离披书草字"。说有的藤蔓曲结好像远古结绳记事的绳文，分散的藤蔓如草书的文字，这样比喻很是生动，也颇传神入理。

遥望大彰山峰顶，见峰腰起处向上耸立着千仞石壁，部分岩壁上长着苔藓，蕨类植物散生其间，大部分岩壁却布满绿藤，山民说那绿藤名叫"常春藤"（爬山虎），属于高攀性藤本，它的藤蔓生有卷须，卷须的先端有吸盘，故能紧贴石壁蔓延生长。城市里有的楼房下种植常春藤，它可逐年攀升，布满外墙，具有遮阳降温的功能，也增添了居住环境的美观。

放眼于密林深处，见有很多藤本植物，它的藤蔓缠绕于大树身上，扶摇而上，穿越树冠，挺身于青天白日之下，享受着清风和阳光，人们通称它们为"挂树藤"，这类藤本有的可与所倚持的树木同步生长，有的比较耐荫，可在散射的光照下生长，后来居上。它们的特性在费冠卿的《挂树藤》诗里是这样评说的："本为独立难，寄彼高树枝。蔓衍数条远，溟濛千朵垂。向日助成阴，当风藉持危。谁言柔可屈？生见蟠蛟螭。"说它们虽然难于独立，尤需他物持危，但它柔不可屈，柔中寓刚，形姿强如蛟龙。可见大自然各物种都有它独特的生态。

山路弯弯，时有古藤横道而过，见藤上挂一牌曰"江山如此多娇，引无数英雄竞折腰"，游者无不微笑着弯腰走过。细观那古藤，其根系十分发达，突出地面，多有分枝，酷似"龙爪"，强力紧抓地面或镶入石缝间，藤茎足有碗口粗，皮呈棕褐色，杂有斑驳的细裂纹，它虬曲盘绕，左弯右转，穿越于杂树岩石之间，突然于空隙处展枝放叶。虽然外貌古老，却隐隐透出盛年时蛟龙般的威猛，它那迂回曲折，左冲右突地寻找发展空间的顽强毅力也给予人们以深深的启迪。

百卉先锋迎春花[*]

元宵节刚过，却遇风雨交加天气，早春余寒仍烈。举目四顾，发现迎春花已张开那金黄色的小喇叭，向着人们微笑，那簇簇黄灿灿的喇叭花儿，密缀枝头，生机勃勃，欣欣向荣。是她唱出了第一首春天的歌，频频向人们传送着春回大地的信息，成为最早开花的"百花先锋"。

迎春花的植株株型飘逸，那群聚的小枝细长柔软，呈拱形状自然散垂。叶呈长椭圆形，叶色墨绿，一叶柄分生三片小叶，对生于条状细枝上。丛丛植株枝叶繁茂，铺散下垂的枝条好似流水行云，姿容婀娜，舒展如带，故有"金腰带"之美称。

迎春花具有良好的耐寒品性，它能在残雪未消的初春时节开花，与梅、水仙和山茶合称为"雪中四友"。宋代的刘琦中在《东厅书迎春》诗曰："复阑纤弱绿条长，带雪冲寒折嫩黄。迎得春来非自足，百花千卉共芬芳。"诗家赞它带雪冲寒、不畏冷威。迎春而放，并非要独占新春，而是要唤醒百草，迎来百花，装点万紫千红的春天。它具有虚怀若谷，高尚无私的美德与风度。

迎春花的适应性较强，我国南北均可栽植，它的枝节间极易生根，只要接触土壤，便能扎根而活，最宜于用扦插方法繁殖。种植迎春可依傍篱笆，织就翠篱，绿篱翠中点黄，清丽可爱；也适于盆栽造型，只要引枝向下生长，群枝垂垂如帘，盛花之时，宛如花瀑，新奇别致。

纤秾娇小的迎春花，花期持久，经月不凋，是庭院中重要的观赏花卉。大家都来种植迎春花，这春的使者会迎来百花齐放的春天。

人面桃花相映红*

　　阳春三月，桃花盛开，重葩叠萼，灿如锦浪，艳若红霞。选个天清风和之日，慕花而行，迎着春光去赏花。你可以漫步于花林间，徜徉在花海里，体验一番"人面桃花相映红"的意境，诗情画意令人心动。

　　桃花多为粉红色，供观赏的桃花则多为深红色，且有单瓣和复瓣之异，其中首推碧桃最美，它的花形特大，花色深红，元代的杨载赞它是"西王母般的美貌女神"，其清艳之姿无与伦比。秦观写有桃花词"碧桃天上栽和露，不是凡花数"，令人有"此花应是天上有"之感叹！花碧桃的花色更为神奇，一花二色，红、白或粉、红相间，艳美芳姿，令人倾倒。宋代邵雍写有《二色桃花》诗："施朱施粉色俱好，倾国倾城艳不同。疑是蕊宫双姐妹，一时携手嫁东风。"以娇艳著称的"人面桃"，也备受人们青睐，其花色殊异，外层粉红，内层则越向花芯越红，人们常以"人面桃花"来形容少女光彩动人、艳若桃花之美。相传唐朝诗人崔护，清明节到郊外春游，在一个村子里，看到一位美貌姑娘倚在盛花的桃树旁，就向她讨些水喝，姑娘给了他一杯水，崔因萍水相逢，"对花无语"，喝完水便怅然离去。次年清明，崔护又来到这里，但见双门紧闭。不见那姑娘，便在门上题诗："去年今日此门中，人面桃花相映红。人面不知何处去，桃花依旧笑春风。""人面桃"想必是因"人面桃花相映红"而得名的。

---

　　* 原载于《江西教院报》2009-03-30。

我国是桃的故乡，栽培历史悠久，积淀了丰硕的桃文化，早在《诗经》中就有"桃之夭夭，灼灼其华"的赞美诗句。吟桃花的诗词很多，如唐代诗人白敏中《桃花》诗曰："千朵秾芳倚树斜，一枝枝缀乱云霞。凭君莫厌临风看，占断春光是此花。"苏轼吟桃花曰："争开不待叶，密缀欲无条。傍沼人窥鉴，惊鱼水溅桥。"杜甫也深爱桃花，颂它"可爱深红映浅红"。还有许多咏桃花的名句，如"烈火绯红照地春""桃花嫣然出篱笑，似开未开最有情"。诗人们不仅描绘了桃花的丰姿艳色，还以景寄情，耐人寻味。

桃文化最具影响力的是东晋陶渊明所写的《桃花源记》，其中描绘了芳草遍地、落英缤纷、桃花夹岸的理想境地及桃源人过着怡然自乐的生活图景。

于是"桃源"遂成为理想王国的代名词了。时至今日，许多桃花成景之地乃冠之以桃花湖、桃花岛、桃花坞、桃花洲、桃花圃、桃花岭、桃花峰、桃花洞、桃花庵、桃花村等，人们可以闻美名思佳景而心有所悟了。

春天的桃花倚风绽放，千树繁英夺眼红，时有春雨悄悄洒，"红霞红雨总迷途"，你可不要被美丽的景色所迷而忘返啊！

山茶绚丽美如虹 *

　　山茶花是名贵的观赏花卉，它形态优美，花色绚丽，娇艳异常。每当盛花之时，团团簇簇，万朵争春，美如彩虹，蔚为奇观。

　　山茶花又名曼陀罗，自古以来，人们对它赞赏有加，说它花期特长，花色姣丽，花型多变，株姿刚健，品种丰实，被誉为"五绝之花"。

　　人们最为赞叹的是山茶花期耐久的特性，早茶品种花期一般从十二月开到次年二月，中茶花从一月开到二月，晚茶则从二月到四月皆可著花，先后历五个月之久。一朵山茶花可以开放二十多天，甚至弥月不落，故诗人赞它"吐蕊于红梅之前，凋零于桃李之后"。宋代陆游诗曰："东园三月雨兼风，桃李飘零扫地空。惟有山茶偏耐久，绿丛又放数枝红。"更有"雪里开花到春晚，世间耐久孰如君"之叹！

　　山茶花的色彩绚丽姣艳，有大红、桃红、酒红、紫、黄、白等色，其颜色的配置更是一绝，如福州的"玛瑙茶"，大红的花盘配以粉白色的花芯，红白相间分外醒目；云南产的"紫袍玉带"，紫红色的花瓣缀以白色条纹，既艳又雅。还有一些珍稀品种的花色呈现红黑相镶，白里透红，红中夹绿，颇为珍贵；有些品种如"十八学士""二乔""桃李争春"等。在一棵植株中可开出红色和白色两类花，非常奇妙。清代的吴伟业咏山茶花诗形容它"艳如天孙织云锦，赪如姹女烧丹砂。吐如珊瑚缀火齐，映如蠕炼凌朝霞"。描绘了山茶花如云锦、似美女、如宝石、

---

　　* 原载《江教附中校报》2010-04-30

似彩虹之美丽。

山茶花的花型多变，按花的形态可分为牡丹型、宝珠型、百垂型、榴花型、玉杯型和磬口型，它们有的垂瓣大花，有的平瓣叠集，有的花瓣卷含，有的小瓣密生，酷似锦衣舞裙、宝珠玉杯、如峰若蝶，姿态万千，光彩照人。

山茶的株态也为人们称颂，它株姿刚健，枝条黝纠，如鹿尾似龙形，按植株的形态特点可细分为桉树型、披张型、直立型和开展型，又兼植株绿叶萋萋，叶茂如幄，四季常春，博得人们的喜爱。

山茶花的品种至为丰实，明代的王象晋著有《群芳谱》，对山茶多有描述；清人朴静子编有《山茶谱》，书中介绍的品种就达四十多种，现今已发展拥有二百多个品种，比较著名的有望天高、二芯茶、永春五宝、白宝塔、绣球红和雪狮等，它们多数花大型，艳而不妖，令人有雍容华贵之感。

我国种的山茶花，以云南最为著名，古籍中就有"云南茶花奇甲天下"的记载，特称为"滇山花"。清代的李于阳写有赞美云南的山茶诗："古来花事推南滇，曼陀罗树尤奇妍。拔地孤根耸十丈，威仪特整东风前。玛瑙攒成亿万朵，宝花烂漫烘晴天。"其指出了云南山茶花以南部尤盛，植株高大，满树皆花，奇妍烂漫，簇锦争辉，故又誉为"宝花"。

山茶花盛开的季节，群花烂漫，美似天虹，适时观赏，以着意领略一番它独具的风采！

潇潇春雨　杏花满树[*]

古诗云："小楼一夜听春雨，深巷明朝卖杏花。"有道是"杏花消息雨声中"。看那艳态娇姿、花繁色丽的杏花，把春色打扮得更加灿烂绚丽，连诗人也不禁要高吟："春色满园关不住，一枝红杏出墙来。"

杏花之艳丽在于色彩的变幻，它含苞时呈纯红色，正如宋代诗人杨万里的"才怜欲白仍红处，正是微开半吐时"，道出了花色变化的特点。杏花花色变化的过程亦装点了江山胜景，人们喜看"树上杏花盛开，红霞耀眼，树下落英缤纷，银雪铺地"，红白相映，景象绝美。王安石还对这一美景加以评说："纵被春风吹作雪，绝胜南陌碾成尘。"

杏原产我国，栽培历史达二三千年，积淀并流传有许多杏的故事。相传三国时有个名医董奉，隐居于庐山，他给人治病，不收分文，凡病愈者只需在董家园里种一棵杏树，历久成林。当杏果丰收之时，欢迎人们以谷换杏，所得之谷全为济民，成为人们称颂"施药济贫"的典范。从此，"杏林""杏医"誉满天下，也是扶困济贫、医德高尚的美称。国内也有不少地方是以杏花命名的，如杏花园、杏花坛、杏花山、杏花村、杏花沟、杏花冲等，著名的有北京西山卧佛寺的"杏花乡"、山西汾阳的"杏花村"，这里杏林茂盛，花开时可见"一色杏花三十里""殷红鄙桃色，淡白笑梨花"。在杏林里有一家杏花村汾酒厂，盛花的季节，花香夹着酒香扑鼻而来，令人不饮自醉。诗人杜牧的《清明》诗

※ 原载《江教附中校报》2010-03-30。

第二篇　漫谈采华

曰："借问酒家何处有，牧童遥指杏花村。"从此，杏花村和汾酒就更为闻名遐迩了！

杏可傍水而植，盛花之际，满树粉英香萼，天质清华，身影妖娆，人们可欣赏那"万树江边杏，新开一夜风。满园深浅色，照在碧波中"的美丽景色；又可在城内外成片种植，你会发现"春色方盈野，枝枝绽翠英。依稀映村坞，烂漫开山城"。那春华映水，红英出墙，确是一幅美妙的图画。

五月榴花红似火*

五月是飞红流翠，花团锦簇的季节，校园里的榴花应时绽放，那似火的榴花，百枝并燃，繁华亮丽，把红色的五月点染得分外红艳。

校园里的榴花均属花榴类，株株枝叶繁茂，翠绿犹如碧玉，满树繁花，开得热烈奔放，正如诗家所赞："绿叶裁烟翠，红英动日华。"

榴花的色泽有橙红色和黄白色两类：橙红色的花，朱芳赫奕，红萼参差，盛花缀枝，红艳欲燃；黄白色的花，花瓣淡黄，瓣缘白里透红，淡妆素雅，清艳洁朴，艳雅交融，韵味无穷。

榴花红艳明丽，历代诗人在咏榴花的诗作中大多以"火"喻之，如"火齐满枝烧夜月，金津含蕊滴朝阳""海榴开似火，先解报春风""燃灯疑夜火，连株胜早梅"。宋代张弘范的《榴花》诗曰："猩血谁教染绛囊，绿云堆里润生香。游蜂错认枝头火，忙驾薰风过短墙。"说的是红艳的榴花连蜜蜂也错认是火，赶忙越墙飞走了。杜牧的《山石榴》诗云："似火山榴映小山，繁中能薄艳中闲。一朵佳人玉钗上，只疑烧却翠云鬟。"啊！那火红的花朵只怕是要把乌黑的发髻烧着了呢！这些以火喻花的诗作既形象又生动，且富有情趣。

唐代的韩愈面对火红的榴花感叹曰："五月榴花照眼明，枝间时见子初成。可怜此地无车马，颠倒青苔落绛英。"榴花如此红艳，辉映耀眼，诗人却叹车马绝迹，红花落满青苔，显得冷清寂寞，使人感慨万端。

---

* 原载于《江西教院报》2008-05-30。

校园里的榴花照眼明，人气很盛，请大家多去亲近和欣赏它，莫使榴花空自芳啊！

洁白馥郁的栀子花[*]

栀子花之美，美在有一种明澈的香气，它芳香浓烈，幽韵醇香。明代的薛瑄在《栀子》诗中形容它："花如梅蕊淡，香比木犀清。"这"淡"和"清"道出了栀子花香气的特色。古时的妇女喜欢在发髻上插上几朵栀子花，人走到哪里，香就飘到哪里，别有韵致。

盛开的栀子花花色纯白，特别是青枝绿叶间凝着露珠的栀子花，洁白如雪，既洁又雅。

栀子花有多种别称，黄栀子、黄枝、水横枝、鲜枝、越桃、林兰、白蟾花、山栀和木丹等。相传种子来自天竺（古印度）佛国，故又称其为"禅客""禅友"。它属于茜草科，常绿灌木或小乔木；叶对生、革质，叶面有光泽，叶形为广披针形或倒卵形、全缘；于夏季开白花，花顶生或腋生，具有短花梗，花期5月至7月，果期8月至11月。它恬静幽香，炎热季节给人们送来丝丝凉意，起着消暑的作用。其品种有大叶栀子、核桃纹栀子、小叶栀子、柳叶栀子和变种水栀子（雀舌花）等等。各地均有栽培，可用扦插繁殖。

栀子花在古诗里也有反映，明代诗人沈周写《栀子花》诗曰："雪魄冰花凉气清，曲栏深处艳精神。一钩新月风牵影，暗送娇香入画庭。"宋代的朱淑真在《水栀子》诗曰："一根曾寄小峰峦，卜香清水影寒。玉质自然无暑意，更宜移就月中看。"诗人暗嵌"水横枝""白蟾花"

* 原载于《江西教院报》2011-06-15。

两个别称，盛赞它玉质清凉、味香色洁和风姿。

栀子可有多种用途，唐代杜甫在《栀子》诗里曰："栀子比众木，人间诚未多。于身色有用，与道气相和。"诗人盛赞栀子，同时指出跟众木相比，对人类而言，栀子有用途的地方实在不多。"色有用"是说其果实加水萃取，可得黄色染料。中医学以果实入药，性寒、味苦，功能清热泻火，主治热病心烦、目赤、黄疸、吐血和热毒疮疡等症。

栀子花香气馥郁，洁白明净，果实可用于黄色染料，又可药用。如果我们提倡广为种植栀子花，确实一举多得，何乐而不为呢！

姹紫嫣红扶桑花[*]

扶桑是著名的观赏植物，它的花色鲜艳夺目，姹紫嫣红，如燃烧的火焰。其单瓣花形如蜀葵，重瓣花酷似牡丹，既有蜀葵的鲜艳色彩，又具牡丹的富丽姿态，可谓艳丽双贵。

扶桑亦称"朱槿""佛桑"，产于中国，广栽于南方，是锦葵科的小灌木或小乔木。它在中国有悠久的栽培历史，明代的《二如亭群芳谱》和清代的《花镜》均有扶桑的记述。扶桑花极富特色：单瓣花呈漏斗状，筒状的雄蕊与雌蕊的柱头均超出花冠之外；花的数量很多，近看满树皆花，远观则群花烂漫；花形较大，其直径一般在 10 厘米左右；花色艳丽，有深红、粉红、黄、白、青数种；花期特长，自五月开花至深秋隆冬不变，可谓"四时常开"。室内温度如能在 20～25℃，且光照充足，可在冬季、春节或早春开花。寒冬之时，室内置放一两盆扶桑，则使人感到春意盎然，满室生辉。

扶桑花在古诗词中多有吟咏，如唐代的李绅《朱槿花》诗曰："瘴烟长暖无霜雪，槿艳繁花满树红。每叹芳菲四时厌，不知开落有春风。"诗人感叹在无霜雪的暖冬，朱槿花繁满树红，又指出了南方朱槿常年开花的习性，故谓之"不知开落有春风"。宋代的蔡襄写有《扶桑》诗："溪馆初寒似早春，寒花相倚媚行人。可怜万木凋零尽，独见繁枝烂漫新。"寒冬季节，万木凋零，唯有扶桑繁枝烂漫，道出了此花的醒目艳

———————
* 原载于《江西教院报》2011-06-30。

第二篇　漫谈采华

丽，繁花媚人的特点。

扶桑花在国际花坛上享有很高的声誉，被马来西亚和斐济定为国花，也被美国的夏威夷州定为州花，这些国家都遍栽扶桑，人们把扶桑花视为美艳的象征，"美如扶桑"成为普通的赞语。

扶桑花喜欢温暖、湿润，不耐寒霜。南昌地区无霜期长，雨量一般不少，如能于庭院、路旁、公园及风景区成片种植，则常年鲜花烂漫，四季如春，风景这边独好！

蔷薇繁艳　遍野芳香*

　　唐代诗人刘禹锡赞蔷薇"似锦如霞色，连春接夏开"。道出了蔷薇暮春初夏开花的习性。在绿暗红残、花事渐了的季节，喜看一片锦锈的蔷薇点缀大地，大自然又展现春日烂漫的景色，使人们感受到如早春般的清新和明丽。

　　"蔷薇"乃蔷薇属中观赏种类的泛称，如野蔷薇、黄蔷薇、香水蔷薇、粉团蔷薇、十姊妹、锦被堆、宝相花等。其中野蔷薇的景色备受人们称赞，它丛生于山野之间，每年农历四月，遍野的蔷薇花盛开，群花层层叠叠、簇簇相拥、色白如云、四野芳香。宋代姜特立《咏野蔷薇》诗曰："拟花无品格，在野有光辉。香薄当初夏，荫浓蔽夕晖。篱根堆素锦，树秒挂明玑。万物生天地，时来无细微。""在野有光辉"的诗句说透了其中的妙处，故人们称呼它为"野客"。黄蔷薇最为人们赞赏，它开的是淡黄色的单瓣花，花形较大，韵雅态娇，明代张新写有《咏黄蔷薇》诗："并占东风一种香，为嫌脂粉学姚黄。饶它姊妹多相妒，总是输君浅淡妆。"读来别有风趣。民间对野蔷薇的变种"十姊妹"很是喜爱，它开的复瓣花，状如磬口，娇小别致，古代诗人亦为之咏叹。清人吴蓉齐写有《十姊妹》诗："袅袅亭亭倚粉墙，花花叶叶映斜阳。谁家姊妹天生就，嫁得东风一样妆。"在斜阳的辉映下，花叶繁茂，袅袅亭亭的姿容，令人感到分外美丽。

---

　　* 原载于《江教附中校报》2009-05-30。

蔷薇枝条多为蔓性，显得娇柔纤弱，秦观的诗中形容它"无力蔷薇卧晓枝"，给人有"枝不胜叶"之感。实则它却隐含刚烈的一面，它的茎上长有许多刺，有的粗壮，有的细长，有的直生，有的呈钩状，对植株起着保护的作用，具有不以媚态向人，凛然不可侵犯的品格，故人们赞它柔中有刚，花格高尚。

蔷薇花香气浓烈，特别是成片栽植的蔷薇，盛花之时，香气袭人。梁代江洪《咏蔷薇》诗曰："当户种蔷薇，枝叶太葳蕤。不摇香已乱，无风花自飞。"意谓蔷薇花的香气，在没有风力的推动时也能自然扩散，香气远扬，好像花能自己腾飞一样，如此想象颇为传神有趣。

唐代李绅《城上蔷薇》诗曰："蔷薇繁艳满城阴，烂漫开红次第深。新蕊度香翻宿蝶，密房飘影戏晨禽。"蔷薇花如此烂漫芳香，致使禽迷蝶翻。如果庭院、阳台多植些蔷薇，将让你尽情享受更长的春日景色。

瑞气盈盈话瑞香[*]

瑞香是中国古老的名花，早从宋代开始就受到人们的重视和珍爱。历史上曾有一个传奇故事记述了瑞香的发现和花名的诞生。据《庐山记》和《清异录》记载：有一个和尚，昼夜皆寝于磐石之上，睡梦中闻到一种特殊的花香，醒来后很感诧异，就循着香气的方向寻找，发现山中正开此奇花，其香气与梦中所闻一样，因其香乃睡梦中所闻，故取名为"睡香"。后来僧人将此花移栽于山寺里，来寺的香客们闻其香顿觉心旷神怡，进香者日益增多，山寺香火特别旺盛。众僧人认为是此花带来了祥瑞，为纪念山寺香火旺盛，就将"睡"改为"瑞"，故名"瑞香"。

瑞香花由于历代的积淀，别名很多，如瑞花、佳客、殊友、麝囊花、锦熏笼、紫风流、蓬莱花，屈原在《楚辞》中则称它为"露甲"。它是常绿灌木、叶长椭圆形、多簇生、叶质稍厚有光泽。冬生花蕾，春季开花，花集生于植株的顶端，组成头状花序，它最显著的特点是无花冠，萼筒就是它的花冠，花冠状的萼筒色彩即是它的花色，一般是外面紫红色，内面白色，由于品种的不同花色各异，有紫色、红色、白色、黄色和橙色。人们最为欣赏的优质品种有叶缘金黄色、花淡紫色的金边瑞香，为瑞香中的珍品；花为淡红色的蔷薇红瑞香、开白色花的毛瑞香，还有橙黄瑞香、黄瑞香和凹叶瑞香等。

瑞香的枝干婆娑，株型优美，风姿绰约。小花玲珑，芬芳浓郁，韵

---

* 原载于《江教附中校报》，2009。

味潇洒，耐于观赏，博得历代诗人为之吟颂。如宋代的杨万里《瑞香花》诗曰："织锦天孙矮作机，紫茸翻出白花枝。更将沉水浓熏却，月淡风微欲午时。"诗人赞叹瑞香是织女星仙女织造的花，它像沉香水散发出浓烈的幽香，在那月淡风微的意境里，欣赏着淡紫色和白色的花，使人感到恬静幽雅、清新舒适。

"金边瑞香"被定为南昌市的市花，应鼓励市民们广为种植。居室内外摆上几盆瑞香，则全市到处香风阵阵，花香幽幽，家家瑞气盈门，吉祥如意。

"母亲花"

——康乃馨和萱草

每年五月的第二个星期日是国际母亲节。每到这一天，儿女们都会给自己的母亲送上一束鲜艳的康乃馨。康乃馨的花语是亲情、思念、温馨和母爱，西方的一些国家把康乃馨称为"母亲花"，是母亲节送给母亲最适合、最普遍的礼物，它作为母爱的象征和子女表达对母亲的爱与感激的象征，是亲情之花、温馨之花。

康乃馨的植物名叫香石竹，原产于欧洲南部，属多年生草本植物。其的花瓣呈扇形，花色有大红、桃红、玫红、乳黄和淡紫。她的花姿优美动人，香味清新幽雅。唐代顾况写有《石竹歌》："道该房前石竹丛，深浅紫，深浅红。婵娟灼烁委清露，小枝小叶飘香风。"歌颂了它的花色、花姿和花香，令人回味无穷。

香石竹花的显著特点是花瓣边缘有锯齿，宛如刀剪所成，让人想起母亲用剪刀为儿女裁制衣裳，故成为母亲的象征；又兼此花品格高雅，从不畏风雨，犹如母亲在世上不畏艰辛哺育儿女；它朴素无华，如母亲为儿女作出自我牺牲而默默奉献。所以康乃馨就成为有名的"母亲花"了。

你知道中国的"母亲花"吗？它就是萱草，属百合科，系多年生宿根草本。它于夏秋间开花，花冠漏斗状，花色桔红或桔黄，外观黄花六出，卷瓣四垂，姿态婀娜，清秀宜人，翠叶丹华，令人喜爱。

萱草有多个别称，花为淡黄色的俗称黄花菜（金针菜）；有人见到鹿喜欢吃萱草，就叫它"鹿葱"；传说如果怀孕的妇女胸前插上一枝萱草花，就会生个男孩，故名"宜男"；《本草纲目》中叫它"疗愁"；《说文》里叫它"忘忧草"。萱草为什么有疗愁之说呢？据《诗经》中的《诗·卫风·伯兮》载："焉得谖草，言树之背？""谖"，忘记也，"背"即北堂，北堂古时乃主妇的居室，后成为母亲的代名词。当游子要远行之时，就会在北堂种上萱草，母亲因怀念儿子，忧思不能自遣，只要看看儿子种的萱草，就会忘记忧愁了。唐代孟郊有一首《游子吟》，最能体现母亲对游子的情意，诗曰："慈母手中线，游子身上衣。临行密密缝，意恐迟迟归。谁言寸草心，报得三春晖。"诗人感叹慈母对儿女的爱心，儿女们怎样才能报答得了母亲像春天的阳光一样的恩情呢？

　　康乃馨芳香旖丽，品格高雅；萱草翠叶萋萋，灼灼朱华，都同时为母亲的节日庆贺祝福。祝愿母亲们身体健康，永远快乐！

好一朵茉莉花[*]

　　《茉莉花》是一首人们耳熟能详的江南民歌，它那舒缓优美的旋律和诙谐幽默的歌词，表达了民众对生活的热爱和对幸福生活的向往。人们赞赏《茉莉花》源于对茉莉花的喜欢，它的株型玲珑、枝叶繁茂、叶色翡翠、白花素净、香气浓郁，是著名的芳香花卉，自然博得人们的青睐。

　　民歌《茉莉花》唱道："好一朵茉莉花，好一朵茉莉花，满园花草，香也香不过它。"茉莉花的芳香确实非同一般，它具有浓烈、清新、幽远和持久的特质。古诗赞曰"薰蒸沉水意微茫，全树飞来烂漫香。""虽无艳态惊群目，幸得清香压九秋。"元代诗人江奎在《茉莉》诗中说："他年我若修花谱，列作人间第一香。"古今人们都赞它芳香绝伦，堪居众香花之首，满园花香当然香不过它了。茉莉花的香气清雅，浓郁不浊，更是妇女们喜爱的饰品，特别是黎族姑娘，对茉莉花情有独钟，她们的头上经常簪着茉莉花，甚至在睡时也舍不得取下，故有"倚枕斜簪茉莉花"的诗句。有的妇女常用彩丝穿过花蕊制成花串，圈饰于髻鬓上，有的女子将花蕊置于精巧的小花篮内，挂于帐中，让清香伴她进入梦乡，享受那"梦回犹觉鬓边香"之怡呢！

　　"好一朵茉莉花，好一朵茉莉花，茉莉花开，雪也白不过它。"它是"水姿澹不妆"的白色小花，显得高洁素雅，不同凡品，宋人叶廷珪颂

* 原载《江教附中校报》2007 年 6 月

它是"露华洗出通身白",说它浑身白色乃露华浸洗而得,故而白可敌雪。

"好一朵茉莉花,好一朵茉莉花,满园花开,比也比不过它。"究竟茉莉花还有什么可比过众花的呢?那就是它的花型了,它属小型花,高脚碟状,既别致又玲珑,明代诗人赵福元赞它是"刻玉雕琼作小葩",说它像是宝玉雕琢而成的艺术品;江奎的《茉莉》诗喻它"应是仙娥宴归去,醉来掉下玉搔头",它就是珍贵的仙品,何花能比得过它呢!宋代诗人杨万里《茉莉》诗曰"龙涎避香雪避花",说的是最香的龙涎都怕与茉莉花比香气,白雪也怕与茉莉花比洁白,故皆躲避之,可见与物相比茉莉花也胜一筹了。

"好一朵美丽的茉莉花,好一朵美丽的茉莉花,芬芳美丽满枝桠,又香又白人人夸。"人们歌唱它的美丽,美在小、素、香,夸它小而有致,素而幽雅,香而持久,还给取名为"抹丽",意谓它的美可掩盖过众花之丽。

我国民间多有栽植茉莉,有的地区大面积种植,采收鲜花用以薰制花茶、提取香精、薰制香水;也多居家盆栽,以供观赏。它的花期在5月至10月间,每天晚上约7时至9时开放,尤以7月至8月的伏花最盛最香。如果于夏日的夜晚,室内放上一盆盛开的茉莉花,泡上一杯花茶,轻声播放着《茉莉花》歌曲,会让人"炎天犹觉玉肌凉",顿感烦消暑散。炎夏将至,大家不妨一试。

姿态婀娜的百合花 *

百合花翠叶娟秀、花香浓郁、色彩柔和、姿态雅致、风韵诱人，被人们赞为"花色美、花香美、姿态美"的三美之花。

百合花的种类繁多，全世界有80多种。我国至少在1000多年前就作为观赏花卉栽培，各地多有分布，原产品种达40多个，其中供观赏的百合有麝香百合、香水百合、王百合、绿花百合、湖北百合和青岛百合；鳞茎有食用价值的品种有卷丹、小卷丹、山丹、天香百合、白花百合和兰州百合等等，品种极为丰富。

百合的叶色浓绿，呈阔披针形，叶脉略呈弧线状而突出叶背。花大型，卷瓣六出，呈喇叭状，雌蕊长超花芯之外，雄蕊六枚，花药紫红色，呈"丁"字形着生于花丝中部，微风轻拂，花药微微摇曳，轻轻起舞，颇有韵味。花瓣色彩有白、黄、淡红和红色，有的品种花瓣红色，瓣缘为白色，红白镶嵌，分外醒目。苏轼有诗赞曰："堂前种山丹，错落玛瑙盘。"意谓百合花的色彩可与玛瑙媲美呢！金代的周昂写有《山丹花》诗："卷花翻碧草，低地落红云。"形容反卷的红花衬托着翠绿的青草，似如天边的红云落到地边的绚丽。南宋诗人陆游也赞美百合花曰："芳兰移取偏中林，余地何妨种玉簪。更乞两丛香百合，老翁七十尚童心。"将百合与纯结的童心等同起来，很是难得。

百合花的鳞茎，其鳞片瓣瓣紧抱，彷佛百片合成，故名百合。层层

---

* 原载于《江西教院报》2010-05-30。

第二篇 漫谈采华

鳞片又互相叠合，状如白莲花，它象征团结友好，友谊长存。百合花的花语是"百年和合"，它已成为对新婚夫妻的美好祝词。黄色百合象征快乐，白色百合寓意纯洁谦虚。特别是西方人，一直把百合花视为圣洁的象征，欧洲的建筑和壁画中常可见到百合花的图案。法国国徽的图案就有百合花，智利国徽的图案是名为"戈比爱"的野百合花，它已成为智利民族的精神之花，美国犹他州的标记也是一朵百合花。这样的佳花，其蕴意是多么绵长啊！

百合花的花姿最为人们赞赏，晨曦初露，她带露低垂，如羞涩的少女；微风阵阵，她轻轻俯仰，微微起舞，恰似婀娜少女的舞姿。人们叹它华而不艳，雅而不俗，成为百花中的佼佼者！

秋菊绚丽展春华[*]

　　走进江西第二届花博会展区，那百万盆奇花异草姹紫嫣红，争奇斗艳，美不胜收，展现了美丽的"豫章秋景"。在那富有创意的各种花坛里，黄艳的菊花、墨紫的矮牵牛、烈焰般的红掌、杂色的太阳花，周边缀以大量的彩叶草，满目花团锦簇，醉人馨香。在花海中，最引人注目的是绚丽的菊花了，那点点簇簇的黄菊绽放于花坛的核心，形成菊花拥月之态，更似百花之眼，焕发着自然生命的灵气。那朵朵盛开的菊花正以妩媚的笑容，迷人的风姿欢迎来访的客人。

　　人们说："爱花，先要知花。"你知道吗？我们日常看到的一朵菊花，实际上是一个头状花序，它是由两种形态不同的花组成的，一种是管状花，聚生在花序的中央；另一种是舌状花，轮生于花序的边缘。头状花序的大小、色彩和形状变化无穷，千姿百态。人们依据花序的大小，将菊花分为大菊、中菊和小菊。在大菊中又按形态的不同分为各种花型，有圆盘型荷花型、牡丹型、绣球型、纽丝型和蜘蛛型。小菊的花型则有梅花型、桂花型、茉莉型、荔枝型和万铃型等，其品类已达3000多种，常见的为雏菊、翠菊、金盏菊、矢车菊、麦秆菊、波斯菊、非洲菊、百日菊、万寿菊、瓜叶菊等。著名的品种如绿牡丹、杨妃晚妆、白无敌、鸳鸯衣、农家乐、凝荷、绿松针、晓妆、绿衣仙子，它们各有特色，被爱菊者奉为上品。菊花的色彩绚丽，一个头状花序里的管状花和

---

* 原载于《江西教院报》2006-10-15。

舌状花颜色各有不同，一般说，管状花为黄色，而舌状花的色彩多有变化，有红、粉红、紫红、黄、白、绿、蓝、墨等，如雏菊的管状花为黄色，配以白色、粉红色或红色的舌状花。翠菊的舌状花为紫红、蓝或白色，缀以黄色的管状花，其色彩的搭配，大有巧夺天工之妙。菊花虽五彩缤纷，人们却以黄、白二色为贵，整花黄色或白色者即为黄菊或白菊，也有黄白相配的如九华菊，为白瓣黄芯，且清香四溢，被视为珍品。菊花的姿容变化万千，大多由舌状花瓣的变异所致，其花瓣有的呈匙状，有的如丝，有的卷曲，有的肥短，有的柔长，使人有飘如浮云，娇似惊龙，若飞若舞之感。如悬崖菊，状如飞凤，枝蔓飘垂可过六七尺之长，花缀满枝，似直泻的花瀑。小菊满天星，成片栽植，花小且多，酷似繁星布满天空而得名。著名的品种"嫦娥奔月"，花径超尺，花色浅黄，明洁如水，似中秋的一轮满月。赏花者往往在这些菊花前浮想联翩，流连忘返。

人们爱菊，爱它的高洁、逸韵和色彩缤纷。赞它顶秋寒、傲风霜的坚贞性格和高尚的气节，正如古代诗人所赞："不畏风霜向晚欺，独开众卉已凋时。""寒花开已尽，菊蕊独盈枝。""凌霜留晚节，殿岁夺春华。"这些都颂扬了菊花不屈的意志和坚定顽强的精神。古人爱菊首推晋代的陶渊明，他的"采菊东篱下，悠然见南山"的诗句，广为人们传颂，又说他是第一位颂扬菊花为"霜下杰"的人。曹雪芹的《咏菊》诗里有"一从陶令评章后，千古高风说到今"的评说，民间奉他为"菊花神"。唐代黄巢写有《不第后赋菊》诗："待到秋来九月八，我花开后百花杀。冲天香阵透长安，满城尽带黄金甲。"以花言志，抒发了他豪迈的英雄气概。

菊花还有食、药价值，屈原在《离骚》里就有"朝饮木兰之坠露，夕餐秋菊之落英"的诗句，民间有菊花酿酒的习俗，《西京杂记》有菊花酿酒的记载："菊花舒时，并采茎叶，杂黍米酿之，至来年九月九日始熟，就饮焉，故谓之'菊花酒'。"菊花泡茶，是一种很好的清凉饮料，浙江杭菊，河南怀菊，河北祁菊，安徽的贡菊、滁菊和亳菊都是久负盛名的菊饮品种。中医上以黄菊和白菊入药，其性微寒、味甘苦，能散风清热，平肝照目。明代的李时珍认为菊有"利五脉，调四肢，治头目风热，脑骨疼痛，养目血去翳膜，主肝气不足"的功效。《神农本草经》载"服之轻身耐老"，有助于延年益寿。民间还将菊花晒干，用作枕芯，称为"菊花枕"。陆游有诗曰："采得黄花作枕囊，曲屏深幌闷幽香。"传说菊枕有保健之功效，人们多有仿制。

现正值金秋时节，天清气畅，金菊满地，适时地去欣赏那绚丽秋菊的繁华，品一品菊花酒，饮一杯菊花茶，定会使你神清气爽，心宽情怡。

天清露冷桂花香

中秋前后，天清露冷，喜看校园里的桂树，枝叶繁茂，翠绿的叶子间隐约透出簇簇金色的小花，不时送来天芬仙馥般的阵阵芳香，校园更显一派和谐与温馨。

桂花又名木犀，其品种一般有金桂、银桂、丹桂和四季桂。金桂叶大而厚，叶缘有锯齿，花色橙黄，芳菲满目，香气浓烈；银桂叶小而圆，花色淡黄，清姿雅质，馥馥播香；丹桂叶质肥厚，花色橙红，一树红霞，清香飘逸；四季桂株型玲珑，美丽多姿，四季均花，色泽黄白，香气清幽。

桂花树的树姿别具风韵，在秋风冷露的环境里，可见"叶密千层秀，花开万点黄""千花万蕊一串串，压得枝叶没处放"。诗家赞它"丹葩间绿叶，锦绣相重叠"，"铁骨金英枝碧玉"，"风影清似水，霜枝冷如玉"。尤其是老桂树更具风采，陕西汉中圣水寺里有一株桂树，相传为汉朝时所植，至今仍枝叶繁茂，花朵稠密，驰名中外。

桂花属小型花，每朵都有细花梗，花冠四深裂，4～6朵花簇生于叶腋。古代诗人喜爱桂花，多以"金粟"喻之。例如，辛弃疾《踏莎行·赋木犀》词有"枝枝点点黄金粟"；范成大《咏木犀》诗有"纤纤绿里排金粟"之描写；杨慎的咏桂诗有"宝来林中碧玉凉，秋风又送木犀黄。摘来金粟枝枝艳，插上乌云朵朵香"。可见在诗人眼里，"金粟"之花是极其珍贵的。

桂花是香味最为浓郁之花，其香气既清又浓，清可涤尘，浓可透远，可随风远播达数里之遥，故桂花又有"九里香"的别称。在桂花盛开之时，校园里处处皆香，连周边的杂树也薰染上桂花的香味，人们不禁要赞叹它"独占三秋压众芳"了。

桂树在我国有悠久的栽培历史，积淀了丰富的桂文化，流传最广的是"吴刚伐桂"的神话故事。相传月亮里有棵桂树，高达 500 米，汉代河西人吴刚，因学仙时触犯了道规，被谪到月中伐桂，他每天不停地砍伐，却总是"桂创随合"，桂树照样生机勃发。每逢中秋节日，他才可在树下歇息，与人间共度佳节。故国人把桂树与月亮联系在一起，称月亮为"桂宫"和"桂魄"。如沈约的《登台望秋月》诗曰："桂宫袅袅落桂枝，露寒凄凄凝白露。"苏轼《念奴娇·中秋》词曰："桂魄飞来光射处，冷浸一天秋碧。"在我国的文学作品中常有"折桂"一词出现，如温庭筠的诗里有"犹喜故人先折桂"的感怀，那是古时常在秋天进行科举考试，此时正逢桂花盛开的季节，故凡是登科及第者皆称为"折桂"。在国外，古希腊人还将桂树视为吉祥、友谊和荣誉的象征，常用桂树的枝叶编织成圈，称为"桂冠"，授予获胜的竞技能手。时至今日，有的奥运会的主办国还给优胜者戴上"桂冠"呢！

宋人杨万里《木犀》诗曰："不是人间种，移从月里来。广寒香一点，吹得满山开。"诗人赞颂桂花乃天种天香。现在正是桂花盛放之时，你可要多去观赏和呵护它啊！

霜叶红于二月花*

秋风萧瑟，寒霜醉染，遍山红叶，色如胭脂，美似云霞。可与东篱黄菊，傲雪红梅媲美。杜牧的《山行》诗曰："停车坐爱枫林晚，霜叶红于二月花。"诗人盛赞那经霜的红叶比春天里开放的鲜花还要艳美。

秋令红叶植物常见的有枫、槭、黄栌、乌桕、野漆、盐肤木、火炬树、珊瑚树、卫矛、槲树、檫木和黄连木等，其中最为著名的要数枫与槭了。枫就是枫香树，人们习惯把槭属植物统称为"枫"，如鸡爪槭称为"鸡爪枫"。枫叶之美，五彩缤纷：三角枫的叶色黄橙，极富野趣；五角枫叶色黄红相间，妖艳华美；羽扇枫秀叶深红，分外妖娆；红枫叶春秋紫红，酷似片片丹霞。枫为历代诗家吟咏的对象，著名的吟枫诗句如"山色未应秋后老，灵枫方为驻童颜""丹枫烂漫锦装成，要与春花斗眼明"。醉红的枫叶烂漫如锦，比春花还要显眼亮丽。其他红叶植物的树姿叶色也很美丽，乌桕叶色鲜红，艳胜于枫；黄栌叶形犹如团扇，霜叶紫红，色彩艳丽；野漆似锦，犹如一幅红叶似血的秋景图。

"碧云天，黄花地，西风紧，北雁南飞。晓来谁染霜林醉，……"是啊！枫叶经霜为什会醉红呢？原来，叶子里含有叶绿素、叶黄素、胡萝卜素和花青素，春夏季节，气温较高，叶绿素大量生成，其他色素生成量少，故叶呈绿色。秋冬季节，气温较低，叶绿素生成量锐减，显黄色的叶黄素和显橙色的胡萝卜素就显露出来，叶子变黄了。随着气温的

---

* 原载于《江西教院报》2007-11-15。

下降，显红色的花青素大量生成，于是叶子变红色了。由于植物种类的不同，叶子里所含的花青素的数量也有差异，叶红的程度就不一样了，可细分为绯红、桃红、紫红、嫣红、朱红、猩红、降红和鲜红等。就是这些不同的红色，使"万山红遍，层林尽染"，光艳如火，映山横岭，恍若"万千仙子洗罢脸，齐向此处倾胭脂"。正如古语云："绮缬不足拟其丽，巧匠设色不能穷其工"，令人赞叹不已。

古人喜爱红叶，常在红叶上作画题诗，积淀了中华独特的红叶文化。相传唐僖宗时，宫女韩翠苹在御花园捡起一片红叶，题诗曰："流水何太急，深宫竟日闲。殷勤谢红叶，好去到人间。"她随后将红叶放于御沟中，随水流出宫外。红叶被书生于祐拾到，他也用红叶题了四句诗，从御沟的上游放进水里，红叶随水流入内，凑巧又被韩翠苹发现而收藏起来。后来皇帝放三千宫女离宫，韩氏找到了于祐，并结为夫妇，"红叶为媒"的佳话传诵至今。

艳丽如花的红叶，映天醉地，它那经寒霜而色愈红的品格，老色矫健能敌劲风的顽强也为人们称颂。暮秋时节，奔赴国内观赏红叶圣地北京西山、南京栖霞山、长沙岳麓山和苏州的天平山，一揽红叶胜景，当是秋游首选。也可选个天高云淡、风清气爽的秋日，漫游于南昌北郊的梅岭山地，去亲近山野霜林，领略那"树树皆秋色，山山唯落晖"的秋色野韵；或登上山颠，遥看那铺锦列绣的秋林，欣赏那笼罩在紫红色暮霭里的山谷，极目远方的落霞孤鹜，秋水长天，这绝佳的秋色、秋韵，将带给你醇醇的秋醉！

梅花凌寒开 疏影花枝俏[*]

    梅花被列为我国十大名花之首，它迎霜破雪绽放，不畏寒威，刚毅坚强；它白而有色，红而不艳，素雅洁净；它香浓而不烈，冷而不淡，清幽曼妙，自古至今广为人们喜爱，欣赏梅花已成习俗和传统。现正值梅花盛开之时，赏梅的好时光来临了！

    我国是梅的故乡，植梅已有数千年历史，远在《诗经》《尚书》等古籍中就有梅花的记述。由于历代的培育和发展，至今已有二百多个品种，可分为果梅和花梅两类。通常所说的梅花是指观赏的花梅。花梅中依树形、花形、花色和香味的不同，又分为骨里红系、绿萼系、台阁系、鹤顶系、垂枝系、江梅系、龙梅系和锦叶系，其中尤以白梅、磬口梅和垂枝梅最为名贵。梅的产地主要分布于长江以南，传统的赏梅胜地有广东罗浮山庾岭、杭州的西湖孤山和塘栖、武昌东湖的梅岭，尤其是苏州邓尉山和无锡的梅园，古梅成林，素有"香雪海"之称。每逢梅花盛开之时，赏梅游客纷至沓来，盛况空前。自南向北，赏梅时间也不同，广州于一月上旬开始赏梅，而北京四月上旬露地梅才开花，故在我国一年中有半年时间可以赏梅。

    人们赏梅颇有讲究，赏家推崇"以曲为美、以奇为美、以疏为美"和"贵稀不贵繁、贵老不贵嫩、贵瘦不贵肥、贵合不贵开"的自然美，即梅的枝条以曲、奇、老、瘦为佳，瘦条细枝，窈窕而显苍劲，既有柔

---

    * 原载于《江西教院报》2007-03-15。

的气韵，又具阳刚之美。百年老梅，枝干虬曲，刚健苍劲，直似铁骨，屈如游龙，烟姿玉骨，枯枝朽干犹能开花，极具顽强的生命力。梅的特性是先花后叶，素以花疏者为美，古诗云："触目横斜千万朵，赏心悦目三两枝。"宋代范成大的《古梅》诗有"孤标元不斗芳菲，雨瘦风皴老更奇。压倒嫩条千万蕊，只消疏影两三枝"，突出了梅的疏、瘦、老、奇，深为读者赞赏。

赏梅还注重环境氛围，野外赏梅，其最佳时机为初雪、雪霁和新月之时，尤以雪霁为人们至爱。在雪后见晴的环境里观赏梅花，使人们领略"花外见晴雪，花里闻香风"的意境，很是醉人心目。室内赏梅别有情趣，其观赏对象为梅的盆景，人们选取梅树古桩制成盆景，置于窗前案几上。当月色临窗之时，欣赏梅姿的古朴、典雅、清秀，享受着梅花的幽香，这"无声的诗，立体的画"会让你为之倾倒。吕胜己词《江城子》（盆中梅）曰："年年腊后见冰姑。玉肌肤。点琼酥。不老花容，经岁转敷腴。向背稀稠如画里，明月下、影疏疏……"冰姑、明月、疏影，意境妙不可言。

赏梅重在欣赏梅花的风格，梅花在冰中育蕊，在雪里开花，风骨俊傲，独步早春，是春的使者。元代杨维桢在咏梅诗中赞曰："万花敢向雪中出，一树独先天下春。"陆游的《落梅》诗颂梅花："雪虐风饕愈凛然，花中气节最高坚。"毛主席的咏梅诗里有"已是悬崖百丈冰，犹有花枝俏"的诗句。诗人们都极力赞颂它敢于凌霜斗雪的顽强精神，在人们心里，梅花已成为纯洁、稳重、坚贞不屈的象征，被誉为"国魂"。

赏梅也要兼赏我国丰富多彩的梅文化。历代以梅为题的诗作极多，咏家辈出。著名的咏梅诗人首推北宋的林逋，他写的《山园小梅》诗句"疏影横斜水清浅，暗香浮动月黄昏"被后人赞为神来之笔和咏梅的绝唱，"暗香、疏影"成为梅花的代称，而林逋也从此被奉为"梅仙"和"梅花神"。苏轼写有《红梅》诗句："怕愁贪睡独开迟，自恐冰容不入时。故作小红桃杏色，尚余孤瘦雪霜姿。"前两句中的"怕""贪""恐""故作"等字，将一枝红梅描摹的像人一样生动。后两句被誉为咏红梅的绝唱，并成为后人画红梅的佳题。梅花的画作亦很多，我国有一批专事绘梅的名家，其作品风姿绰约、至情至美。梅花也入丝入弦，著名乐曲《梅花三弄》，歌颂了梅花超尘拔俗、清高淡雅的风格，令人百听不厌。梅花又是民间艺术创作的对象，如剪纸、丝绣和各种饰品都有梅花的图案。笔者见过一幅题名为"骑驴过小桥，遇见梅花瘦"的帐帏，古色古香，惟妙惟肖，是很宝贵的文物。

名家评说梅花是"三秀"之花：貌秀、骨秀、神亦秀；是"四德"之花：初生蕊不元，开花为享，结子为利，成熟为贞；是"五福"之花：五片花瓣象征快乐、幸福、长寿、顺利、和平；又兼梅格高尚、梅韵清雅，又是灵性之花。故而欣赏梅花，不但是美的享受，也会给你带来愉悦、和谐和吉祥。

蝴蝶兰花艳　　"彩蝶"舞翩跹[*]

　　蝴蝶兰花的姿态酷似在原野翩翩起舞的彩蝶，是世界上最漂亮、最传神、最迷人的花。它高雅、恬静、妩媚、俏丽，被人们封为"兰花皇后"，也有人叫它"女人花"，又有"大众情人"的美称。诗人盛赞它"翩翩蝴蝶兰花舞，幽幽花魂满园飘。花心花魂此同赏，沁人心脾溢芬芳"。

　　蝴蝶兰又称"蝶兰"，是兰科蝴蝶兰属植物的总称，为单子叶植物，它叶质肥厚，呈长椭圆形，叶色浓绿可爱，所生的根裸露于叶子周围，很有自然情趣。于春夏间开花，花前先抽出花梗，可分为单梗、双梗和多梗，花梗的上部著花。它的花期特长，至少在一个月以上，部分品种可达3至5个月之久。花朵按大小分为大轮、中轮和迷你型花。花色色调丰满，五彩缤纷，有红色、粉红色、黄色、白色、橙色和紫色。有些特异品种，花瓣缀饰斑点或线条，如咖啡斑点蝴蝶兰、咖啡线条的蝴蝶兰、黄花斑点蝴蝶兰和黄花线条蝴蝶兰，其花色彩艳丽，加上点线天然装饰，使人们更加感到它雅致尊贵，幽情芳馨，风姿万千，魅力非凡。

　　蝴蝶兰品种丰富，原生品种达六十个之多，目前已育成数千个栽培品种和杂种。它属于热带兰类，主要分布于热带、亚热带地区，如印度、印尼、东南亚、菲律宾群岛、澳洲。我国台湾以盛产蝴蝶兰著称，是主要产地之一。近几年来，两岸以兰为媒，真诚交流和合作。大陆蝴

＊　原载于《江西教院报》2010-03-30。

第二篇　漫谈采华

· 155 ·

蝶兰生产迅速发展，镇江市有一个花卉生产基地所产的蝴蝶兰达40多个品种，它将把人们的生活装点得更加绚丽多彩。

蝴蝶兰是爱情、纯洁、美丽的象征。在日本，人们最喜欢白色的蝴蝶兰，寓意"我爱你"，其已成为婚姻嫁娶必备的花品。欧美和东南亚地区常用蝴蝶兰作为庆典的饰花，被视为最高的礼遇。我国内地也逐渐将蝴蝶兰视为名贵之花，常在婚礼中作为新娘的捧花、胸花和襟花。2010年春节期间，北京的各种盛会，可常常见到蝴蝶兰的姿色。如果我们居室内摆上几盆花色不同的蝴蝶兰，定会令人感到蓬荜增辉，情致倍增，其乐无穷。

香气馥郁的腊梅花[*]

数九寒天，朔风凛冽，百花凋谢，唯有腊梅迎霜破雪，冲寒而开，一树繁花，冰枝不屈，冻蕊芳香。尤其在春节，它开花蜡黄，晶莹剔透，令人有冲寒吐秀之感。

腊梅本名黄梅，又名蜡木、香梅、黄梅花，宋代的苏东坡首先将它改称为"腊梅"。由于它耐寒，又有人叫它为寒客、久客。腊梅属腊梅科，落叶灌木，单叶对生，叶卵状披针形，落叶后开花，花色蜡黄，似如蜡质。现有品种三百多个，可分为素心和荤心两类。素心腊梅中有磬口腊梅，它花形大，花瓣正圆，盛开时如磬状，开花早，香气浓郁。还有荷花腊梅、檀香腊梅、虎蹄腊梅、红心腊梅和小花腊梅等。荤心腊梅花瓣外瓣黄色、内瓣紫红，原始野生腊梅系属此类。花期十二月中旬至次年三月中旬，盛开时绿叶、黄花、红果，十分美丽。

腊梅的香味，艳而不俗，浓而且清，其芳香彻骨令人心荡神浮，着实香韵可贵。也可瓶插，一枝在瓶，满室生香。

诗人们在咏腊梅诗中，常在"蜡"字上下功夫，如"家家融蜡作杏蒂，岁岁逢梅寻蜡花"；"蜜蜂采花作黄蜡，取蜡为花亦其物"；"岁晚略无花可采，却将香蜡吐成花"。这些诗句写得贴切得体，妙趣横生。

腊梅原产于我国中部各省，湖北发现有大片野生原始林，尤其是河南省鄢陵县、武汉东湖、扬州瘦西湖的腊梅比较著名。北京西部卧佛寺

———————
* 原载于《江西教院报》2011-12-15。

第二篇　漫谈采华

内有一株腊梅，高达两米多，且生长旺盛，实属难得。

腊梅还能净化空气中有毒物质，特别对空气中的汞和二氧化硫特别敏感，起着净化的作用。

北风阵阵，雨雪霏霏，正值腊月天气，腊梅却清香冷艳，轻黄缀雪，冻蕾含霜，迎冷盛开。这种凌寒不衰、守正不苟的品格是多么可贵啊！

四时长春月季花[*]

  月季花最突出的特性是红苞逐月，常年开放，"一年长占四时春"，故有"胜春""长春花"之美称。月季花的品格颇为人们赞赏，宋人徐积说它"曾陪桃李开时雨，仍伴梧桐落叶风"，杨万里颂它"别有香超桃李外，更同梅斗雪霜中"。它虽经春雨秋风的洗扫，却能香气清出超桃李，品格坚强似梅花，这就很难得了。月季花的花形优美，花姿俏丽，花色五彩缤纷，颇得民众的称颂，被尊为"花中皇后"。

  月季花原产我国，于 18 世纪传入欧洲并与当地的蔷薇杂交，历经两百多年的选育，至今已形成现代月季的庞大体系。全世界已拥有万个以上的品种，大体可分为几类："杂色芳香月季"，它的枝叶清新光洁，株型匀称俊美，花体肥硕丰满，色彩丰富鲜艳；"繁花月季"的枝叶丛生，株型泼洒，花朵密聚，繁华绚丽；"微型月季"的枝叶细密，葱茏叠翠，花朵纤巧，品貌秀美。它们都各具特色，各展风姿，各呈其美。月季花的俏丽在不同的花型中表现得淋漓尽致："平头满心型"的花形富丽堂皇，落落大方，温馨高贵；"磬口畅心型"花形玲珑潇洒，体态风流，飘飘欲仙；"卷边抱心型"花形苍海日晗，逸韵含蓄，娇态羞容，让人怜惜；"翘角高心型"花形清奇俊俏，英姿飒爽，极具侠女情怀。

  月季花的花色罩晕挂彩，变幻无穷，红如野火，黄色赛金，白胜雪山，蓝比青天，紫如凝霞，绿似翠羽，橙可超柑，墨色如夜。还有许多

　　* 原载于《江西教院报》，2008-11-30。

中间色、正背两面和上下两半不同的二重色、复色和斑条双绞色等，诸多的色彩交融变幻，使月季花更显妩媚艳丽。

月季花的品种繁多，人们根据花姿、花形和花色的特征，给予了富于诗情画意的芳名：有喻佳境的"翠堤红妆""西湖夜月""霞光夕照""红妆素裹""清水徐波"等；有喻美人的"绝代佳人""卖花姑娘""玉楼人醉""秀姑娘"；有喻情谊的"友谊""情歌"；有喻天体变幻的"东方欲晓""淡云微雨""春雷""彩云""朝日""艳阳天""蓝月亮"，等等，这些别有情趣的美称，赋予了月季花异样的风采和魅力。

月季花别名"和平之花"，2008年北京奥运会颁奖花束的主花就是月季花，每束花有9枝"中国红"月季，花枝高约50厘米，寓意"红红火火""长长久久"，又象征着和平、欢快、喜庆与祥和，获得佳绩的运动员手捧"红红火火"，充分表达了全中国人民为之庆贺和祝福的心声。

月季花亘四时，繁华艳丽，已成为风靡世界、誉满全球的观赏花卉，也是点缀庭院、阳台和居室的领先花种。如果您的家里种上几盆各色月季，您将四时与花相伴，春天常驻，生活将更添情趣，更感美好和幸福。

奇异的龟背竹*

　　龟背竹是久负盛名的室内大型装饰植物，家中的客厅里摆放一盆常绿的龟背竹，客厅里焕发出浓浓的绿意，也增添了休闲生活的情趣。

　　龟背竹是天南星科大型常绿多年生草本攀援植物，植株极富特色：一是具有粗壮的茎，茎上有节，茎可不断生长延长，往往盘曲似龙，故又名"团龙竹"；茎节上能长出许多粗细不等的气生根，纵横交错，形似悬挂的电线，极富原始森林的野趣，故又名"电线兰"。二是叶态奇特，叶柄很长，可达50厘米至70厘米，且具有特殊的功能，其茎部可以孕育并生长出新叶来，初生的幼叶为心形，长大后呈椭圆形，叶形很大，长达40厘米至8厘米，叶缘羽状深裂，平行叶脉，形似芭蕉，故又名"蓬莱蕉"。叶质较厚，叶面有角质光泽，叶色深绿，最出奇的是叶面有多数椭圆形的孔洞，整叶形似龟背壳纹，故而得名"龟背竹"。三是开花新奇，于8月至9月间形成佛焰苞花序，长达20厘米至25厘米，花苞似如船形，花大如掌，呈黄白色。由于花的奇异，故又有"绿野怪物"的绰号。

　　龟背竹原产于墨西哥的热带雨林中，喜欢温暖潮湿气候，是优良的耐阴植物，只要在散射光下，便可茁壮成长，适于布置厅堂，也可在庭院荫蔽处栽植。

　　龟背竹易于栽培，可用扦插法繁殖，每年5月至9月间，将老株茎

* 原载《江西教院报》2011-07-30。

第二篇　漫谈采华

干切断，每二节为一个插穗，扦入沙床中，置半阴处，只要保持湿润，4～6周可长出新根，10周后新芽产生，稍长大便可移植。在日常管理过程中，宜于7至10天用水喷洗叶面，以保持植株的光鲜干净，可大大增进观赏的兴致。

翠柏凌云展龙姿[*]

柏树是生命力极强的裸子植物，它不畏炎炎酷暑、雨打风摧；它傲视冷露寒霜、雪压冰欺，依然四时苍翠，活力四射，博得人们的无限赞叹。

柏树是极为古老的树种，它始见于古生代二叠纪，距今约 270 万年，当时地球的造山运动十分频繁，气候干燥炎热，造就了它的抗逆特性。它鼎盛于中生代，距今约 195 万～137 万年，期间气候比较湿润，形成了大片森林，它们的遗体埋藏于地下，岩化成煤，成为我们今日的燃料。

柏树又是著名的长寿植物。河南嵩阳书院内有一株"将军柏"，树龄已达 4500 岁，身高 18.2 米，粗围 12.54 米，人们尊称它为"华夏第一柏"。产于中国台湾中央山脉的红桧（圆柏），有一植株高 58 米、胸径 6.5 米，材积达 504 立方米，树龄达 3000 年的古桧，为世界最大的树木之一。如果你有机会到台湾旅游，可要记得去欣赏古桧的雄姿啊！我国历代的诗赋对古柏的生机和活力至为赞赏，唐代雍陶赞《武侯庙古柏》曰："密叶四时同一色，高枝千岁对孤峰。此中疑有精灵在，为见盘根似卧龙。"宋代苏轼的《塔前古桧》诗："当年双桧是双童，相对无言老更恭。庭雪压腰埋不死，如今化作两苍龙。"清代的石蔼士写有《古柏行》曰："老干拔地凌青云，苍苍犹带古时春。风霜阅历二千载，

* 原载于《江西教院报》，2009-10-30。

默为呵护疑鬼神。"诗人们赞颂古柏盘根如石，枝干崔嵬，黛色参天，拔地凌云的雄姿，歌吟它们在雪埋冰虐的严酷环境里，顽强地显示苍龙般的活力，感叹它们似乎有精灵的扶持和鬼神的呵护。

柏树的种类较多，著名的有侧柏、圆柏、垂柏、刺柏和福建柏，它们之中有的在江西省内城乡多有栽培，成为绿化树；有的分布于丘陵山地，组成森林树种；还有一些特异的种类，树姿多样，独具风采。地柏枝条匍匐伸展，伏地而生，树姿别具一格；垂柏枝干自然扭曲，树冠多呈塔形，小枝下垂，姿态优美；孔雀柏的枝条短密，翠叶群集，排列宛如孔雀尾羽甚为美观；黄金柏的鳞叶色泽金黄，株态球型，美丽悦目；翠柏和绒柏的叶背有白粉，似如特意的美容修饰，至为奇妙。

众柏鳞叶细密，排列有致，四时皆翠；细胞组织紧密，坚实而富韧性，抗逆性特强，尤其是千年古柏，雄姿勃发，老当益壮。我们应该把它们当成植物界的"大熊猫"，好好呵护。

水之歌*

  水是生命之源，生命万物皆受惠于水，是宝贵之物；它清澈透明，光亮如镜，朴实无华，是纯净之物；它可升腾为云，骤而化雨，结成雾露冰雪霜，是灵性之物；它能流动不息，日夜兼程，汇成大江长河，奔向大海，是活动之物；它可积集蓄势，泄而释能，是势能之物；它可使巨石溜圆，化石为沙，又无处不容，随遇而安，是刚柔一体之物；它给人们带来健康幸福，也能泛滥成灾，是兼性之物；它不论贫富贵贱，不计平庸卑微，一律平等相待，慷慨奉献，是普惠之物。

  水是美丽的。一潭清水，映天照地，水里可以观天，水中也能览月，乃清纯之美；一湖碧水，清澈妩媚，微风轻佛，绿波荡漾，阳光斜照，水光闪耀，是平静之美；高山流水，临崖飞泻，水雾漫野，是流动之美；雨后斜阳，霓虹映天，七彩绚丽，是变幻之美；青山绿水，"山是凝固的波浪，水是流动的群山"，此乃山水交融之美。

  水是一首歌。流水淙淙，如丝弦低唱；雨滴点叶，似百鼓轻鸣；急流击石，浪花飞溅，声哗势壮；巨浪排空，啸声震天，威镇四方。

  人生如水。人的心灵当如水之美，质朴清纯，爱心普惠，为而不争；为人当心宽似水，海阔洋深，能纳百川。胸怀坦荡，有容乃大；做人要清澈如水，纯洁透明，不淫不贪，清而不浊，且能以自己的清洁洗净他人的污浊；人性当"上善若水"，嘉言懿行，泽被万物而不争；居

---

  * 原载于《江西教院报》，2008－11－15。

第二篇　漫谈采华

·165·

心当如止水，心静气平，微波不扬，心静出智慧，气平致祥和；学习当为流水，只有前进，没有后退，持续发展，与时俱进；做事也要学水，遭山阻石拦，能不断探索前进的方向，该弯就弯，该转就转，只要不停前进，犹如大江茫茫去不还，就能找到出口，迎来柳暗花明；交友似如清水，重在情谊交融，平淡如水，不尚虚华；人生常需激水，水不激不跃，人不激不奋，只有激起浪花，在急流奔涌中，才能改变自己，升华人生。

横空飘匹练　天上落银河*

——黄果树瀑布记游

年少时，读过李白的《望庐山瀑布》诗，想象那"飞流直下三千尺，疑是银河落九天"的景色，该是何等的壮丽啊！没想到，大学毕业后竟一辈子在南昌工作，先后多次游览庐山，观看了秀峰、石门涧和三叠泉瀑布，留下了美好的回忆，却同时萌生了对亚洲最大的黄果树瀑布的想往。2005年深秋时节，我踏上了去贵州游览的行程，多年的梦想得以实现了。

黄果树瀑布位于黔中镇宁关岭布依族苗族自治县境内，距贵阳约150公里。当汽车驶入黄果树地区，遥望四野，一派岩溶地貌景观。但见岭谷陡峻，山坡上群石犬错，植被稀疏；河谷狭窄，密布暗礁险滩，溶洞伏流隐现；河床坡度起伏，水流急湍，不时可见态势多变的瀑布。眼前的白水河上两公里间就有九级瀑布，组成了多级跌水的黄果树瀑布群，其中最大的黄果树瀑布被称为"世界最壮丽最优美的喀斯特瀑布"。

抵达黄果树景区的观瀑酒店，已是夕阳残照之时，跟随众游客拥入酒店大门，直奔后阳台，举目眺望，哇！这里居高临下，竟可俯瞰瀑布全景。遥看临瀑的河水，它分两级势差：一级落差较小，水流缓顺；二级河水奔向断崖，直泻而下，通体洁白如练，在夕阳的映照下，闪烁着点点光芒，使人真切地体验到了"水晶珠箔夜生辉"的奇幻动人景象。

* 原载于《江西教院报》，2006-02-28。

第二篇　漫谈采华

直至暮色苍茫，游人仍久久不愿离去。

次日，进入瀑布核心景区，穿过盆景园，下到山腰小道，放眼景区，山坡植被繁茂，丛草葳蕤。河水从山坡下轻轻流过，巨大的瀑布悬挂在对面的断崖处。小道平缓，几乎与对面的瀑布等高，游客沿小道徐行，一边观瀑，一边拍照。细看前川的瀑布，河水断处生辉，从宽81米，高约77.8米的断崖处奔腾而下，直泻犀牛潭中，发出轰轰的鸣声，气势磅礴，令人震撼。瀑布腾起的水雾弥漫不散，一派白蒙蒙，置身其中，确有"雪乳冷冷翠湿衣"的感受。徜徉在小路上，凝视那凌空而下的瀑布，洁白如棉、如练，似雪、似锦，正如楹联所云："白水如棉不用弓弹花自散，虹霞似锦何须梭织天生成。"面对飞瀑景观，令人思绪万千，似乎尘世的纷争，身心的疲惫均被冲洗殆尽，从而得到一种涤荡后的清爽，一身轻松，也不禁领悟到"无事上山看急流"的真正奥义。

沿山边小道前行，转入隐于瀑布水帘内的溶洞，洞长140多米，洞内水雾漫漫，滴水不绝，有的地方洞壁透空，成为天然的门窗，瀑水临窗而泻，探手可及。游人鱼贯而行，任凭雾珠水滴洒在身上，青年人则探身"窗"外，掬些瀑水洒擦于脸，尽情享受那瀑水的清凉。出得水帘洞口，洞外却是艳阳高照，恍如刚刚做客于孙悟空的花果山水帘洞，情趣盎然。

顺山路而下，到达犀牛潭边，仰观瀑布，犹如天上之水直奔眼底，至为壮观。那洁白的水幕倾入潭中，却变成了一潭清澈的绿水，绿白相衬，景色绝佳，让人难以忘怀。

越过河面的索桥，拾级登山，飞瀑已远在身后，但它那洁白的身姿、轰轰的响声仍萦绕脑际；那横空飘匹练、天上落银河的绝妙景色将永驻心间。

壮哉！黄果树瀑布。

婺源寻梦*

去年（2006 年）春天初游婺源，那雨中苍山，悠悠绿水，白墙黛瓦的民居掩映于茂林之间，自然景色如梦似幻，常驻心间。今春再临婺源，想着意领略它那古朴幽深的风韵，并将如梦美景定格于心，当可时时回味，以开心颜，故拟名曰："寻梦之旅"。

青山鸟语

暮春的婺源，山峦叠翠，蓊郁莽莽，遍野新绿，杂树花开，洁白如玉的蔷薇、火红欲燃的杜鹃，点点簇簇。醉心于万绿丛中，身旁带露的野花展笑靥，妩媚多姿含首迎，一派春光明似锦。踯躅欣赏之际，忽闻远山传来鹧鸪的啼鸣，"叽，叽，叽—嘎—嘎"不绝于耳，久处城居，难得"深山闻鹧鸪"。其啼鸣之声深沉凄恻，使人浮想联翩。古人多将其啼声拟音为"行不得也哥哥"，似是规劝人们不要冒险前行。人们常说："唯有鹧鸪啼，独伤行客心。"可是，今时身临佳景，心爽颜开，何来之险，更无伤感可言，不如将"行不得也哥哥"拟声为"行得好也哥哥"，岂不更佳，想必鹧鸪也会鼓翅赞同，高唱："这很好也哥哥!""这很好也哥哥!"

---

* 原载《江西教院报》，2007-04-30。

第二篇　漫谈采华

绿水鱼踪

婺源的乡村，大多依山傍水，溪水源于山泉，水质清冽，至纯至净。看那汪口镇边的永川河，河边烟峰尖的茂林野花倒映水中，密林深处鸣鸟声声，正是"青山不语花含笑，绿水无声鸟作歌"。向山上的峭壁云雾漫绕，岩间小股清泉轻轻流淌，正如诗家所赞："壁上野云掩古韵，泉间破石透神奇。"晓起村前的养生溪，茂林盛草夹岸，小桥古朴，水清如镜，游鱼可数，宅边雄鸡引颈啼鸣，令人有"鸟语鸡鸣传境外，水光山色入图中"之感。严田村的幢幢庭院，香花缀枝，天井为塘，绿水之中，荷包红鲤悠游，花影鱼踪，别具情趣。思溪村的玉带河，绿水绕村，丽日下水雾升腾弥漫，小鱼跃水，涟漪荡漾，白鹭掠水低翔，春燕翻飞起舞，廊桥上绘者笔飞色染，游人悠然轻语，恍如桃源梦境，一派和谐景象。

古韵儒风

婺源的山川处处蕴含古幽之韵，尤以古树最为醒目。灵岩、汪口和晓起村古树成林，蔚为壮观。其中以古樟为多，红豆杉、楠、三角枫、银杏、香榧、三尖杉、槐、青栲、杭榆、山樱花等等散布其间，形成了多元的古树群，它们大多躯体硕大，高耸入云，枝干虬曲，枝叶繁茂，有的附生各种藤本植物，有的与多种蕨类共生，虽历经千百年雨雪冰霜，仍然生机勃勃，少有衰态。其中最著名的是严田村的708号古樟树，树龄已达千年，它临水而立，身材硕大无比，其腰围需10人展臂接抱方可合拢，有咏樟赋曰："成荫古樟景清幽，餐露经霜千古秋。碧海青天同不朽，瑞气直凌霄汉上……"

婺源乡村中飞檐翘角的古宅里更是古风兴浓，古韵幽幽。门前置有古石雕，厅堂里的梁柱、窗棂上镶嵌着精美的古砖雕和古木雕，其中载有连环传奇的故事，有寓意福禄寿的神仙，有喜气盈门的花鸟，展示了古人精湛的技艺，把观览者带进中华悠远的历史和文明。更有群群学子，伫立欣赏，临摹作画，如痴如醉，不少宅第已成为高校的学习基地，中华民族的古风幽韵源远也必将流长。

婺源村村文风鼎盛，满溢儒家风范。所到之处，厅堂里的图画、书法和楹联琳琅满目，满室生辉，丰富多彩的文化品类充溢着书乡之美。画中有苍山秀水，佳花丽卉，飞鸟走兽，各展其姿。幅幅书法满载诗词歌赋，大多雄笔秀墨，深厚大度，柔中见刚，静中有动，颇富神韵。对对楹联着力颂扬儒家的德仁礼义，如汪口"一经堂"的楹联曰："施于仁益于仁自始为人知礼义；立在德行在德从来治国有嘉猷。""天下方圆当择路，世间长短莫讥人。""几百年人家无非积善，第一等好事只是读书。"厅堂长案上的物品摆设也独具匠心，右置瓷瓶，左立明镜，寓意"慈心光明""清廉纯洁"。历代村民崇德、积善、倡仁、知礼、明义、读书，文化品位之高，民风之淳朴，当为世范。

秋山野趣*

　　天高云淡，微风轻拂，秋阳斜照，一群老者来到庐山莲花洞森林公园。在山林的怀抱里，望群峰之雄，赏秋林之丽，探山洞之幽，听秋水欢歌。看小桥之珑巧，观茅亭之古朴，吸山野之灵气，品野菜之殊香。秋山野趣，令人心驰神爽，不亦乐乎！

　　跨进山门，遥望莲花峰、双剑峰和锦绣峰，峰峦叠嶂，翁郁苍厚。山间凝白云，山头腾紫气，近处翠茵夹径，峭壁险绝。目为之新，神为之扬。碎步走上双层古桥，听桥下清泉轻唱，驻足于竹篱茅亭，吟亭门对对楹联，悠然心开，遐想翩翩。漫步于林间小道，路旁小草依人，山花摇曳，野果垂迎，小鸟啁啾，秋虫窸窣，泉吟涧奏，山野天籁传幽情。小憩于涧边石径，倚石听泉，涧水淙淙，急流哗鸣，心随水声起低昂。走过小巧的"伴莲桥"，拐过弯弯石道，来到"莲花洞"前，洞中藤根网布，观音镇洞，佛光四射。洞前的"伴莲池"里，睡莲叶绿花红，洞侧有"爱莲池"，瀑鸣声声，滚珠溅玉。众人小坐于"莲花亭"里，感受着"莲生佛地，花发洞天"的悠悠禅意，如入梦幻之境。循着崎岖山路登高，越过崖边栈道，百丈崖瀑布展现眼前，仰望山头，流云接瀑，涧水从悬崖上飞泻而下，犹如水晶玉带从云天间飘落，流水捣珠蹦玉，瀑声轰鸣，气势雄厉，瀑底水雾腾空，雨丝扑面。飞瀑四周林深木茂，地上腐叶深积，空气湿润，各类真菌适境而生。徜徉于林间，突

---

　　* 原载于《江西教院报》，2007-10-30。

然眼前一亮，竟是一株超常的巨大伞菌，喜出望外，摘捧而归，意外收获，岂不乐哉！

　　风景如此美丽，秋色更是迷人。机会难得，又沿双剑峰古道，挺力登高，好检验一番老年的体力，回味当年爬上"好汉坡"的激情，展示今朝老年的豪迈。站在高高的山岭上，远眺起伏的山峦，欣赏着美丽的秋林野韵，仰望蔚蓝的天空，坐看云起，不由得轻轻吟哦："山中何所有？岭上多白云。只可自怡悦，不堪持寄君。"心神也随之轻舞飞扬，海阔天空！恍忽间"老顽童"的口琴播声，众人随着琴声击节高歌，《我们的队伍向太阳》《十送红军》和《南昌小调》的歌曲旋律在群山中回响。秋山野趣，乐而忘返！

桂林山水揽胜[*]

金菊繁华，丹桂飘香时节，学院部分离退休教职工赴桂林旅游。极目美丽山川，处处奇山秀水，风景如画，如临仙境，令人忘忧涤虑，心旷神怡。

桂林的山水以奇美著称，无数奇峰平地拔起，峭壁陡削，山势险峻，潇洒中隐隐透着雄浑气概。峰峦构型奇特，有的如仙似佛，如象似驼；有的似龙若蝠、似鱼若螺，冠形、莲状、笋形、角态之山星罗棋布，千姿百态，栩栩如生，引人遐思，游人无不击节称奇。

桂林的山，山山有洞，无洞不奇，有的洞隐于山体之内，如有"国洞"之誉的芦笛岩，洞宽且长，漫延数里，洞中景观新奇瑰丽，被誉为"大自然艺术之宫"，是来桂林访问的各国元首必游之洞。有的山洞露于山体之外，最负盛名的象鼻山水月洞，山洞临水，几呈圆形，水上涨眉月出，水消退月满圆，成为桂林的名景。阳朔的月亮山更是奇绝，高山顶上天生一个圆形巨洞，从不同的视角观看，眉月和半月交相变幻，山洞周围，群峰绵延，姿态各异，为民谚所唱："月亮高高挂山头，鸭子觅水不抬头。卧虎当中守九牛，美女梳妆在后头。"月亮山之奇，引得美国前总统尼克松也要登山览胜。

桂林的山为何如此奇美？原来桂林地区石灰岩广为分布，地质发育尤为典型，属于峰林—槽谷型的岩溶地貌，无数溶蚀残立和石芽成为山

---

* 原载于《江西教院报》，2006-11-30。

体的饰物，因而成就山秀洞奇的美景。

奇山要有水的相映才显秀丽，俗话说："山得水而活，水得山而秀。"山光水色交相辉映，方成绮丽多姿的美景。欲饱览山水之胜，最佳的选择是乘船游漓江了。漓江山水最佳处当在桂林到阳朔之间，其水程约82公里，行船约4小时。登船后，天气微晴，站在甲板上极目远眺，但见"江作清罗带，山如碧玉簪"，江水蜿蜒于岩溶峰林之间，水流清澈潆洄，奇峰倒影，风光旖旎，使人领略到"船在青山顶上行"之妙境。还有那深潭、山泉、飞瀑、奇洞和美石，点缀其间，组成一幅绚丽多彩的画卷。船行于"九马画山"之时，天色骤变，江风吹拂，细雨霏霏，换了景色。看近山如黛，望远山迷蒙，山水隐约朦胧，恰似一幅天然的水墨画，大有"人在画中游，船在画中行"之感，也对"百时漓江，百里画廊"的赞颂更有深刻的体验。

漓江小景，颇富诗情画意，你看那碧水中流，翠竹夹岸，农田民居隐约可见，一派田园风光。江面上清水粼粼，各色蚱蜢舟和竹筏随水飘流。看小舟上，双双情侣，欢声笑语，悠然自乐。有的竹筏，少女玉立，顺口编唱民歌，情逗旁筏小伙，刘三姐山歌唱和的旋律在江面回响，别具民风情趣。最为别致的是鸬鹚竹筏了，渔翁竹篷蓑衣，持竿操筏，鸬鹚不时潜冲入水。时而浮出水面，嘴里咬着摆尾的鱼儿，鼓翅跃上竹筏，向渔翁献上鲜活鱼礼。临岸浅滩，水草繁茂，群鸭悠游，绿波禽影，涟漪荡漾，好一派安然、静谧、和谐景象。

早就听说"阳朔山水甲桂林"，今天当可一睹芳颜了。进入县城古镇，放眼四方，果然境内山峦叠嶂，林木繁茂，景色殊异。听民歌轻唱，"金钩挂山头，青蛙水上浮，小熊满山跑，古榕伴清流，骆驼过江去，猩猩发了愁"，描绘了众多雅致的山水胜景。我们漫步于长长西街，悠悠古巷，欣赏着依山傍水，青砖黛瓦，掩映于茂林之中的民居；尽兴于东岭朝阳、西山晚照、双峰锁江、古榕藏猫、马山岚气和白沙渔火的诸多名胜；钟情于遇龙河那一片如绿镜般静谧的水，微风轻拂，浅浅涟漪。天地悠悠，原始、古朴、宁静、恬淡，令人神迷忘返。

当我们陶醉于奇山秀水之时，忽听一游客曰："桂林山水也是香的呢！"山水为何是香的呢？原来桂林到处都有桂花树，可不是吗？人行道上桂树时有所见，叠彩山、七星公园里金桂、银桂、丹桂和四季桂密林夹径，湖岸边、曲径旁，楼、台、亭、榭到处都有桂花的身影，抬头可见"叶密千层秀，花开万点黄"，"千花万蕊一串串，压得枝叶没处放"，人们在奇山秀水的怀抱中尽情享受着桂花的幽香。更有青年男女立于桂花树下，任秋风吹拂，让桂花洒满全身，戏说其为"桂花雨"，笑称"今生淋得桂花雨，后生得来满体香"，幸福之态挂上眉梢。

"桂林山水甲天下"，身临其境，顿生"青山不墨千秋画，绿水无弦万古琴"之感。

千古丹霞 灵秀泰宁*

深秋时节，雨后初阳，天高云淡，风清气爽，数十位退休老人，奔赴福建泰宁，畅游了大金湖、寨下大峡谷和上清溪。观丹霞地貌之雄，赏野性山水之幽，听客家民俗故事，览古镇文化之韵。人人心爽神怡。个个身心增健。

碧水丹山画中游

泰宁的大金湖素有"天下第一湖山"之誉，乘游船在甲板上远眺，满目浩瀚碧水，丹山峰林，山弯水绕、岛湖相连。山间云雾缭绕，情侣峰、峨嵋峰和双乳峰的山影在碧水中飘荡。弥勒佛、伽蓝菩萨、达摩颂经，自然天成，丹霞斑斓、群峰峥嵘，展现出一幅幅绚丽多彩的画卷。

临湖的甘露寺，闻名遐迩，它悬于两岩崖之间，右岩为鼓，左岩似钟，庙在其中，中央独柱插地，层楼叠阁，皆负其上，如此独特设计，真乃妙不可言，有古诗赞曰："兰若半空中，云山第几重。瀑流千丈练，鹤宿五株松。晓钟禅房黑，霜林染红叶。悬岩回首望，归思过前峰。"湖边的"一线天"，峻峭神奇，两侧百米高岩，夹一天梯栈道，岩壁石阶陡窄，只容单人匍匐弓腰上行，微光如昏，仰天而视，"残天一线"，大有登天之感。到得岩顶，人人汗湿涔涔，无不感叹大自然的深邃和神奇。

* 原载《江西教院报》，2009-04-15。

第二篇 漫谈采华

古镇文化留遗韵

夜晚徜徉于古镇小巷,觅古寻踪,听水流潺潺,看木质巨轮悠悠轻转,座座牌坊泛着青光。漫步于"尚书第"和"世德堂",栋栋古宅门前的灯笼红光四射,令人顿发怀古之幽思。江里流水浅唱,桥上灯饰如虹,沿江边220尊青铜雕塑,形态各异,栩栩如生。驻足于铜铸的《泰宁赋》前,"隔河两状元,一门四进士,一巷九举人"的科举盛事,为这方山水留下了浓浓的书香,也充分展示了闽越古文化的遗韵。时至今日,仍让人感慨万千。

峡谷风光雄且幽

寨下大峡谷是泰宁的样板景区,峡谷里古树成林,郁郁苍苍。密密竹林,空气幽新;节节草繁茂苍翠摇曳迎客;野菊花临风,频频送香。丹霞巨岩,上翠下红,红岩布满洞穴,织就"天书"图画,"问天崖""通天岩""山崩""地裂",巨岩震撼人心;堰塞湖上的木桥栈道,弯曲有致;"将军藤"长满巨岩峭壁,叹生命可以这般顽强。顺山径弯转前行,一路秋风送爽,神秘、野性的峡谷风光,令人难忘。

溪间弯转任漂流

上清溪是泰宁山水的极品,它藏于深山幽谷,赤石翠峰之间,两岸奇岩雄立,溪涧千回百转,众人坐在竹筏上,由艄公导航,顺溪漂流,穿梭于深山峡谷和幽林之中。竹筏刚滑过浅滩,继而漂向深潭;眼见前方红岩阻水,转弯又见绿洲;时而巨岩夹筏,穿过"水上一线天",忽又岸边高岩对峙,漂过如镜水面;即时阳光灿烂,瞬间浓荫蔽日;转一景如开一扉,赏一景似翔一梦。长谷曲水,鸟歌绿林,山水如此美好,让人们感受到"山中两小时,世上已千年",一切世俗尘土都被山水过滤，淘洗得干干净净。

　　泰宁境内千古丹霞，景象万千，群峰连绵，碧水幽雅，山水交融，景色秀丽。奇洞美石、古寺险寨、古木山花、渔舟农舍相映成趣，人文厚重辉煌，名镇古韵犹存。处处皆灵秀，无处不风光，游人看了还想再看，来了就不想走，大家纷纷表示有机会一定再来。

构建新自然观，实现人与自然的和谐相处*

党的十六届四中全会提出了构建社会主义和谐社会的目标和任务。最近胡锦涛同志在省部级主要领导干部提高构建社会主义和谐社会能力专题研讨班的开班式上指出：社会主义和谐社会应该是民主法治、公平正义、诚信友爱、充满活力、安定有序、人与自然和谐相处的社会。怎样构建社会主义和谐社会成为 2005 年"两会"的核心议题，引起世人的关注。现仅就"人与自然和谐相处"这一论题谈谈学习的体会。

"人与自然和谐相处"是社会主义和谐社会六个基本特征之一，它和其他五个特征是相互作用、相互联系、相互影响的。如果人与自然的关系不和谐，必将造成自然资源的枯竭，生态环境的污染和破坏，经济无从发展，人民喝不上干净的水，呼吸不上清洁的空气，吃不上放心的食物，必然引发严重的社会问题。所以说，人与自然和谐相处按自然规律办事，科学地利用自然，使之长久地为人们的生活和社会的发展服务，具有重要的意义。

胡锦涛同志说："人与自然和谐相处就是生产发展，生活富裕，生态良好"。这是人与自然和谐相处要达到的三项具体目标和要求，要实现这些目标必须坚持科学发展观，实施可持续发展战略，而最关键的是在人与自然关系上努力构建新的自然观，以新自然观统率生产，指导生活，促使生产，生活和生态和谐协调地发展。

---

* 原载于《江西教院报》，2005-04-30。

一是生态自然观。我国最大的生态环境问题是自然生态的恶化，这源于人们思想观念和行为的偏差。由于近代"人类中心主义"的产生和主导地位的形成，把人类看成为超自然的存在体，傲然凌驾于自然之上，将人与自然之间视"对立、对手、对抗"的关系。在这种思想的主导下，人类完全以自己的需要为轴心去对待自然，任意地、无节制地向自然索取，造成了对自然的极大破坏，导致了生态危机。今天，我们必须进行严肃的反思，走出"人类中心主义"，建立起新的生态自然观：人是自然长期进化的产物，是自然的一部分，是自然界的一个生物种，具有一定的生物属性受生物学规律的制约；人类的生存离不开自然，他必须从自然获得生活的资源，时刻与自然进行着物质和能量交换；人与自然是一个相互作用、相互影响、高度相关的统一体，如果我们伤害了自然，就是伤害人类自己；人类必须跟自然"共生、共存、共荣"和谐共处，人类又是智慧生物，应该以自己的智慧去促进和维护自然的稳定，自觉成为人与自然和谐的调节者，使人类与自然共同进化协调发展。

　　二是自然有限观。自然资源是有限的，对于非再生资源，由于人类的利用，只会逐渐减少，不会增加。自然生态系统的物质生产是有限的。它受到各种生态因素的影响，不可能无限地增长，因此，人类对自然资源不能任意索取，低效利用，随意遗弃。也不能进行盲目地掠夺式开发，造成资源的枯竭，应切实贯彻可持续发展的原则，把对资源的开发利用控制在维护生态潜力的范围内，以持续利用。还必须认识到生态自然环境自我净化能力是有限的．如果人类把生态环境视为"垃圾场"，无节制地排放废弃物，将会造成环境的严重污染，导致生态平衡的破坏，人类将自食恶果。在生产时要坚决抛弃传统的高消耗、高污染、低效益的发展模式，走科技含量高、经济效益好、资源消耗低、环境污染少的新型工业化之路。要大力倡导清洁生产，实施循环经济，建设节约型社会，促进自然资源系统和社会经济系统的良性循环。在生活上要选择健康、文明、绿色的生活方式，倡导合理消费、适度消费和绿色消费，着眼于对物质的充分利用和精神生活的完善，追求一种超越物质消费的更高层次的目标，使精神文明不断升华和发展，为自然生态环境的不断优化创造条件。

三是自然价值观。自然界是一个多样性的价值体系，包括生态价值、经济价值、科学价值、美学价值、多样性和统一性价值、精神价值等。其中，生态价值是最大最重要的价值，因为它为人类提供了诸如空气，水等生命要素和适宜的空间，由于它具有无形的、潜在的、永久性的特征，常被人们所忽视。不少人受功利主义的驱使，经常牺牲长远的生态价值获取一时的经济利益，造成生态环境的日趋恶化。所以，我们在评诂自然的价值时，应把生态价值放在首位，在不削弱或破坏自然生态价值的基础上兼顾多维的价值利益，让自然得以正常的发展。

四是自然伦理观。所谓自然伦理是把调整人与人，人与社会之间相互关系的传统道德的视野扩展到自然，将人与自然的关系作为伦理关系来对待和把握，把人类涉及自然的行为作为伦理行为来规范。自然伦理观提出了自然界所有生物都享有不受污染和破坏的环境权利，享有持续生存与发展的权利；人类对自然界有保护的责任和义务，要求人类调节自己的行为，把对自然的损害减到最小，以免对生物物种造成伤害，更不能由于人类的活动使物种走向濒危或灭绝。要将生态系统作为一个整体来保护。在生态系统中，各生物物种都有自身的价值和存在的意义，不能以对人类是否有利的单一标准进行益害分类，不能对人类有益的生物无节制地获取。应做到适度利用和保护；也不能对人类有害的生物斩尽杀绝，而应实施调控，使其危害降到最小限度，从而使生物都能在生态系统中发挥其功能作用，保持生态系统的稳态。

让一切创造社会财富的源泉充分涌流[*]

江泽民同志在党的十六大报告中，有句我最为赞赏的话，这就是"放手让一切劳动、知识、技术、管理和资本的活力竞相迸发，让一切创造社会财富的源泉充分涌流"。这句话不仅预示了中国全面建设小康社会进程将迎来的新局面，展现了建设中国特色社会主义生机勃发灿烂辉煌的前景，同时大大增强了人们对全面建设小康社会必胜的信心，具有极其深刻的理论和实践内涵。正确地解读它，对于提高理论水平，观察社会和指导工作都具有重要的意义。

要理解"让一切创造社会财富的源泉充分涌流"的深刻含义，首先要明确什么是社会财富。社会财富是自然资源和人类积累的劳动产品，包括物质产品和精神产品，它表现为人类生存和发展所必需的生产资料和生活资料。其次要了解哪些是创造社会财富的源泉。以往的观念认为"劳动是创造财富的唯一源泉"，党的十六大报告要求"放手让一切劳动、知识技术、管理和资本的活力竞相迸发"，所指出的劳动，知识、技术、管理和资本都是生产力发展的要素，都是创造社会财富的源泉，这是十六大报告的一个理论创新的闪光点。最后，怎样才能让一切创造社会财富的源泉充分涌流？其前提条件是要让这些创造社会财富源泉的活力竞相迸发，只有活力的竞相迸发，才能迎来财富源泉的充分涌流，社会财富才能得到不断积累和极大丰富，全面小康社会才会有坚实的经

济基础。

那么，怎样才能激发这些生产力要素的活力呢？关键就在于"放手"。"放手"就是要坚持和深化改革；一切防碍发展的思想观念都要坚决冲破，一切束缚发展的做法和规定都要坚决改变，一切影响发展的体制弊端都要坚决革除。要冲破障碍，解放束缚和革除弊端，就要求：一要团结。团结那些为祖国富强贡献力量的社会各阶层的人们。包括知识分子在内的工人阶级、广大农民、民营科技企业的创业人员和技术人员、受聘于外资企业的管理技术人员、个体户、私营企业主、中介组织的从业人员和自由职业人员。二要尊重。要"尊重劳动、尊重知识、尊重人才、尊重创新"，要尊重一切有益于人民和社会的劳动，包括体力劳动和脑力劳动，简单劳动和复杂劳动，要尊重知识，要善于学习前人的科学知识，掌握先进的科学知识，并大力推进知识创新；要尊重人才，学会识别人才、培育人才、凝聚人才、关爱人才和重用帅才，使他们的才智充分喷涌，为创造社会财富贡献力量；要尊重创新，江泽民同志指出："创新是一个民族进步的灵魂，是一个国家兴旺发达的不竭动力。"我们要倡导创新精神，建立创新机制，营造创新环境，尊重创新实践，重视创新成果，以创新求发展，加速社会财富的创造。三要鼓励。要鼓励人们积极创造社会财富特别要鼓励非公有制经济的发展（如鼓励民营企业的发展壮大，鼓励民间资本投资基础产业和基础设施），鼓励海内外各类投资者在我国建设中的创业活动。还要着重鼓励产学研的结合，支持大专院校以不同形式与企业合作，加速科研成果的转化进程。四要保护。要保护为祖国富强贡献力量的社会各阶层人民的合法权益，保护他们合法的劳动收入和合法的非劳动收入。以前人们总认为非劳动收入等同于剥削，这种观念必须改变，非劳动收入只要是合法的，应该被看作是对中国特色社会主义事业所作的贡献，应该受到法律的保护，这样就能大大激发人们创造社会财富的热情。这也是党的十六大新

道法自然 扶隐发微——生物学教研及科普文集

思想的闪光点，它为非劳动收人正了名，体现了共产党人实事求是，与时俱进的品质。还要保护发达地区优势产业和通过辛勤劳动与合法经营先富起来人们的发展活力。同时，要高度重视和关心欠发达地区及比较困难的行业和群众，帮助他们解决就业问题和改善生活条件。

为了使"一切创造社会财富的源泉充分涌流"，必须贯彻"三个代表"的重要思想，实事求是，与时俱进，革除一切不合时宜的观念、体制和做法，最广泛最充分地调动一切积极的积极因素，不断为中华民族的伟大复兴增添新力量。我们可以预期，一个"劳动、知识、技术管理和资本的活力竞相迸发，创造社会财富的源泉充分涌流"的新局面必将到来。

第二篇　漫谈采华

构建和谐社会人人有责*

　　构建社会主义和谐社会是党的十七大的亮点，在胡锦涛总书记的报告和修改通过后的党章里，对它的要求、性质、历史任务、实现途径和具体方略都作了明确的阐述，指出了构建社会主义和谐社会是发展中国特色社会主义的基本要求，是中国特色社会主义的本质属性。它是贯穿中国特色社会主义事业全过程的长期历史任务。实现和谐社会，需要全方位的努力，要通过科学发展增加社会物质财富，不断改善人民生活，保障社会公平正义；要努力使全体人民学有所教、劳有所得、病有所医、老有所养、住有所居；要建设和谐文化，弘扬爱国主义、集体主义、社会主义思想，增强诚信意识，加强会公德、职业道德、家庭美德和个人品德的建设，使人人自觉履行法定义务、社会责任和家庭责任，形成男女平等尊老爱幼、互爱互助、见义勇为的社会风尚，使之成为全体人民团结进步、社会和谐的重要精神支柱，从而达到民主法治、公平正义、诚信友爱、充满活力、安定有序，人与自然和谐相处的总要求，形成全体人民各尽其能，各得其所而又和谐相处的局面；在党内，要求党员干部成为科学发展观的忠实执行者，社会主义荣辱观的自觉实践者，以促进社会的和谐；要积极推进党内民主建设，以党内民主带动人民民主，以增强党内和谐促进社会和谐；要充分发挥基层党组织推动发展、服务群众、凝聚人心、促进和谐的作用。所有这些创新的理论和长

---

　　* 原载于《江西教院报》，2007-12-30。

期的实践，我们完全可以信心百倍地相信社会主义和谐社会一定能够实现。

党的十七大关于和谐社会的构想，还进一步向国际上延伸，提出了"和谐世界"的主张，这是中国外交工作的新理念、新突破和新要求，是对我国长期奉行独立自主的和平外交政策的总结，也是我国外交理论的一个重大发展。"和谐社会"和"和谐世界"在价值观与政治逻辑方面是一致的。二者相辅相成，相得益彰："和谐世界"强调了在国际关系中弘扬民主和睦、协作共赢精神，主张各国之间相互尊重、信任、借鉴合作和帮助，共同繁荣和发展，体现了互利、共赢，可持续的新发展观和尊重多样性、相互包容的新文明观，向世界昭示了我国始终不渝地走和平发展道路的方针和决心，也让世界感受到我国践行和谐世界理念的习习"和风"，赢得了世界的理解和认同，大大提高了我国的国际声望。关于和谐社会的建设，党的十七大提出了"社会和谐人人有责，和谐社会人人共享"的号召。社会是由人群组成的，社会的和谐关键是人的和谐，包括个人自身的和谐和人际之间的和谐。个人和谐的根基是心和，古语说："心和则气和，气和则形和，形和则声和，声和则天地之和应矣！"我们都要把自身打造成为心和之人。心和的人拥有兰心蕙质，厚德载物，雅量容人，会推功揽过，能屈能伸，处事方圆得体，待人宽严得宜；心和的人能平等待人，诚恳待人，宽厚待人，以理服人，听得进，容得下，想得开；心和的人善于用科学精神、人文精神和灵性精神来调节内心的平衡，能以"物我同舟，天人共泰"来处理人与人之间的关系和人与自然的关系；心和的人表面平凡，实则内聚，心中有坚实的意志，才智玉蕴珠藏，亦非平庸之辈。只有心和才能促进家庭和睦，人际和顺，社会和谐。人际和谐是社会和谐的基础，人与人之间要做到温和、谦和、和蔼、和解、和合，为人处事要和风细雨，和颜悦色；谦以待人，不骄傲自满，虚心以对，谦卑退让；不暴不虐，态度亲切；要尊

187

重差异，色容多样，豁达一点，谅解一点；要同心协力，克服困难，和衷共济。

人心和、人际和则社会和，人与自然也和，势必乾坤朗朗，霁日光风，祥瑞普降，万木葱茏，这是日月运转、云行雨施、不舍昼夜的天地之大美。让我们树立和谐意识，明确促进和谐的个人责任，践行不懈，从而促进社会的和谐和世界的和谐。

科学素质刍议[*]

为落实党中央关于"建设创新型国家"的伟大号召，国务院颁布了实施（全民科学素质行动计划纲要》，其中指出科学素质是公民素质的重要组成部分，是每个公民都必须具备基本的科学素质。胡锦涛同志论社会主义荣辱观所提出的"八荣八耻"，其中有"以崇尚科学为荣，以愚昧无知为耻"，充分说明了每个公民具备基本的科学素质对于建设创新型国家的重大意义。

什么是基本的科学素质呢？就是指"了解必要的科学技术知识，掌握基本的科学方法，树立科学思想，崇尚科学精神并具有一定的应用它们处理实际问题，参与公共事务的能力"。具体地说，我认为要着重了解正在改变人类生产方式、生活方式和学习方式的信息科学和具有重大突破并正在引领新的科技革命的生命科学和生物技术以及对人类生活质量具有重大影响的物质科技、能源科技、环境资源科技和空间科技；并掌握观察、调查、实验、分析、判断、假设、推理、验证、反馈的修正的基本科学方法；要树立辩证思维、有序思维和严谨的实事求是的科学态度；要崇尚勇于探索、不断创新、永无止境的科学精神。素质的基本是实践，在实践中体现和发展，所以具备基本的科学素质，目的在于应用它们来处理人们在生产、生活、学习和社会的实际问题，并具有参与社会公共事务的调查、研讨、科学决策、宣传和实施的能力。如果每个

[*] 原载于《江西教院报》，2006-06-15。

第二篇 漫谈采华

公民都具有基本的科学素质，必将大大促进国家经济、文化的发展、使社会更加稳定与和谐。

提高全民的科学素质，是政府引导实施、全民广泛参与的社会行动。就高等院校而言，我们可以做些什么呢？首先，应加强学院对科研工作的领导，积极开展科学教育和科学普及活动，举办科学技术专题讲座，鼓励教师进行科普创作，要改变以前认为"科普作品是小儿科"的旧意识，把科普作品纳入业绩的考核范围。其次，可以设置科学教育专业，扩大该专业的招生数量，同时加强对中小学科学教育的师资培训，为提高全民科学素质培养人才。最后，对于自然科学的教学方面必须强调在讲授科学技术知识的同时应着重揭示和渗透科学的内在精神和文化，只有科学知识进入人的认识本体，渗透到他的生活和行为中，才能成为素质。

当代的大学生，更要充分利用各种教育资源，提高自身的综合素质，文科专业的学生要兼顾科学素质的培养，理科专业的学生要兼顾提高人文科学素养。每一个大学生都必须确立科学的理性意识，建立理性化的思维方式，培养强烈的求知欲望，战胜困难，不断向高处新处发展，体现科学精神的本质——永远向前！每一个大学生都要着意将人文精神内化为品质和价值观念，形成高尚的思想情操，高雅的文化品位和健全的人格品性。做到科学与人文相互交融，共生互动，双向提高。

科学求真，人文求善，只要你具备"真"和"善"的素质，必然达到"美"的新境界。科学和人文又如一对翅膀，有了它，你就能够起飞，翱翔于蓝天，你就能够在社会上纵横驰骋，为国家和社会的进步作出贡献。

道德·规范·学风*

在一次省级专业教育年会前，收到来自省内各地区中等学校教师提交大会参加评奖的论文 80 多篇，因受邀在会上作论文综述报告，故通读了全部论文，意外发现有 6 篇论文基本相似，其中有 4 篇完全相同，两篇仅在个别小标题里作文字上的改动，其行文完全一致。这 6 篇论文来自 5 个地区的不同学校，为什么会如此雷同呢？猜想它们可能源自某刊物发表的论文，于是分别检索了数种专业教育期刊的目录，很快找到了这 6 篇论文的母本，对照细读，证实了它们都是该母本的"克隆"产品。

"克隆"他人的论文，是一种学术腐败的表现，是为追求名利。如果论文在省级学术大会上获奖将有利于职称的评聘，同时提升了自己的地位，并兼收了荣誉。一字不漏地抄袭他人的成果，从道德层面上看，则是学术道德的败坏，其行为已处于根本道德的底线之下，已无诚信可言，当何以为学？何以为人？

这个案例也反映出人们普遍存在的学术失范，缺乏尊重他人成果的学术意识，对于抄袭、剽窃的行径不以为然，更有人以"天下文章一大抄"为自己解嘲。同时也暴露了现行的学术评价制度存在缺陷和弊端，即注重量化评价，只看重论文的数量和获奖情况，而偏离了质性评价。

学术腐败的频出，学术道德的缺失，学术规范的旁落，已成为一种

＊ 原载于《江西教院报》，2006-03-15。

第二篇　漫谈采华

社会现象。联系韩国黄禹锡学术造假事件，其危害甚为深远，也与中央提出的建设创新型国家的战略背道而驰，需要采取全方位的措施加以扼制。就本案例而言，从继续教育和中小学师资培训的角度来审视，将学术道德、学术规范和学风教育列为培训的内容，是大有必要的。

教育的感悟[*]

（一）

初夏的一天，在八一公园遇见一对老年夫妇，那男的问："您是郑老师吧？我是您的学生啊！"接着道出了他的年级和姓名。时隔30多年，我极力回忆着他当年的模样。他的老伴在一旁说："他平时在家里常叨念您对他的帮助很大，令他终生难忘。"我茫然不解其意，几十年没有见过面，遑论帮他？他深情地说："因当时家境不好，学习不力，成绩欠佳，您不但没有批评我，还在我的练习本上写了整整一页的评语，指出了我的优点和长处，并说了许多鼓励的话，对我的启发和帮助是很大的。直到现在，我还保存着那个练习本呢！我一生坎坷，在人生路上每当遇到困难和挫折，就会拿出那个练习本，您的鼓励和帮助，使我重新鼓起生活的信心和勇气。"我很是激动，究竟在练习本上写了些什么，已无从忆起，更没想到在学生的练习本上写些鼓励的话，竟让学生珍藏几十年，还在人生过程中继续激励着他。

感悟：赞赏和激励才是真正引人向上的力量。教师应该坚持"扬长教育"，重在发现学生的"亮点"，从而增强学生的自信，有利于学生的发展。

---

* 原载于《江西教院报》，2007-02-15。

第二篇 漫谈采华

（二）

在校园里，遇见来参加校长班学习的一名校长，他曾在教育学院学习过。在交谈中，该校长说："毕业后在中学教书，五年后被任命为一所初级中学的校长。该校在农村，办学条件极差，校舍简陋，师资不足，图书很少，工作中遇到很多困难。但是每次遭遇困难的时候，就会想起您在一次报告中说过的一句话：'办法总比困难多'。于是便会信心百倍地想方设法去战胜困难，使学校的发展不断上新的台阶，终于改变了学校的面貌，得到了公众的肯定。"其实，"办法总比困难多"是一位大师的名言，我只是在讲话中加以引用而已，没想到让他记住了，并成为克难向上的动力。

感悟：说话是一种智慧，一种人生艺术，教师对学生应尽可能多介绍一些富含哲理的名言，因为它言简意赅，词近旨远，启迪智慧，力量无穷。

（三）

学院有一名临近毕业的学生对我说："就要毕业了，不知道今后该走什么路，头脑一片空白。"我对他说："人生过程需要不断地确立奋斗的目标，你读高中的时候，其目标是考上大学，现在大学就要毕业了，你应该根据自己的现实情况，选择自己正确的道路，确立新的目标。"并摘录了一节《青春之歌》的歌词送给他："……青春是冲天的鸟，给自己一个目标，让青春为它燃烧，当穿越彩虹的时候，再分享彼此的骄傲……"他经过分析和思考，确立了报考研究生的目标。三年后的元旦，突然收到他寄自华东师范大学研究生院的贺年卡，卡上的文字是"目标·燃烧·彩虹·谢谢"。

感悟：教师是学生成长的舵手和航标，是学生的启发者和引导者，是将学生引上追求完善的道路的导师，并给予不断前进的动力。

阳光育人随想[*]

俗话说："万物生长靠太阳"。在阳光的照耀下，生命万物就会生长、发育和成熟。高校服务的对象是学生，他们都是成长中的人、发展中的人、正在走向成熟过程中的人，同样需要阳光的哺育。阳光普照，朝霞灿烂，祥云遍布，使人心胸升腾，充满希望；阳光带来温暖，人人生机蓬勃，活力四射，有利于学生积聚"光能"，日后走上社会，释放能量，散发光芒，成为推动社会前进的力量。

"阳光育人"的理念注重引导、唤醒、鼓励和赞赏。要引导学生树立远大志向，学会规划自己的人生。我国著名的雕塑大师刘开渠说："人生也是可以雕塑的。"我们要促进学生按照自己的人生规划努力塑造自己，不断完善自我，成人成材；要重视心灵软件的塑造，及时把某些学生的心灵唤醒，在前进的道路上指点迷津、牵引困惑、摒弃偏执、走出郁闭；要给微小的进步以热情的鼓励，给初试的成功以真诚的祝福，在遭遇困难与挫折时给予激励和扶持，让他们在曲折的道路上通向顶点，获得成功；要赞赏和保护他们的灵性、天性和野性，赞美他们的特殊兴趣，欣赏他们的奇思妙想，爱护一切的好奇心。让鼓励和赞赏成为真正引人向上的力量，让每个学生的聪明才智充分涌流。

"阳光育人"极力推崇"扬长教育"，以弘扬每个学生的长处、优点和闪光点为中心。生物学里有个"个体基因优劣协同律"，指的是每

---

* 原载于《江西教院报》，2008-12-15。

个个体都有优质基因和劣质基因，即每个个体都有优点和长处，也都有缺点和短处，不能一味地在缺点上唠叨、批评和打压，而应该把目光专注于长处，发现和发掘每个人的优点和亮点，并倾其力将这一切发挥得淋漓尽致，就会走向成功。

"阳光育人"主张承认个体间的差异性。差异性是客观存在的，在形态、个性、智能和心理上不存在 100% 相同的个体，只有类似，绝不相同。个体间的差异性是金，是一种宝贵的资源，我们要尊重差异，了解差异，让差异性共存。切忌求全责备，也不能按照一个既定模式框架去套用每个学生，尽可能做到一把钥匙开一把锁，好让各自的差异性放出光芒。

"阳光育人"强调"阳光心语"，要以温馨的话语关爱学生，以民主、平等的心态与学生沟通和交往，做到心与心的交流，努力践行以生命传递生命，以心灵碰撞心灵，让心语转化为前进的动力。

"阳光育人"可使学生在鼓励中建立自信，在欣赏中赢得自尊，在信任中学会自律；可以放开心思，以昂扬的生命姿态去追求高尚的思想情操、高雅的文化品位和健全的人格品性，从而开放生命的空间，促进他们在无限的时空里纵横驰骋，走向成熟的明天。

生命的感悟*

著名科学家海德·贝利说："生命教育的最高境界是对生命的感悟。"我们不妨进行一次自我的生命教育，以感悟生命的风采、生命的美丽、生命的跃动、生命的旋律、生命的力量和生命的挑战，从而增强生命的意识，认识生命的价值，提高生命的质量。

生命是美丽的，我们要欣赏生命；生命是神圣的，我们要尊重生命；生命是崇高的，我们要使生命变得高尚；生命是伟大的，我们要提升生命的价值；生命是顽强的，我们要敬畏生命；生命又是脆弱的，我们要善待生命；生命是有限的，我们要拥抱生命；生命只有一次，不能重复，不可替代，我们要呵护生命；生命是一个过程，逝去了，永远不会复归，我们要珍惜生命。

生命具有物质性和精神性。物质是打造生命的材料，是生存的基础；精神是生活的灵魂，生命活在精神里。生命具有恒向和恒力，它推陈出新，代代繁衍，生生不息；生命无比神奇，它"可上九天揽月，可下五洋捉鳖"；生命极富活力，少年勇猛，青年蓬勃，中年豁达，老年豪迈；生命充满智慧，它善于发明，长于创造，成为万类之灵；生命蕴含无限的潜能，永远值得期待和希望。

生命在于平衡，平衡是生命的保证，平衡是一种力量，是生活的定力，是人生的定海神针，我们要做到营养平衡、酸碱平衡、动静平衡和

＊ 原载于《江西教院报》，2007-09-15。

心理平衡；生命在于有序，有序是生命的象征，有序则生，无序则亡，我们要做到起居有序，生活规律；生命在于适度，适度为金，过度为草，适度得福，失度则灾；我们要善于调控生命，做到饮食适度、劳逸适度、悲欢适度；生命在于自救，要善于洞察自我生命的细微变化，做到忧靠自排，怒须自制，愁要自解，恐要自息，病要自察，喜要自节，趣要自导，乐要自得；生命在于从容，从容地生活就是一首诗，从容则有余年，从容才有平实健康的生命，我们要做到不急不躁，宠辱不惊，不张扬、不畏惧、不悲伤、不绝望，给予生命一份从容的平安；生命在于快乐，快乐是生命的黄金，是生命开出的花朵，是生命闪光的品性，是人生的第一定律，快乐是最好的药物，是长寿的秘诀，我们要把快乐当作贯穿生命的主线，经常在心里种花，常怀一颗欢喜心，促进肢体的健康、心灵的愉悦；生命在于健康，体壮曰健，心怡即康。健康是金，健康是福，是生命的基础，是人生的第一财富，拥有健康才能拥有一切。我们要学会储蓄生命，微调健康，积累健康。

生命无比珍贵，我们不只是要延长生命的"长度"，也要致力于生命的"密度""宽度"和"深度"，提高生命的质量，在享受生命的同时，展示生命，奉献生命，超越生命。

心态与名言*

　　心态是指人们对外在事物作出现实反映的心理状态，是一个人的价值观的直接体现。每个人在生活过程中必然会遇到诸如顺利、成功、获得、挫折、失败、损失等情况，从而产生褒、贬、惜、怨、喜、怒、忧、悲的心理。但由于种种原因，人们对外在事物的反映常常走向偏激，出现乐极生悲、怒而妄行、哀而不争的种种心理失衡之态，以致造成对自己或他人的伤害，也不利于社会的和谐。因此，学会调控自己的心态，对客观事物有比较恰当的反应，是很有必要的。怎样才能调节好心态呢？笔者认为有两则名言可供借鉴。

其　　一

　　"宠辱不惊，望天上云卷云舒。去留无意，看庭前花开花落。"

　　"宠辱不惊"："宠"可泛化理解为顺利、成功，得到关爱、受表扬、获好评等等；"辱"则是在语言、行为上受污辱、遭受挫折和失败、被忽视或贬低、出错误、受批评等等。这时，可用"望天上云卷云舒"来调节心态：受"宠"之时，似如"云舒"，蓝天白云，阳光灿烂；遭"辱"之时，犹如"云卷"，黑云滚滚、风雨交加。受"宠"之时，要想到蓝天白云并不能永驻，还会有"云卷"日子的到来，还会出现"山重水复疑无路"的时候，故而不要得意忘形，骄傲

第二篇　漫谈采华

自满，而要谦虚谨慎，继续努力，未雨绸缪，防微杜渐，持续发展。遭"辱"之后，要想到黑云风雨将会消失，还会有"云舒"日子的到来，故而不要灰心失望、怨天尤人、一蹶不振。要善于反思，吸取教训，把挫折和失败化为动力，勇敢地站起来，高歌猛进、东山再起，必定会迎来"柳暗花明又一村"，这就是"不惊"的平和心态了。

"去留无意"："去"可以理解为失去，如财物的损失，精神名誉的损毁等等；"留"则是得到的，如获得财物、美誉，得到物质或精神奖励等等。"去留"是人生应有之义，该保持怎样一种的心态呢？可用"看庭前花开花落"来加以调节，"去"似如"花落"了，"留"即是"花开"了。当"去"之时，虽然花落了，但要想到花还会再开的啊！当"留"之际，虽说花开了，还会有花落之时，这样便能使自己远离患得患失，始终保持一种"清风徐来，水波不兴"的心态，达到"去留无意"的境界。

其 二

"临乱世而不惊，处方舟而不躁。喜迎阴晴圆缺，笑傲雨雪风霜。"

"乱世"可理解为面临突发事件，要自制镇定，做到猝然临之而不惊，进而冷静地寻找解决的办法，去化解各种突如其来的变故。"处方舟"是说置身于方形船上，航速极慢，泛指没有完成预期的目标，未能符合自己心愿，这时要力戒急功近利和浮华狷躁，做到坚忍稳重，义无反顾，举重若轻。

天有阴晴，月有圆缺，这是自然规律。人们的心情有愁有乐，人世间的缺憾遗恨更是常态，我们都要辩证地看待它。可不是吗？天阴使人愁，晴天人欢乐，又各有它的长处，常言道："阴愁出智慧，晴乐展新途。"圆月是美丽的，月缺时的月芽儿也是美丽的，其实世界上任何事情，"圆"总是相对的，"缺"总是绝对的，又何必去苦苦地求圆求全呢！倒不如高高兴兴地迎纳它。

雨雪风霜是自然现象，它不随人们的意志为转移，人生道路上遭遇似如雨雪风霜的逆境也是常有的事，我们都应该慨然面对它、傲视它，把逆境作为锻炼自己的机会和场所，学会在痛苦深处微笑前行，从而使自己变得更加成熟和坚强。

调节心态是按摩心理的艺术，要以辩证思维为指导，人们都明白世界万事万物的变化总是充满哲理的，鲜花与荆棘相伴，阳光与风雨同在，成功与失败并存。我们都要用生命的张力去应对它，做到冷眼观繁华，平淡对患失，成功不张狂，低谷不消沉，花开花落由它去，云卷云舒任自由，你将活得不再沉重。

"小"的遐想[*]

　　"小"与大相对，是指在体积、数量、范围、规模、力量与强度等方面不及一般的或不及比较的对象。"小"在一般人的眼里，它是弱者，不起眼，不引人注意，不被人们重视。有些人对"小"存有偏见，认为小就不好，小成不了大事，故而小事不做，小利不为，小胜即满，小过不省。如果我们辩证地思考，你会发现小也美丽，小也神奇，小亦有力量，小亦有特色，小有小的优势，小有小的贡献，切不可小看它、藐视它。

　　一株小草，从不索取，默默奉献，朴实无华，何等高尚；一朵小花，玲珑淡雅，馥馥播香，装点大地，活出美丽；小小蚂蚁，在洪波泛流之际，众蚁互抱成球，漂浮于水面，临岸而逃生，不可思议；小小鸟儿，羽色艳丽，婉转啁啾，凌空飞翔，自由而快乐。众生皆小，却活出了自己，活出了风采。

　　小小露珠，可升腾入云，飞翔于天际；小小滴水，终年不息，可以穿石；涓涓之水，轻轻流淌，波澜不兴，终汇大海；小小树叶，飘落水面，也能微波荡漾；一叶小舟，随波逐浪，可抵彼岸；一首小曲，可以拨动心弦，激动人心，催人奋进；几声哀乐，可使人们长吁短叹；万千事物，虽小又微，也能各呈其能，各展神奇。

　　小小米粒，可雕出一幅美妙的风景；小小木偶，可演出精彩的大

　　* 原载于《江西教院报》，2007-10-15。

戏；小小青砖，可以垒成长城；小小音符可蕴含作曲家丰富的情感；小小画布，可展示宇宙的广阔；尺水可以兴波，纸短也能情长。事物虽小，小蕴含着大，小中可以见大，小也可以变大。

瑞士达沃斯小镇，万户居民，两条小街。"世界经济论坛年会"历三十六年在此召开，每年有二千四百多位各国政要、世界重量级企业领导人与会。会议只许一人入场，自助服务，不指定坐席，发言机会平等，畅所欲言。如此平淡随意的会风，拥有巨大的吸引力，小小城镇，却也能魅力四射。

北京的"厉家菜馆"专事烹制祖传皇家菜，地处小胡同的平房里，每日只制作一桌晚餐，客人不许点菜，却也引得世界首富比尔·盖茨的赞赏，得到美国前财长鲁宾的青睐，后者食后还在一美元的纸币上书写"感谢伟大的晚餐"。小小菜馆，富有特色，质量上乘，当也闻名遐迩。

江西教育学院，校园小巧玲珑，林木繁茂，草地如茵，鸟语花香，美丽温馨。多元办学，百花齐放。小学、中学、大学一蒂三花；普高、成高、自考三元驱动，远程教育蓬勃发展；本科与专科并举，脱产与函授双行，干训与师训齐飞。师资雄厚，治学严谨，教学有方，踏实稳健。莘莘学子，勤奋顽强，自强不息，成人成材。规模虽小，小而美丽，小而精致，小而质高，是高等教育园圃里的一丛艳丽之花，它生机蓬勃，充满活力，欣欣向荣，永远美丽！

一切事物皆有度[*]

　　"度"，这里是指程度和限度，是事物的一种计量标准。一切事物皆有度，它是事物保持自己质的数量界限，是事物质变的关节点。在生活工作过程中亟需建立"度"的理念，俗语说："有度则盛，无度则衰；有度会赢，无度则败。"善于对"度"的调控是一种能力，是使事物发展达到预期目标的要素。

　　人们在把握事物进展的过程中，常会产生"失度"和"过度"两种情况。"失度"在这里是指事物发展未能达到一定必需的程度，正如俗语所说的"火候未到"，该到位的而未到位，也就是"不及"的意思，如过少、过短、过慢等。由于达不到一定数量的要求，就不可能达到预期的目标，不但行而无果，还会造成不应有的损失。"过度"是说事物的进展超过了一定的限度，如过多、过快、过头、过分、过火、过激、过誉、过谦等。老子曰："极而反，天之道也。"过度了，事物就会走向反面，失去生机，这是规律。如过多则滥、过火则糊、乐极生悲、酒极生乱、礼极情疏，过分疯狂的物质主义是一种愚蠢，过度的精打细算，处处与人计较，生活即失去乐趣。故人们常说过度为灾、过度为草、过度失春，可见过度难免出偏差，都会带来苦果，所以我们要力戒过度。

　　那么，怎样才能避免"失度"和"过度"呢？关键在于要做到

---

　　[*] 原载于《江西教院报》，2008-04-15。

"适度"。"适度"要求人们在事物进展过程中把握火候，把握分寸，避开并拒绝极端和片面，防止偏激的产生。"适度"又要求人们诚守"中道"，"中"可理解为居中、中心，中的优势在于可以承上启下，纵横四方，统领全局；"中"可远离两极，保持平衡，达到不偏不倚的境界，故人们赞赏说："适度是金，适度是宝，适度是福，适度为美。"因而，做事要做到适中，恰到好处；做人要做到恰如其分；生活上要做到饮食适度、劳逸适度、动静适度；心灵上要做到喜忧适度、怨而不怒、哀而不伤，豁达而不狂妄，谨慎而不拘泥，灵活而不圆滑，稳健而不僵化。适度是人生的大学问、大境界，要全方位地做到适度，就要学会自我调控，拿捏之间，全凭自己的智慧，需要有良好的思维分析能力、道德操守、文化修养、理论政策和业务水平。但它并非高不可攀，只要发奋努力，处处留心，你一定能真正体会到"适度"的巨大价值，享受着它给你带来的快乐。

处事从容日月长[*]

　　"从容"是指人的举止行动舒缓而不急迫，在事物发生变化时，能沉着、镇定、泰然、恬淡，大度以对。古语云："天地万物皆始于从容。"人们发现水从容，河流才一路逶迤，永不停息；云从容，雨才自九天抖落，汇入浩森的海洋；山从容，才以悍然的风度作岁月的见证。为人处事也须从容。从容的人，做事不急不慢、不躁不乱，不慌不忙，井然有序；从容的人不愠不怒，不惊不惧，不暴不弃；从容的人，自如而不窘迫，审慎而不猬躁，恬淡而不凡庸，坚韧而不浮华，义无反顾而举重若轻；从容的人，遇险境不惊，逢恶境不馁，处苦境不愁。故从容者才活得自在、快乐、本色、自然，才有真正平实而健康的人生，它也是一种和谐、健康、文明的精神状态和生活方式。

　　从容，要求人们面对外界环境的各种变化，无论是狂风暴雨，沧桑巨变，命运逆转，都能做到猝然临之而不惊，镇定自若，果敢善断而应对；在遇到困难时，不退缩、不躲避，不怨天尤人，要做到乐观向上，敢于向命运挑战，想方设法去寻找克服困难的途径；在遭挫折时，不灰心、不沮丧，勇于分析原因，吸取教训，树东山再起之雄心，重新奋起。

　　从容的境界，要求人们学会自制，只有能控制自己，才能控制事物，做到高朋满座时，不会昏眩，曲终人散后，不感孤独；既能坦然地

---

　　* 原载于《江西教院报》，2008-04-30。

迎接生活的美酒鲜花，也能洒脱地面对生活的刀风剑雨，能平静地寻找阳光和希望，以静制动去赢得新的胜利。从容的境界要求心灵的超脱，做到心灵淡然若水，轻盈飘逸，似高山无语，若深水无波；素净质朴，深邃执着；宽容谨慎，清淡简约；无旁逸斜出，不繁冗奢华；行为有取有舍，有收有放，有失有得，具有东篱采菊的超脱。

从容的优势在于能理智分析情景，以冷静掌握抉择，有勇气抛弃包袱，用真心追随智慧，能相对保持心态平衡，故从容者能无往而不胜。

古语曰："从容者气初也，急促者气尽也"，"人从容则有余年，事从容则有余味"，"处事从容者日月长"。学会从容做人，从容做事，你将会在人生道路上破雾拔障，变荆棘为坦途，走向新的辉煌。

关注细节*

　　"细节"在《辞海》中意谓琐细的事情，无关紧要的行为。"琐细、不紧要"使人们认为它只是大事里的细枝末节，微不足道，不影响大局，无伤大雅。其实细节是很重要的。老子曰："天下大事，必做于细。"大事之中包含着众多的细事，细事做好了，则大事可成也！

　　细节具有独特的功能，它能具体生动地反映事物发展的过程和特征，文学艺术作品中的自然景物、人物性格、事件发展和社会环境常常是通过细节的描写来表现的。细节可以预测事物发展的未来，它的细微表露能起到发扬光大或防微杜渐的作用；细节可以作为评估整体的参照物，人们可以从局部细节的表现来评估事物的整体，它能由点达面、由表及里、以浅达深、见微知著，从而获得对事物全方位的了解；细节可以识人，人们可以从人的外显细节来洞察内在的心灵，名家说"一滴水能反映太阳的光辉"，生活中的莞尔一笑、一声问候、一句慰勉、一个赞许的手势，虽然平常，却是生命的闪光点，是真实的、平和的和美丽的，都会使你感到亲切和温馨，给你无穷的力量。满脸怒气、皱眉斜眼、一句恶言、一个顿足，均能使你反感疏离、兴趣尽消、信心全无。故细节能体现人性的闪光，发现它就能慧眼识珠。

　　细节也能显示人性阴暗的一面，细心地去感受，就能明察秋毫。入木三分，了然于胸。

----

*　原载于《江西教院报》，2009-03-30。

生活上的细节谓之"细行"，古语云："不矜细行，终累大德。"上海某高校有个才子毕业生，应聘在某集团公司工作，高层管理者多次发现他的办公桌上堆了许多文件、零食、酒瓶和废旧杂物，这种随意散乱堆放杂物的细节，透视出此人的无序状态，他终被辞退。学院里常有一些不拘小节的细行，如手捧塑料碗杯，边走边吃，随手将碗筷丢于路边；啃食甘蔗随处吐渣；集体活动后，草地上却留下纸巾、果皮、水瓶等杂物。这些细行都折射出自我修养意识和生态环境意识的淡薄。记得某高校校长说过一句名言："大学生应该按精英人才的标准要求自己，塑造自己。"愿大家都能重视细节，时时在细行中律身，把自己塑造成为真正的社会精英。

人们常说"细节优化整体、细节成就完美、细节促进成功"，故我们应关注细节、积累细节，在细节上下功夫，则万事皆达！

学问思辨*

　　"学问"的原意是指学习和问难，后人则统称各种知识为"学问"。"学"是打开知识大门的钥匙，名家说："学习是人的第一特点，第一长处，第一智慧，第一来源，其他一切都是学习的结果，学习的恩泽。"庄子曰："吾生也有涯，而知也无涯。"人的生命是有限的，而知识是没有止境的，只有不懈地学习，才能获得新知，认识新事物。"问"是说在学习中遇到问题与疑难，问自己以求解，问他人释疑难。问与学紧密相融，既要在学中问，又要在问中学，问就是学，是进一步的学。

　　求学问要做到学与问相融，有些人只会学，却不会问，也不学"问"。古语云："不学问，非学问。"清代的郑燮说过："有学而无问，虽读书万卷，只是一条钝汉尔！"不会提问的情景也颇常见，有些专家学者在作学术专题报告时，会留些时间让听者提问题，但往往是听众提不出问题，令专家惊呼："最大的问题是没有问题！"也有些听者，有了问题，但不敢提问，生怕发问不当，让人笑话，没有面子。故我们应破除面子思想，做到不耻下问。不会提问和不敢提问，也跟现今的应试教育有关，学生只会答题，不会提问题，平时更少养成提问的习惯。

　　做学问要学会思辨，思就是思考，孔子曰："学而不思则罔。"只学书本的东西，不动脑筋思考，似会茫然不解。荀子说过治学要"如切如磋，如琢如磨"，切磋琢磨就是思考的过程，只有反复思考，才能抓住

----

　　* 原载于《江西教院报》，2008-06-15。

事物的本质，洞察事物的内在联系，方能对知识有透彻的理解。"辨"则是弃粗存精，去伪存真的过程，大千世界精华糟粕同在，真实与伪假并存，细心明辨才能获得真知。

学问在于积累。古今中外，有成就的人总是十分注意知识的积累，古生物学家贾兰坡说："搞学问就像滚雪球，越滚越大，不滚就化。"是谈治学要勤奋求索，持之以恒，越是积累越是丰富，停步不前，就会化为乌有。

学问重在应用。要求将所掌握的知识和本领运用到实践中，去为社会服务，推动社会的发展，去为人民造福，实现自己的理想。

国学《四书》之一的《中庸》提出"博学之，审问之，慎思之，明辨之，笃行之"的学习过程和认识方法，对人们如何求学问，至今仍然具有现实的指导意义。

读书之悟*

　　读书可以思接千载，如走天下，如入自然，得风月襟怀，感知人生世事；可以邂逅伟大的导师，汲取前人精神财富，拥有巨富的心灵；可以心随先哲游，神与时贤交，享用先人的妙想琼思，醒世妙喻；可以扩大精神空间、想象空间和美感空间；可以开茅塞、除鄙见，得新知、养灵性；可以开阔眼界，促进成长，激发创造，走向成功。

　　读书是要得到精致的知识，精致的知识没有重量，是可以随身携带的宝藏，一旦需要它，就可立时逸出。要贮藏精致的知识，关键在于"酿"，就是要在博览群书，广汇百家，积微起纤，摘取众长的基础上，对知识加以提炼，进行分析、比较、综合、归纳、重组，将知识化粗为精。读书最重要的是要获得智慧，知识是外在的，智慧才是内涵的，要把知识转化为智慧，就要善于思考，勇于探索，要能正着、倒着、反着、绕着从各种角度去思考，只有通过哲思，才能出智慧、获真知。智慧重在激发创新，要放开心思，富于想象，勇于假设，在理性思维的基础上引出新知。

　　读书也要有好心态，要有雅量和大度，对作者的思想观点不苟同、不固执、不苛求；要先看出所读之书的好处，再看到它的不足，这就像吃东西一样，摄取了营养；读书是长途旅行，只有歇脚的小站，没有终点，需要跋涉和耐力，故贵在长期读书；读书是快乐的事情，一本好书

---

　　* 原载于《江西教院报》，2008-10-15。

犹如一丛鲜艳芳香之花，要尽情欣赏它的美丽，享受它的芳香；也可把读书看成生活里最快乐、最精致的聊天，与书交谈，其乐无穷。

读书先要善于选书。我们生活在书的世界里，无法全数阅读，这就要学会选择。要选取有价值的书，一本有价值的好书，就是一个智慧的王国，它将使你受益无穷；要选经典的书，不朽的书，这类书历经时代的冶炼，仍然具有可读性，是人类真正的"智库"；要选些古代的书、国外的书、现代的书，古今中外尽皆览读，它会使你眼界大开，与时俱进；要尽可能选取原创的书，它原汁原味，真实凝重，耐人寻味；还可选读一些有关读书的刊物，此类刊物，都是经过名家或编辑从书海里萃取的精华，可谓含英咀华，把芳摘翠，细心摘读，必有所悟。

读书贵在得法。得到一本好书，先要阅读书的前言、序、跋、内容提要和后记，对书的旨要有大致的了解，进而通读全书。可循书家所提出的读书三步曲为指导，按"浏览——初读——精读"的顺序进行。所谓浏览就是约略地看一遍，即泛观之意；初读意谓初步地通读；精读则是选取书中的精华部分作进一步研读。书读多了，经验自然就丰富了，你一定会成为一个读书高手。

第二篇　漫谈采华

读报的体验[*]

  当今社会，不少人迷恋于互联网，认为鼠标一点，什么都有，对于报纸则弃之不顾。比较理想的做法是上网和读报二者兼顾互补，都不偏废。在这一思想的指导下，我常年与报为友，把读报看作生活的一部分，确实受益匪浅，也有了一些体验。

  报纸是"信息库"，时鲜新闻，可让你洞察世界政治风云变幻；报纸是"知识窗"，科技新秀、历史典故、哲理故事、名人轶事、美文欣赏等等尽皆揽拾；报纸是"社会万花筒"，有真善美，爱心善行感人至深，也有假丑恶，凶残犯罪，发人深省；报纸是"开心果"，高山流水、风景名胜、花鸟虫鱼、棋局茶道、轶闻趣事和幽默语丝，令你笑逐颜开；还有法律法规、理财经验、气象预报、灾害警示、医药健康、养生经典、心理调适等，它好似一个"超市"，里面的种种"信息商品"任君萃取，使你增知益智，成为你提高生活质量的向导。

  读报之先要会选报。报纸种类繁多，有全国性大报、地方报、专业报和文摘报等，不下数百种。现今的报纸已进入厚报时代，有些日报，每份多达 24 版，各报设置的版面内容丰富多彩，又各有所长，如国际要闻、中国大地、时事纵横、新闻评述、科学技术、经济发展、文化教育、军事体育、文学艺术、影视戏剧、专题周刊等不胜枚举。读报人在报类多、版面杂的面前，要充分利用可能看到的报纸资源，在普遍浏览

---

[*]　原载于《江西教院报》，2008-10-30。

的基础上，进行甄别和分门别类，按照自己的专业特点、工作需要、兴趣爱好和价值取向，精心选择报纸和版面，锁定它、持久地阅读，必然大有收获。

读报不能变成过眼烟云，要按照自己的需要去积累知识资料，从而扩大视野，吸取新鲜的知识，为我所用。自己订阅的报纸，可进行剪报，自拟若干专题，分袋放置，袋外可记载剪报的标题目录，以便查阅。公共报纸，见有重要内容，可借出复印，不能外借之报，其内容可以笔录，绝不放弃重要的资料。

读报可以与集报结合起来，以充分发挥报纸的作用。一般有两种做法：一是收藏报纸，收藏者选取一项世界或国家大事为主题，围绕主题而收集各种报纸的报道。笔者曾参观过以"香港回归"为主题的集报收藏展，其中有独具匠心的策划、精彩的独家报道、不同视角的摄影，铺天盖地，争奇斗盛，各具特色，从中可以了解香港回归的全过程，极具收藏价值。2008年恰逢中国北京奥运年和改革开放三十周年，各类报纸刊出专版、采访报道如火如荼，正是集报收藏的绝好机会，你不妨一试，一定会有新的收获。二是专类剪报，人们根据自己的兴趣和爱好，专事剪取报纸里的同类作品，如国画、书法、摄影、名人名言、标题插图等，将作品贴在厚实的彩纸上，装订成册，再加修饰即成为精美的图书。可见，在日常的读报中，只要你是个有心人，就可以在平日的报纸里淘出金子，得到意外的收获。

运动·休闲·健康[*]

——老年生活新篇

初夏时节，在铺满绿荫的第四、第五栋教工宿舍楼之间的空地上，一组色彩鲜艳的新型自助式健身器材，吸引了很多离退休的老职工，每天的清晨或傍晚，人们纷纷来到这里锻炼，欢声笑语，竞展新姿，形成学院住宅区一道独特的风景线。

你瞧！那三位年过古稀的老师"行进"在"漫步机"上，他们谈笑风生，情态悠然，其乐无穷；几位老年女教工围着"扭腰器"，各人站在一个转盘上，一边扭腰一边聊天，不时爆出清脆的笑声；耄耋之年的汤老师稳稳握着"腰背按摩器"的把手，有节奏地滚摩着腰部，显得心闲神定，神态自若；年逾八旬的陈老师对造型奇特的"太极柔推器"情有独钟，你看他双手转动着"太极圆盘"，那沉稳的马步架势，似乎隐含着无限的禅机；几个刚过花甲的"小子"仗着还结实硬朗的躯体，跨上"骑马机"，每天都要"狂奔几十里"，个个精神奋发，充满活力；还有那昂立的"上肢牵引器"，设计合理，高矮皆宜，如果你经常牵引着来回滑动的滚绳，定会使你臂力大增，肩背受益，许多人来到这里，都会情不自禁地拉上几个回合。

历经短短几个月时间，人们越发对这些健身器材的温和性和针对性产生浓厚的兴趣，许多人都做到持之以恒，锻炼已融入生活，成为不可

---

* 原载于《江西教院报》，2003-09-15。

或缺的一部分。更可喜的是，身体健康状况有了一定的改善，不少人自我感觉"头脑不再昏沉，步履变得轻松，腰背减轻了酸痛，四肢更觉灵活了"。大家可高兴了，在场锻炼的人无不交口盛赞江西教育学院党政领导、工会和离退休办公室办了一件实事，一件大好事，都认为这是江西教育学院贯彻落实"三个代表"重要思想，实践胡锦涛总书记提出的"权为民所用，情为民所系，利为民所谋"的具体体现。大家深信在学习贯彻"三个代表"重要思想的新高潮中，江西教育学院会与时俱进不断发展，今后的老年生活一定会更加美好，夕阳将会更显绚丽和璀璨。

第二篇　漫谈采华

附录

附录 1　中学生物学习指导（节选）[1]

第八章　遗传和变异

一、学习提要

本章包括遗传的物质基础、遗传的基本规律、性别决定与伴性遗传、细胞质遗传和遗传的变异等内容。

遗传的物质基础主要揭示了染色体、DNA、基因、蛋白质和性状之间的关系，从分子水平上概括地说明生物的遗传物质基础及其作用原理，是本章的基础知识。

遗传的基本规律主要阐明了染色体上的基因在生物的传种接代中的分配、传递和重新组合的基本规律，指出了这些规律对人类改造生物的重大理论和实践意义。

性别的决定主要说明性染色体的组成，决定生物性别发育的方向。伴性遗传主要通过典型实例分析说明载于性染色体上的基因表现有伴性遗传的现象。

细胞质遗传主要阐述了细胞质遗传的特点。

生物的变异主要阐明变异是染色体和基因在传递过程中发生变化的结果。

---

[1] 节选自江西人民出版社 1984 年版《中学生物学习指导》。郑清渊为节选部分主要编写者。

附

录

二、学习重点和学习方法

（一）重点

1. DNA 的结构和基本功能。

2. 染色体、DNA、基因、蛋白质、性状之间的关系。

3. 基因的概念和作用。

4. 遗传的基本规律：着重弄清三个规律的实质及内在联系。

5. 性染色体的不同组合决定性别。伴性遗传的概念和表现。

6. 细胞质遗传的特点。

7. 能遗传的变异的原因和特点。

8. 遗传和变异理论的实际应用。

（二）方法

1. 学习本章知识时可以"基因"为主线，将前后教材贯穿连结起来，因为遗传的基本规律实质上是基因在传种接代过程中的传递和变化规律，变异也都是基因、基因型或基因的载体的变化。

2. 关于遗传的基本规律和变异，要密切联系细胞学和生物的生殖等基础知识进行学习，如染色体的组型、结构和变化规律，减数分裂和受精作用等，了解遗传和变异的规律性实质上是遗传物质基础在生物的传种接代过程中的传递和变化的规律。

3. 三个遗传的基本规律，在学习时要注意弄清下面的问题：1）首先要掌握好基本概念，如性状、相对性状、显性性状、隐性性状、杂交、自交、回交、测交、同源染色体、等位基因、纯合体和杂合体、基因型和表现型等，只有明确这些名词术语的含义，才能对"杂交实验"问题进行正确的分析和总结。2）要以三个不同的层次来理解杂交实验的本质。如分离规律，依次包括着性状的分离、同源染色体的分离和等位基因的分离，这样才能脉络清晰。同时还要注意理解三个遗传规律都在配子的形成过程中同时发生，杂交后代的基因型和表现型的比数，关键在于亲代能形成几种不同基因类型的配子。

4. 要充分利用比较的方法来理解遗传和变异的一般规律；如核遗传和细胞质遗传的比较，三个遗传规律的比较（特别是基因的连锁和不完全连锁、基因的连锁与基因的自由组合、基因的不完全连锁和基因的自由组合的比较），基因突变和基因重组的比较，二倍体、多倍体和单倍体的比较，XY 型与 ZW 型性别决定的比较等等。

5. 注意培养分析问题和解决问题的能力，除了十分重视孟德尔、摩尔根的经典实验外，可适当学习一些其他的遗传实验的实例，并进行分析，明白其原理，以加深对基本理论的认识和灵活运用。

6. 本章安排了"观察果蝇唾液腺细胞的巨大染色体"和"观察玉米杂种后代粒色的分离现象"两个实验，必须加以重视，尽可能去完成它们。

三、学习内容

第一节　生物的遗传

(一) 遗传的物质基础

1. DNA 是主要的遗传物质。

1）遗传物质及其特点：控制生物性状遗传的物质叫做遗传物质。生物的主要遗传物质是脱氧核糖核酸（DNA），除 DNA 外，某些病毒的遗传物质是核糖核酸（RNA）。作为遗传物质必须具有这样的特点：①有相对的稳定性；②能够自我复制，前后代保持一定的连续性；③能产生可遗传的变异。

2）DNA 是遗传物质的证据：噬菌体侵染细菌的实验是有力证据之一。

①噬菌体侵染细菌的过程：

感染阶段 { 噬菌体吸着在细菌表面。
噬菌体 DNA 注入细菌体内，其蛋白质外壳留在外面。

增殖阶段 { 噬菌体 DNA 在细菌体内复制，并合成外壳蛋白质。
组装成新的噬菌体。

成熟阶段：新的噬菌体从细菌体内释放出来。

②对实验结果的分析和结论：从细菌体内释放出来的新的噬菌体，其个体在大小、形态方面，都保持原来噬菌体的特点。可见，噬菌体的各种性状是通过 DNA 传递给后代的。说明 DNA 是遗传物质。

3）染色体是遗传物质的主要载体：染色体主要由蛋白质和核酸组成，其中 DNA 在染色体内含量比较稳定，细胞质里只有少量的 DNA。所以，染色体是遗传物质的主要载体。亲代的遗传物质主要是通过染色体传递给后代的，在传递过程中，染色体能保持一定的稳定性和连续性，使后代具有与前代同样的性状。

2. DNA 的结构和复制。

1）DNA 的结构。

①DNA 的化学结构：DNA 的基本组成单位是脱氧核苷酸，每个脱氧核苷酸含有一个磷酸，一个脱氧核糖和一个碱基。碱基有四种：腺嘌呤（A），鸟嘌呤（G），胞嘧啶（C），胸腺嘧啶（T），脱氧核苷酸也就有四种，由很多脱氧核苷酸按照一定的排列顺序聚合成的多核苷酸链就是 DNA 的化学结构。

②DNA 的空间结构：DNA 分子都由两条多核苷酸长链向右盘旋成为规则的双螺旋结构。两条长链由脱氧核糖和磷酸组成，排列在外侧。两条长链相对应的碱基，通过氢键彼此联结。形成碱基对，排列在内侧，成为两链之间的横档。碱基对的组成是按照 A—T，G—C 的规律进

行的，这叫碱基配对原则。

③DNA 分子结构的特点——多样性和特异性：由于 DNA 分子中碱基对的排列顺序是可以改变的，碱基对排列顺序的不同，构成了 DNA 分子的多样性。DNA 分子中碱基对的不同排列方式，反映出 DNA 分子的特异性。

2）DNA 的复制。

①复制的分子基础：DNA 分子具有独特的双螺旋结构，连结两条链的碱基有互补配对的"能力"，使复制成为可能。

②复制的过程。a. 解旋：在解旋酶的作用下，DNA 分子配对碱基的氢键断裂，两条长链解开；b. 复制：以二条长链作为母链，起模板作用，按照碱基配对原则，在酶的作用下，用周围环境中的核苷酸来配对，形成子链，一条母链与一条子链结合，构成一个新的 DNA 分子，这样，一个 DNA 分子形成了两个完全相同的 DNA 分子。复制是在细胞有丝分裂的间期进行的。在细胞有丝分裂过程中，随着复制后的染色体从着丝点分裂而分配到两个子细胞中去。

③复制的意义：通过复制在生物的传种接代中传递遗传信息，从而保证物种的相对稳定性。子女像父母就是这个缘故。另外，复制也可能发生"差错"，使碱基对的排列顺序发生局部改变，从而改变遗传信息，导致生物产生可遗传的变异。

3. 基因对性状的控制。

1）基因的概念：基因是控制生物性状的功能结构单位，存在于 DNA 分子上，是有遗传效应的 DNA 片段。

基因和 DNA、染色体、性状之间有着密切的关系：基因是有遗传效应的 DNA 片段，染色体是 DNA 的载体，每个染色体含有一个 DNA 分子，每个 DNA 分子上有很多基因，所以染色体也是基因的主要载体，基因在染色体上占有一定位置，而且作直线排列。每个基因都有一定的

附录

核苷酸排列顺序，基因中四种核苷酸排列顺序包含着子代从亲代获得的控制遗传性状发育的遗传信息。生物性状的遗传，实际上就是通过基因中的核苷酸排列顺序来传递遗传信息的，所以，基因是控制生物性状的功能结构单位。

2）基因的作用：①能够自我复制，传递遗传信息；②通过遗传信息的转录和翻译形成蛋白质，从而控制生物性状；③能够产生突变，引起可遗传的变异。

3）基因控制蛋白质的合成。

①DNA 的基本功能：a. 通过复制在生物的传种接代中传递遗传信息。b. 使遗传信息在后代的个体发育中，能以一定的方式反映到蛋白质分子结构上，因而后代表现出与亲代相似的性状。

②DNA 与蛋白质的关系：组成生物体的主要成分是蛋白质，生命活动主要是通过蛋白质的新陈代谢来体现的。生物的各种性状是由蛋白质的特异性决定的，不同的蛋白质是由不同的 DNA 控制合成的，即一定结构的 DNA 控制合成相应结构的蛋白质，因此，基因对性状的控制是通过 DNA 控制蛋白质的合成来实现的。

③蛋白质的合成过程：蛋白质的合成是以信息 RNA 为模板，核糖体为场所，转运 RNA 为运载氨基酸的工具，根据信息 RNA 的遗传密码，将各种氨基酸合成有一定特异性的蛋白质。其中包括遗传信息的转录和翻译两个步骤。显然，这个过程涉及 RNA，遗传密码等的知识，下面分别介绍这些有关的知识，然后再阐述它的具体步骤。

a. RNA 的结构：RNA 分子是由磷酸、核糖和碱基构成的，它的组成分与 DNA 比较如下：

组 成\种 类		DNA	RNA
磷 酸		磷	酸
五 碳 糖		脱氧核糖	核糖
碱 基	嘌呤碱	腺嘌呤（A）	
		鸟嘌呤（G）	
	嘧啶碱	胞嘧呤（C）	
		胸腺嘧啶（T）	尿嘧啶（U）

b. 信息 RNA 和转运 RNA：a）通过转录，DNA 模板上的遗传信息传递到 RNA 上，这种 RNA 就叫信息 RNA。b）转运 RNA 有其特殊的结构，即一端有三个碱基，能与信息 RNA 的碱基相配对；另一端是携带氨基酸的部位。它的功能是：将细胞质中的氨基酸运入核糖体中，一种转运 RNA 只能转运一种特定的氨基酸。

c. 遗传密码：蛋白质是由 20 种氨基酸按一定的顺序连接起来的多肽，其氨基酸的排列顺序是由信息 RNA 上碱基的排列顺序决定的。研究表明，信息 RNA 上每三个碱基的不同排列顺序决定相同或不同的氨基酸，遗传学上把决定氨基酸的不同碱基排列顺序，叫做遗传密码。

d. 蛋白质合成的步骤：

a）"转录"：在细胞核中，以 DNA 的一条链为模板，按照 A—U，G—C，T—A，C—G 的碱基配对原则形成信息 RNA 的过程，就叫转录。信息 RNA 形成后，从细胞核出来，进入细胞质中，与核糖体结合起来。通过转录，DNA 所携带的遗传信息传递到 RNA 上。

b）"翻译"：转运 RNA 运载着氨基酸进入核糖体，按照信息 RNA 上遗传密码的顺序，把氨基酸安放在相应的位置上。许多氨基酸连接起来，合成有一定氨基酸顺序的蛋白质。这个过程叫作"翻译"。

e. 中心法则及其发展：从蛋白质的合成过程看，DNA 分子上的遗传特异性，通过信息 RNA 的媒介，决定了蛋白质的特异性。现代遗传学把由 DNA→RNA→蛋白质的遗传信息传递过程称为"中心法则"。近年来发现某些致癌病毒在蛋白质合成过程中，能用 RNA 为模板，合成 DNA，叫作逆转录，这种发现是对中心法则的补充和发展。故中心法则及其发展可总结为

$$\text{DNA} \xrightleftharpoons[\text{逆转录}]{\text{转录}} \text{RNA} \xrightarrow{\text{翻译}} \text{蛋白质(性状)}$$

（二）遗传的基本规律

1. 基因的分离规律。

1）性状和相对性状：生物体所表现的形态特征和生理特性称为性状。同一性状中的不同表现类型叫相对性状。

2）一对相对性状的遗传实验：一对相对性状在杂交后代中表现出两个遗传特点。

①F_1 只表现亲本之一的性状，另一亲本的性状则隐而不现。F_1 显现出来的那个亲本性状叫显性性状，不显现出来的那个亲本性状叫隐性性状。

②F_2（F_1 的自交后代）中显性性状与隐性性状同时表现，其比值接近于 3：1。在杂种后代中出现同一性状的不同类型的现象叫做性状分离。

3）对分离现象的解释：

①性状是由基因控制的，代表每一性状的基因，在一般细胞里成对存在，配子中只有成对基因中的一个。

②相对性状是由相对基因控制的，它们在一对同源染色体的相等位置上，叫等位基因。等位基因有显隐之别，显性基因控制显性性状，隐性基因控制隐性性状。F_1 只表现显性基因控制的性状。

③F_1 在产生配子进行减数分裂时，等位基因随着同源染色体的分离

而分离，各进入一个配子。

④F_1产生的两种类型，数目相等的雌雄配子（1∶1），受精时雌雄配子结合的机会是相等的，因此，F_2既有纯合体又有杂合体，其中隐性基因的纯合体占1/4，所以F_2的性状分离比为3∶1。

4）基因型和表现型：基因型是指生物体被研究的性状的有关基因组成，是性状表现的内在因素。表现型是指所研究的基因型的性状表现，它是基因的表现形式。

从基因型看，由两个基因型相同的配子结合成的合子发育而成的个体，叫做纯合体。由两个基因型不同的配子结合成的合子发育而成的个体，叫做杂合体。

从表现型看，隐性基因纯合体表现隐性性状。显性基因纯合体和杂合体，都表现显性性状，这说明表现型相同，基因型不一定相同。

5）测交：让杂种与隐性亲本类型交配，用来测定杂种F_1基因型的方法。我们可以根据测交后代的表现型种类及其比例，了解杂种产生的配子的种类及比例，同时确定杂种F_1的基型。孟德尔在进行一对相对性状的杂交后，利用测交，证实了杂种体内，等位基因随同源染色体的分离而分离，从而确立了基因的分离规律。

6）基因的分离规律：在杂种体内，等位基因虽然共同存在于一个细胞中，但是它们分别位于两个同源染色体上，具有一定的独立性，进行减数分裂时，等位基因随同源染色体的分离而分开，分别进入两个配子中，独立地随配子遗传给后代。这就是基因的分离规律。

7）不完全的显性遗传：有的相对性状不分显性和隐性，F_1的性状介于两个亲本之间，F_2出现三种表现型，其比值为1∶2∶1。这种遗传类型称不完全显性。这说明了显隐性的关系是相对的。

8）基因分离规律的应用：①在杂交育种中的应用：根据分离规律，杂种自交会出现性状分离，其中隐性性状的个体能稳定地遗传，显性性

附

录

状的后代可能会出现性状分离。因此，在育种工作中，对后代的处理上要针对不同的性状，分别加以考虑。②在医学上：人类的某些遗传病是由一对隐性基因控制的，亲近结婚使出现致病隐性基因的纯合体的机会增加，因此，近亲结婚应当禁止。

2. 基因的自由组合规律：

1）两对相对性状的遗传实验：两对相对性状进行杂交，其后代表现出两个特点：①F_2出现四种表现型，其比值为 $9:3:3:1$；②F_2出现了两个与亲本不同的类型，显示出相对性状之间的自由组合。

2）对自由组合现象的解释

①控制不同相对性状的不同等位基因位于非同源染色体上。

②F_1产生配子时，每对等位基因按照基因分离规律发生分离，独立地分配到配子中去，不同对的等位基因在配子里自由组合，产生数目相等的雌雄配子。

③由于各种雌配子与各种雄配子受精结合的机会相等，F_2有9种基因型，4种表现型，其比值为 $9:3:3:1$。

3）用测交法验证基因的自由组合：用 F_1 与双隐性亲本测交，F_1 形成配子时，如果两对等位基因是独立分配的，就会产生四种类型数目相等的配子，双隐性亲本只产生一种配子，结果，测交后代应出现四种表现型，其比值相等，实验结果与理论推断是一致的。

4）基因的自由组合规律：具有两对（或更多对）相对性状的亲本进行杂交，F_1 产生配子时，不同的等位基因各自独立地分配到配子中去，在配子中自由组合，这就叫基因的自由组合规律。

5）自由组合规律在理论和实践上的意义：①理论上的意义：生物在有性生殖过程中控制不同性状的基因可以重新组合，从而导致后代发生变异，这是生物种类多样性的原因之一。②在育种工作上的意义：把具有不同优良性状的两个亲本进行杂交，通过基因重组，使两个亲本的优良性状结合在一起，产生我们所需要的优良品种。

3. 基因的连锁和互换规律。

1）基因的连锁和互换现象：

①以果蝇中的灰身长翅与黑身残翅为亲本进行杂交，F_1 为灰身长翅，用 F_1 雄果蝇与双隐性雌果蝇测交，后代只出现两种亲本类型，没有出现重组的新类型，这种现象叫做完全连锁。

②不完全连锁：用 F_1 灰身长翅的雌果蝇与双隐性的黑身残翅的雄果蝇测交，后代中多数为两种亲本类型，少数出现了两亲本重组的两种新类型。这种现象叫不完全连锁。

上述遗传现象的出现是由于基因的连锁和互换造成的。

2）基因连锁和互换的原因：

①两对（或两对以上）等位基因位于同一对同源染色体上，在遗传时，这些基因常常连在一起不相分离，叫连锁遗传。

②具有连锁关系的基因，在减数分裂过程中，由于一对联会中的同源染色体发生局部的交叉并互换相对应的部分，从而产生基因的交换，叫做基因的互换。

3）基因的连锁互换与基因的自由组合的区别：

遗传规律	F_1 的基因在同源染色体上的情况	F_1 产生配子的种类	测交后代
基因的自由组合	两对（或更多对）等位基因位于两对同源染色体上	形成四种配子，数目相等	四种表现型，比值相等
基因的连锁（完全连锁）	两对（或更多对）等位基因位于同一对同源染色体上	形成两种配子，数目相等	两种表现型，比值相等
基因的互换（不完全连锁）	两对（或更多对）等位基因位于同一对同源染色体上	形成四种数目不等的配子（连锁多于互换）	四种表现型数目不等（亲组合多于重组合）

附

录

4）基因的连锁和互换规律在育种上的应用；根据育种目标选择杂交亲本时，必须考虑性状之间的连锁关系。如果不同的优良性状连锁在一起，对育种工作有利。如果优劣性状连锁在一起，要采取措施打破基因连锁，促使基因互换。通过基因互换产生的新类型能为育种提供原始材料。

4. 遗传的三个基本规律之间的关系。

在生物遗传中，三个基本规律是互相联系，同时起作用的。自然界的各种生物，当它们形成配子时，在同一个减数分裂过程中，由于配对的同源染色体分离，每一对等位基因也都要彼此分离，而在同源染色体分离之前，位于同源染色体上的连锁基因可能发生局部交换。在等位基因互换和分离的基础上，非同源染色体上的非等位基因之间自由组合，形成多种基因重组型配子。因此，在生物的有性繁殖过程中，生物的遗传既有同一染色体上的基因连锁，又有同源染色体上的基因分离，还有非同源染色体上基因的自由组合。正是由于三个基本规律同时起作用，才使得生物的遗传性状在传递中既保持着相对的稳定性，又不断出现变异的新类型，使物种得以延续、更新和发展。

（三）性别决定与伴性遗传

1. 性别决定：

1）性染色体和常染色体：许多生物都有雌雄性别的分化，雌雄性别的比例基本上是 1：1。这种性别的分化一般是由染色体决定的。细胞中，与决定性别有关的染色体叫作性染色体。性染色体以外，与决定性别无关的染色体叫作常染色体。

2）XY 型和 ZW 型性别决定。

①XY 型的性别决定：某些生物雄性个体的体细胞里有一对异型的性染色体（XY），在减数分裂时产生含 X 和含 Y 的两种配子；雌性个体细胞里是一对同型的性染色体（XX）只产生一种含性染色体 X 的配子。含 X 雌配子和含 Y 的雄配子结合，合子（XY）发育为雄性，含 X 的雌

配子和含 X 的雄配子结合，合子（XX）发育为雌性，这种性别决定方式称为 XY 型性别决定。

②ZW 型性别决定：与 XY 型的性别决定相反，雌性个体的细胞里是一对异型性染色体（ZW），雄性个体则是一对同型的性染色体（ZZ），在减数分裂时，雌性产生两种配子 Z 和 W，雄性只产生一种配子 Z，交配后合子（ZW）发育为雌性，合子（ZZ）发育为雄性，这种性别决定方式称 ZW 型性别决定。

XY 型和 ZW 型性别决定的比较

类型	性染色体组成		产生的配子类型		所属生物举例
	雌	雄	雌	雄	
XY 型	XX	XY	一种含 X 的卵细胞	两种精子 X 和 Y	蝇类、哺乳类、人类
ZW 型	ZW	ZZ	两种卵细胞 Z 和 W	一种含 Z 的精子	鳞翅目昆虫（蝶和蛾）、鸟类

2. 伴性遗传。

1）伴性遗传的概念：性染色体上的基因所表现的特殊遗传现象，叫做伴性遗传。

2）伴性遗传的实例——人的红绿色盲遗传：

①红绿色盲的病症：患者对红色绿色分不清，看红花与绿叶都是灰色的，是一种先天性的色觉障碍病症。

②红绿色盲的遗传基础：控制红绿色盲基因是隐性基因（b），与之相对的等位基因（正常基因）是显性基因（B），这对基因分别位于两个 X 染色体上，而 Y 染色体上不含有这对基因，因此，色盲基因的遗传行为跟性别有关，其传递规律如下。

a. 男性色盲多于女性：因为女性只有在 X^bX^b 纯合状态下才表现色盲，在 X^BX^b 杂合状态下表现正常（只是色盲基因携带者）。男性在 X^bY 的状态下就表现色盲。

b. 一般说，色盲是由男性通过他的女儿遗传给他的外孙的。如果男性色盲（X^bY）与正常女性（X^BX^B）婚配。其所生女儿为色盲基因携带者（X^BX^b）；又如色盲男子和杂合态女性（X^BX^b）结婚，则可能产生有色盲的子女，其女儿都带有色盲基因，这两种婚配情况，其女儿的色盲基因就会传给儿子（即外孙）。

色盲基因的遗传规律表示如下：

XY 型和 ZW 型性别决定的比较

亲 代 男性	亲 代 女性	子女的基因型和表现型				色盲 比例
色盲 X^bY	× 正常 X^BX^B	X^BX^b 女性携带者 1	:	X^BY 男性正常 1		无
正常 X^BY	× 色盲 X^bX^b	X^BX^b 女性携带者 1	:	X^bY 男性色盲 1		男性色盲者 1/2
正常 X^BY	× 携带者 X^BX^b	X^BX^B 女性正常 1 : X^BY^b 女性携带者 1	:	X^BY 男性正常 1 :	X^bY 男性色盲 1	男性色盲者 1/4
色盲 X^bY	× 携带者 X^BX^b	X^BX^b 女性携带者 1 : X^bX^b 女性色盲 1	:	X^BY 男性正常 1 :	X^bY 男性色盲 1	男性色盲者 1/4 女性色盲者 1/4

（四）细胞质遗传

1. 细胞质遗传的概念。

1）细胞核遗传：生物的性状受细胞核内染色体上 DNA 控制的遗传叫做细胞核遗传。

2）细胞质遗传：生物的一些性状由细胞质里的 DNA 所控制的遗传叫做细胞质遗传。

2. 细胞质遗传的物质基础：细胞质中的一些细胞器（叶绿体、线粒体）里含有遗传物质 DNA，这些遗传物质叫细胞质基因，对一定的性状具有控制作用，它就是细胞质遗传的物质基础。

3. 细胞质遗传的主要特点如下。

1）母系遗传：具有一对相对性状的亲本杂交，不论正交或反交，F_1 总是表现出母本的性状，这是因为受精卵的细胞质几乎全部来自卵细胞。

2）杂交后代都不出现一定的分离比例。其原因是细胞进行分裂时，细胞质中的遗传物质是随机地分配到子细胞去的。

4. 细胞质遗传的实例：以紫茉莉叶色的遗传为例。

1）花斑状紫茉莉植株的特征：

$$
三种枝\begin{cases}
绿枝——绿色叶（质体含叶绿素）\\
白枝——白色叶（质体不含叶绿素）\\
花斑枝——花斑枝（白色体与叶绿体相同）
\end{cases}
$$

2）紫茉莉叶色的遗传表现：

①不同枝上的花朵相互授粉，F_1 所表现的性状完全是由母本（接受花粉的枝）决定的，与父本（提供花粉的枝）无关。

②花斑枝上的花朵接受不同枝提供的花粉，F_1 虽然表现有性状分离，但不出现一定的分离比例。

第二节　生物的变异

（一）生物变异的种类

1. 不遗传的变异：性状的变异仅由环境条件引起，而遗传物质没有发生相应的变化。这种变异不能遗传给后代。

2. 遗传的变异：性状的变异由遗传物质的变化引起的，这种变异能够遗传。遗传的变异有三种来源：基因重组、基因突变和染色体变异。

（二）基因突变

1. 基因突变的概念：基因突变是指染色体上个别基因所发生的分子结构的变化。基因突变是生物变异的主要来源，也是生物进化的重要因素之一。

2. 基因突变的一般特征：

1）基因突变在自然界广泛存在，有些是自然发生的，叫做自然突变。有些是在人为条件下诱发产生的叫诱发突变。

2）在自然状态下，生物发生的突变率是很低的。

3）生物所发生的突变，一般都是有害的，也有的突变是有利的。

3. 基因突变的原因：是由于在一定的外界环境条件或生物内部因素的作用下，使基因的分子结构发生改变的结果。具体说，基因突变是由于 DNA 中核苷酸的种类、数量和排列顺序的改变而产生的。因为 DNA 在复制过程中，可能由于各种原因而发生"差错"，使碱基的排列顺序发生局部的改变，从而改变了遗传信息，并导致性状的变异。如人类中镰刀型贫血症，就是由于控制合成血红蛋白的 DNA 的一个碱基发生了改变而造成的。

4. 人工诱变在育种上的应用如下。

1）人工诱变和诱变因素：人工诱变是指利用物理的或化学的因素处理生物，使它发生基因突变。它是创造动、植物和微生物新类型的重要方法。常用的物理诱变因素有各种射线（X 射线、γ 射线、紫外线等）以及激光等，化学诱变因素有秋水仙素、硫酸二乙酯、乙烯亚胺、羟胺等化学药剂。

2）诱变育种的优点：可提高变异的频率，后代变异性状稳定较快，加速了育种的进程，可以大幅度地改良某些性状。但也存在着缺点，诱发产生的有利变异往往不多。

（三）染色体变异

1. 染色体变异的类型如下。

1）染色体结构的变异；

2）染色体数目的变异又分为两类。①整倍体变异：染色体倍数性增加或减少。②非整倍体变异：个别染色体的增加或减少。

2. 染色体组的概念：一般生物的体细胞里含有两组同源染色体，经过减数分裂，生殖细胞中只有一组染色体，这一组染色体中各个染色体的形态和大小各不相同。生殖细胞中这一组染色体叫染色体组。不同种的生物，每个染色体组含有的染色体数目和种类不同。

3. 单倍体及其在育种上的应用如下。

1）单倍体的概念：不论细胞本身含有几个染色体组，只要细胞中含有正常体细胞的一半染色体数的个体，就叫单倍体。

2）单倍体的形成：自然条件下的单倍体植物是由于卵细胞未经受精而发育成的。在育种上常用花药的离体培养方法，实质上是通过精细胞进行孤雄生殖来形成单倍体。

3）单倍体植物的特点和应用：

①生长势弱，株型矮小，高度不育。

②全部基因成单存在。单倍体经过染色体加倍，可以迅速获得纯系植株，大大缩短育种年限。

4. 多倍体及其在育种上的应用如下。

1）多倍体的概念：体细胞中具有两个染色体组的个体称为二倍体。凡是细胞内含有三个以上染色体组的个体就叫多倍体。

2）多倍体的形成：自然界中多倍体植物，主要是受外界条件剧烈变化的影响，通过内因的作用而形成的。当植物细胞进行分裂时，染色体已经分裂，但由于环境条件激变的影响，使细胞分裂受阻，染色体加倍，在这样的细胞基础上继续分化，就能形成多倍体植物。

3）多倍体植物的特点：一般表现茎秆粗壮，叶片、果实和种子都比较大，细胞内有用成分增多，发育延迟，结实率低。

4）多倍体育种：采用人工方法获得多倍体植物，再利用其变异来选育新品种的方法叫做多倍体育种。用紫外线、X 光照射，高温或低温

附

录

处理，机械创伤，化学药物诱变等方法，能获得多倍体植物。如秋水仙素不影响细胞染色体的复制，却能使进行分裂的细胞不能形成纺锤体，因而不能分裂成两个子细胞。这样，加倍了的染色体存在于一个细胞里。这样的细胞分裂成的子细胞，染色体都加倍，形成了多倍体植株。此外，也可通过不同倍数的植物杂交获得多倍体。如二倍体和四倍体杂交可获得三倍体。八倍体小黑麦、三倍体无籽西瓜都是综合运用这些方法获得的。

实验一　观察果蝇唾液腺细胞的巨大染色体

通过实验掌握下列基本知识和基本技能：

1. 观察果蝇唾液腺细胞巨大染色体的形状及其着色很深的横带（可能是基因的位置），了解遗传物质的形态，进一步加深对染色体是遗传物质 DNA（基因）的主要载体的认识。

2. 学会培养果蝇的方法。

3. 掌握制作果蝇唾液腺细胞的巨大染色体的装片的基本技能。

实验二　观察玉米杂种后代粒色的分离现象

应掌握的基本知识和技能如下。

1. 明确"自交系"的概念：即人工连续控制自花授粉若干代，经严格选择后所得的植株。

2. 亲自授粉杂交，掌握玉米杂交的方法，如果是只观察收获后的 F_1 和 F_2 果穗，也应了解杂交的具体方法。

3. 学会对实验结果的统计和分析方法。

4. 从感性上了解显性、隐性和性状分离的现象，从而进一步明确分离规律的实质。

第九章　生命的起源和生物的进化

一、学习提要

（一）生命的起源

通过对始地上自然条件变化的科学研究和模拟实验，说明地球上的原始生命是一步步由无机物经过漫长的时间演变来的，不是神创的。

1. 从无机小分子物质生成有机小分子物质；

2. 从有机小分子物质形成有机高分子物质；

3. 从有机高分子组成多分子体系；

4. 从多分子体系演变为原始生命。

（二）生物的进化

现在地球上的各种生物，是由共同祖先经过漫长的时间逐渐演变来的，各种生物之间有一定的亲缘关系。

1. 生物进化的证据（古生物学上的证据、胚胎学上的证据、比较解剖学上的证据）；

2. 生物进化学说（拉马克的用进废退学说，达尔文自然选择学说）。

二、学习重点和学习方法

生命的起源：从有机小分子物质形成有机高分子物质，从有机高分子组成多分子体系，从多分子体系演变为原始生命。

生物的进化：进化的原因（内因——遗传和变异，外因——选择、隔离等）。

生物进化学说——自然选择学说。

学习时注意掌握：生命起源体现了物质由简单到复杂，由非生命到

附

录

生命境界的规律性演化；生物进化：地球上各类生物从简单到复杂、从低等到高等、从水生到陆生的进化历程。

三、学习内容

第一节　生命的起源

地球上从无机物经过一系列变化形成最初的生命物质是化学进化阶段。从地球上出现最初的生命物质起，向前演进，成为现在丰富多采的生物界，是生物进化阶段。这里，我们学习的是化学进化范围。

最初的生命是在地球温度下降以后，由非生命物质在极其漫长的时间内，经过极其复杂的化学过程一步步演变成的，这个进化过程分四个阶段：

1. 从无机小分子物质生成有机小分子物质：原始地球大气的成分含有甲烷（CH_4）、氨（NH_3）、水蒸气（H_2O）、氢（H_2）、硫化氢（H_2S）和氰化氢（HCN）等。这些气体在宇宙射线、紫外线、闪电等的作用下，能自然合成一系列简单的有机物（氨基酸、核苷酸、单糖等），这些有机物通过雨水作用，流经湖泊、河流，汇集到原始海洋中。

2. 从有机小分子物质形成有机高分子物质：在原始海洋中，有机物（氨基酸、核苷酸）经过长期积累，相互作用，在适当条件下发生如下作用。

$$氨基酸 \xrightarrow{\text{缩合作用}} 原始的蛋白质分子$$

$$核苷酸 \xrightarrow{\text{聚合作用}} 原始核酸分子$$

3. 从有机高分子组成多分子体系：蛋白质和核酸等高分子物质浓缩和凝聚成多分子体系（呈小滴状漂浮在原始海洋中，外包原始的界膜，与周围的原始海洋环境分隔开，构成一个独立体系，能进行原始的物质交换活动）。

4. 从多分子体系演变为原始生命：有些多分子体系经过长期不断的演变，特别是蛋白质和核酸的两大主要成分的相互作用，形成为具有原始新陈代谢作用和能够繁殖的原始生命。

以上四个阶段可概括为：

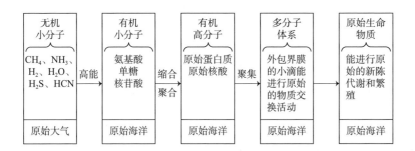

第二节 生物的进化

现在地球上的各种生物不是神创造的，而是由共同祖先经过漫长的时间逐渐演变来的。各种生物之间有着或远或近的亲缘关系。

1. 生物进化的证据：古生物学、胚胎学和比较解剖学三方面的证据。

1）古生物学上的证据。

古生物学：是研究地质历史时期生物的发生、发展、分类、演化、分布等规律的科学。研究的对象是保存在地层中的生物遗体或遗迹——化石。

①各类生物的化石在地层里出现是有一定顺序的：越早形成的地层里，成为化石的生物越简单，越低等；越晚形成的地层里，成为化石的生物越复杂，越高等。证实了现代的各种各样的生物是经过漫长的地质年代变化而来的，还揭示了生物由简单到复杂、由低等到高等的进化顺序。

②马的进化过程是古生物学方面证实生物进化的一个突出例子。

③在古生物学的研究中，还发现了一些中间过渡类型的动物和植物化

石（始祖鸟的化石和种子蕨化石，证明鸟类是由古代爬行类进化来的，种子植物由古代蕨类植物进化来的）。

2）胚胎学上的证据：胚胎学是研究动、植物胚胎形成和发育过程的科学。

①所有高等生物（脊椎动物和种子植物）的胚胎发育都是从一个受精卵开始的，说明高等生物起源于单细胞生物。

②比较七种脊椎动物和人的胚胎，看出它们在发育初期都很相似，都有鳃裂和尾，发育晚期，除鱼外，其他动物（包括人）的鳃裂都消失了，人的尾也消失了。

③以上说明脊椎动物和人都是由古代原始的共同祖先进化来的，所以在胚胎发育初期很相似。古代脊椎动物原始的共同祖先生活在水中，所以陆生脊椎动物（包括人）在胚胎发育过程中出现鳃裂，胚胎发育过程中，出现尾巴，人是从有尾的动物进化来的。

3）比较解剖学上的证据。

比较解剖学：对脊椎动物各纲或各类群的器官和系统的形态、结构，进行解剖，并加以比较的科学。

①比较解剖学上的同源器官是生物进化的重要证据。同源器官：指起源相同、结构和部位相似，而形态和功能不同的器官。

②四种脊椎动物前肢和人的上肢（同源器官）的比较。

同源器官的名称	鸟翼	蝙蝠的翼手	鲸鳍	马的前肢	人的上肢	结论
形态和功能	适于飞翔	适于飞翔	适于在水中游动	适于奔跑	适于做各种各样的复杂动作	具有同源器官的生物，都是由共同的原始祖先进化来的。形态和功能上的不同是由于适应不同环境条件的结果。
相同的结构	它们都有肱骨、尺骨、桡骨、腕骨、掌骨、指骨，其排列方式也基本上一致。					

2. 生物进化学说重要的是达尔文的自然选择学说，在这以前，有拉马克的用进废退学说。

1）用进废退学说：法国博物学家拉马克（1744—1829）最早提出来的生物进化学说。

中心论点：环境变化是物种变化的原因。环境变化，使生活在这个环境中的生物，有的器官由于经常使用而发达；有的器官则由于不用而退化。这些变化了的性状（后天获得的性状），能够遗传下去，即获得性能够遗传。

2）自然选择学说：英国博物学家达尔文（1809—1882）在1859年出版了《物种起源》，提出了以自然选择为基础的生物进化学说（自然选择学说），其主要内容有四点：过度繁殖、生存竞争（生存斗争）、遗传和变异、适者生存。

①过度繁殖：动物和植物都具有巨大的繁殖能力，能产生很多后代，即使是繁殖力很低的生物，所产生的后代，数量也是很大的。如一棵每年只产生两粒种子的一年生植物，经过20年，后代的数目超过100万棵！象的寿命可达100岁，如果每对象一生只产6头小象，经过740～750年，一对象的后代可达1900万头！

②生存斗争：每种生物为了争夺有限的生活条件，都要进行斗争，这种生物个体（同种或异种）之间的相互斗争，用以维持个体生存并繁衍种族的自然现象是生存斗争。

由于生存斗争，导致生物大量死亡，结果出现了生物的大量繁殖和少量生存的自然界普遍现象。

③遗传和变异：达尔文认为生物的遗传和变异是普遍存在的。子代性状与亲代性状相似，说明生物都具有遗传性；生物个体之间都存在着或多或少的差异，说明生物又都有变异性。

④适者生存：生物普遍具有变异性，有的变异对生物的生存有利，

能够适应环境，就容易生存下去；而有的变异对生存不利，不能适应环境就被淘汰。达尔文把这适者生存，不适者被淘汰的过程叫自然选择。以下图概括。

生物的原始祖先→个体之间有差异→生存斗争→
　　　　　　　　　（微小的变异）

选择（保留或淘汰）→遗传（积累微小有利变异）→新的适应类型

3）用进废退学说与自然选择学说的比较和评价：

	拉马克的用进废退学说	达尔文的自然选择学说
对长颈鹿进化的观点及其进化过程的解释	动物的变异是由动物的意愿决定的，是一直向前发展的。长颈鹿的长颈和长的前肢是逐代一直向前发展而形成的： 长颈鹿祖先——伸长颈和前肢吃树上的叶子/缺青草环境——→颈和前肢变长 ——遗传后代/经许多世代——→长颈鹿	生物产生了变异以后，是由自然选择决定其存在或被淘汰的。长颈鹿的长颈和长的前肢是由于自然选择而逐代积累形成的： 长颈鹿祖先→变异｛颈和前肢长些的个体——吃到高树枝叶/缺青草时期；颈和前肢短些的个体——不易吃到食物/缺青草时期｝ →生存、繁殖→逐代选择→长颈鹿 →淘汰
评论	拉马克的进化论与当时占统治地位的特创论进行了激烈的斗争，对进化论的建立是有功绩的，由于科学水品的限制，还不能对物种起源和进化作科学的论证。	能正确地解释生物界的自然现象——多样性和适应性，对于正确认识生物界有重要的意义。由于当时还没遗传学知识，对于遗传和变异的性质如何起作用问题，不可能做本质阐明。

第十章　生物与环境

一、学习提要

1. 生物与环境之间的相互依存、相互影响的关系；

2. 生态系统；

3. 保护环境的意义。

二、学习重点和学习方法

1. 生态系统的概念、结构，生态系统中能量流动和物质循环途径及生态系统的平衡对人类生存的意义；

2. 食物链和食物网、共栖，共生；

3. 碳循环是自然界重要的物质循环之一；

4. 绿色植物的光合作用把非生物界和生物界连成一体，体现整个自然界是个统一整体自然界联系的本质在于物质和能量的相互转移；

5. 自然保护的重要性。

三、学习内容

第一节　生物与环境的关系概述

1. 生物与环境之间有非常密切的关系。

1）生物的生存和发展离不开环境，依靠环境供给物质和能量，受到环境的限制；

2）生物的生命活动又不断地改变着环境的物质状态影响着环境的发展变化。

生态学：研究生物与环境之间相互关系的科学。

生物圈：地球表面的大气圈、水圈和岩石圈这三个圈层里，生存着生物的那个圈层叫生物圈。范围大致包括大气圈的下层（对流层）、岩石圈的上层（土壤层）和水圈。即地球上的全部生物及其生存环境的总称。

生态因素（生态因子）：各种环境因素中影响生物的分布、形态和生理等的因素。

生态因素 $\left\{\begin{array}{l}\text{非生物因素：阳光、温度、水、大气、土壤的}\\\text{　　　　　物理和化学特性等}\\\text{生 物 因 素：包括同这种生物有关系（如捕}\\\text{　　　　　食、寄生等）的其他生物。}\end{array}\right.$

各生态因素之间的关系如下。

①综合作用：各种生态因素综合在一起对生物起作用，单独一种因素只有在其他因素的适当配合下才能表现出来。如阳光对绿色植物来说，只有在适当的水分或温度等因素配合下植物才能生存。②主导作用：在一个特定的环境中，有的生态因素对生物的生存特别重要，起主导作用。如在干旱地区，水对植物的生存起主导作用。

2. 非生物因素：阳光、温度和水。

1）阳光：①是能量总的来源，任何生物都需要能量。但能直接利用阳光的只有绿色植物。如绿色植物通过光合作用合成有机物把光能转变为化学能，为植物自身和异养生物提供生理活动所需要的能量。②阳光对绿色植物在地球上的分布起决定作用。在陆地上只要具备阳光和其他的生物生存的必要条件，就可能生长植物。在海洋里，在阳光可以到达的海面下200米深度内，在那里存在着自养生物，动物和其他异养生物也就能生存下来。这个区域，是生物圈最基本的组成部分。③不同种的植物对光照强度的要求不一样。有些植物在强光下才生长得好（如松、杉、柳、槐等）；有的植物在密林下层阴暗处才生长良好（如人参、三七等）。④阳光与动物的生活习性有关系。很多动物在日间活动，有些动物在夜间活动（蛾类昆虫）。哺乳类、鸟类的季节性换毛或换羽，与日照长短有关。如羊、狗等在进入夏季长日照前要换一次毛。

2）温度：环境温度对生物影响很大。影响生物的分布、生长发育和能否存活等各方面。

①生物能生存的温度范围如下。

a. 对于处在休眠状态的生物：一些细菌、真菌的孢子，能存活的最低温度接近于绝对零度（-273℃），能存活的最高极限为120℃。

b. 对处于活泼状态的生物：蓝藻85.2℃，细菌88℃。

生物种类	能忍受的最高温度	生物种类	能忍受的最低温度
淡水动物	40℃水温	蜜蜂	-5℃
海水动物	30℃水温	玉米螟	-30℃
爬行类、鸟类	45℃	鸡	-40℃可忍受3小时
哺乳类	42℃	狗	-160℃可忍受6小时

动物为-2～50℃范围内，最适温为20～25℃。

②不同的动物对于高温的忍受限度是不同的：（见教材152页表）

③鱼类的洄游和鸟类的迁徙与环境温度的变化有关系：沙丁鱼在水温下降到8℃时，就向岸边水温较高（10～20℃）的区域内聚集。冬季来到之前，北方育雏的候鸟就飞到南方。

④温度与植物的分布有密切关系：苹果、梨不能在热带地区栽种，柑桔不能在北方栽种。在长江流域，马尾松分布在海拔1000～1200米以下，高于这个界限，则被黄山松所代替。

3）水：生物离开水都不能生活。

①水是构成生物体最大量的成分；

生 物 种 类		含 水 量
植物		一般 60%～80%，高可达 90%
动物	水母	95% 以上
	鱼	70%
人		初生婴儿 72% 成人 65%

②体内物质的运输以及体内发生的一切生物化学变化等都离不开水。

③水是限制生物分布，特别是陆生生物分布的一个重要因素：一年中的总降水量，雨水季节的分布，湿度和地面水的供应等都影响生物的分布。因此，干旱的沙漠地区动植物种类稀少，雨量充沛的热带雨林带（海南岛），动植物种类繁多。

④水能影响生物的形态结构：仙人掌科植物生活在沙漠中，叶变态成刺，减少蒸腾，绿色肥厚的茎可以进行光合作用，还有贮水的作用。

⑤水能影响生物的活动：非洲肺鱼缺水时，就钻入泥土中昏睡；池塘中一些单细胞生物在枯水时，体表产生胞囊，进行休眠，是对干旱的一种适应现象。

3. 生物因素种内关系和种间关系。

1）种内关系：同种生物内的个体或类群之间的关系。种内类群中常见的是种群。

种群：指一定地域中同种生物个体的总和。如一个湖泊中的全部鲤鱼是一个种群。

种群特征：①种群密度（单位面积或容积内的个体数量）；②年龄组成；③性别比例；④出生率和死亡率等。

种群个体数量变动的因素：出生、死亡、迁入和迁出的个体数量的多少。

种内关系的两种表现如下。

①种内互助。表现在群聚的生活方式上，有两种类型：a. 社会性群聚生活：如蚂蚁和蜜蜂，个体之间既有明确的分工又有通力的合作，共同维护群体的生存。b. 个体间没有明确分工的群聚，在飞蝗、鱼类、鸟类和哺乳类中可见到，它们聚集成群在一定区域内，沿一定路径漫游，有利于均匀分布、捕食和防御敌害。如成群的狼可以捕食比自身还大的动物；成群的麝香牛可对付狼群的袭击。

②种内斗争。同种个体之间由于食物、栖所或其他生活条件的矛盾而发生斗争的现象。如虾类、鱼类和啮齿类中有种内残食现象。有些动物的雄性个体，繁殖期间，为了争夺雌性与同种雄性个体进行斗争。这种斗争对种的生存是有利的，可以使同种内存活的个体得到比较充分的生活条件，或使生出的后代更优良一些。

2）种间关系：不同种生物之间的关系。

生物群落（群落）：生活在一定的自然区域内，相互之间具有直接或间接关系的各种生物的总和。

群落中各种生物之间的关系的几种类型。

①共栖：两种生物共同生活在一起时，对双方都有利，彼此分开以后，各自也能生活，这样的关系称共栖。如寄居蟹（虾）和海葵的共同生活关系。海葵随寄居蟹的移动以获得食物，又可吃寄居蟹吃剩的食物；寄居蟹因海葵的刺细胞能驱逐敌害，受到保护。

②共生：两种生物共同生活在一起，相互依赖，彼此有利，或对一方有利，对另一方也无害，两种生物的这种共同生活关系叫共生。如：地衣是由藻类和真菌共生形成，藻类进行光合作用制造有机物供给真菌；真菌吸收无机盐和水分给藻类。根瘤由豆科植物和根瘤细菌共生

形成。

③寄生：一种生物寄居在另一种生物的体内或体表，从那里吸取营养来维持生活。

寄生物：营寄生生活的生物。

宿主：被侵害的生物。如蛔虫、绦虫、血吸虫寄生在其他动物体内。虱和蚤寄生在其他动物体表。

④竞争：两种生物生活在一起，为争夺食物、空间等而发生斗争的现象。竞争的结果往往对一方不利，甚至于被消灭。

⑤捕食：一种生物以另一种生物为食的现象。如兔吃草，狼食兔等。

生物种间关系复杂，其中主要是食物的联系。

4. 生物对环境适应的几个实例。

1）保护色：动物适应栖息环境而具有的与环境色彩相似的体色。对动物避免遭受敌害的攻击或猎捕食物有利。如昆虫的体色往往与它们所处环境中的枯叶、绿叶、树皮、土壤、鸟粪等物体颜色相似。北极熊毛纯白色，与冰天雪地环境一致；爬行类的变色龙（避役），体色可随环境的色彩而改变，对捕食和避免敌害有利。

2）警戒色；某些有恶臭或毒刺的动物所具有的鲜艳色彩和斑纹。特点：色彩鲜艳，易于识别，是动物在进化过程中，在同种个体多次被食的基础上，逐渐在体色上形成的一种保护性适应。如毒蛾的幼虫具有鲜艳的色彩和花纹，对于捕食它的鸟类是一种有毒的警告。

3）拟态：某些动物在进化过程中形成的外表形状或色泽斑，同其他生物或非生物非常相似的状态。如：竹节虫的形状像竹节或树枝。

第二节　生态系统

生态系统：生物群落及其无机环境相互作用的自然系统，简称生态系。

1. 范围：生物圈——最大的生态系统。

$$
\text{生物圈}\begin{cases}
\text{海洋生}\\\text{态系统}
\end{cases}\begin{cases}
\text{海岛生态系统}\\
\text{湖泊生态系统：小到一个池塘的生态系统}
\end{cases}
$$

$$
\begin{cases}
\text{陆地生}\\\text{态系统}
\end{cases}\begin{cases}
\text{森林生态系统：小到一片森林的生态系统}\\
\text{草原生态系统：小到一块草地的生态系统}
\end{cases}
$$

2. 结构。

1）成分：按营养功能来区分，包括四种组成部分。

①非生物的物质和能量：包括阳光、温度、空气、水分和矿物质等。太阳能是来自地球以外的能源。

②生产者：主要指绿色植物，是自养生物，是生态系统的主要组成部分。绿色植物通过光合作用，把无机物制造成有机物，光能转变为化学能，储存于有机物中，故称生产者。

③消费者：包括各种动物。它们都直接或间接依赖绿色植物制造出的有机物生存，故称消费者，属异养生物。

a. 初级消费者：动物中直接以植物为食的草食动物（又称植食动物），如兔、马、牛、羊和草鱼。

b. 次级消费者：以草食动物为食的肉食动物，如黄鼠狼、猫头鹰、狐狸等。

c. 三级消费者：以肉食动物为食的大型肉食动物，如虎、豹、狼、狮子等。

④分解者：指细菌和真菌等营腐生生活的微生物。是异养生物。它们能把动植物的尸体、排泄物和残落物等所含复杂的有机物分解成简单的无机物，再重新被绿色植物利用来制造有机物，故称分解者。在生

附

录

态系统中如缺少了分解者，生产者就不可能长期生存下去（见教材页图29）。

2）食物链和食物网：生态系统的营养结构。

食物链：生态系统中各种生物之间由于食物关系而形成的一种联系。生产者与消费者之间的关系是构成食物链的一种重要模式。如：

草类 ⟶ 兔子 ⟶ 狐狸
（生产者） （初级消费者） （次级消费者）
（第一营养级） （第二营养级） （第三营养级）

动物所处的营养级是会改变的，如猫头鹰：

植物（种子）→鼠类→猫头鹰（第三营养级）

草类→兔子→黄鼠狼→猫头鹰（第四营养级）

食物网：一个生态系统中许多食物链彼此相互交错连结的复杂营养关系。

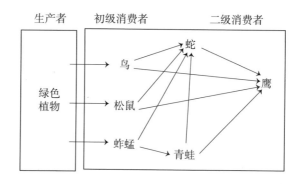

3. 能量流动：生态系统中的物质和能量是顺着食物链和食物网的渠道流动的。

1）能量与物质的关系：物质是指组成生物体的糖类、脂类和蛋白质等有机物，其中含有化学能。生态系统中能量的数值往往用这类物质的数量来表示，经常用到的是生物量。

2）生物量。

①用质量单位（克、千克）来表示的生物量：生物的重量，通常用干重来统计生物的重量。

②用能量单位（卡、千卡）来表示的生物量：每克糖类或脂类、蛋白质在生物体内彻底氧化分解放出的热量（热量价）来表示：

	每克产生的热量		
	糖类	脂肪	蛋白质
体内氧化分解	4.1 千卡	9.3 千卡	4.1 千卡
体外燃烧			5.6 千卡（包括尿素中 1.5 千卡）

③以生物体每克干重所产生的能量数值来表示生物量：生物体由有机物和无机物组成，各种不同生物，各种组成成分的分量也不一样。因此，各种生物体每克干重燃烧后所产生的能量数值也不同。变动范围一般是 3.0～5.6 千卡之间，其中脊椎动物的能量值最高，是 5.6 千卡。如一只田鼠干重是 10 克，每克干重的能量换算值为 5.6 千卡。这只田鼠的生物量用重量单位来表示是干重 10 克，用能量单位表示是 56 千卡（5.6 千卡×10＝56 千卡）。

④用生物量来统计生物的群体：如已知一个生态系统中有田鼠 1000 只，平均每只干重 10 克。用质量单位表示，田鼠种群的生物量为干重 10000 克（即 10 克×1000＝10000 克）；用能量单位表示，田鼠种群的生物量为能量 56000 千卡（5.6 千卡×10000＝56000 千卡）。

3）初级生产量。

①生态系统所需能量的来源：太阳是地球上所有生态系统能量的来源。生态系统的生产者是绿色植物，通过光合作用，把太阳能固定和储存在它们所制造的有机物中。

②初级生产量和总初级生产量。

初级生产量：生产者所固定的太阳能量（生产者生产出来的有机物的量）。

总初级生产量：在单位时间（一年或一天）里，生产者所固定的全部太阳能量。

③呼吸量和净初级生产量。

呼吸量：生产者自身在进行新陈代谢等生命活动中所消耗的这部分能量。

净初级生产量：净初级生产量=总初级生产量－呼吸量

净初级生产量是以物质的形式来表示的。植物的根、茎、叶、花、果实等物质中储存的化学能，供生产者用于生长、发育、繁殖等方面的需要。

④总初级生产量和净初级生产量的应用：以净初级生产量为例：单位时间以年来计算。

a. 一棵一年生的草本植物来说，一年内生出的全部根、茎、叶、花、果实等，是它的净初级生产量。

b. 一棵多年生的树木来说，一年内在原有生物量基础上所增加的那部分生物量，就是它的净初级生产量。

c. 一个生态系统，它的全部生产者一年内在原有的生物量以外所增加的那部分生物量，是这个生态系统的净初级生产量（净初级生产力）。

⑤生态系统的净初级生产量的差异；自然界中不同的生态系统的净初级生产量有很大差别，例如：

$$\text{陆地生态系统} \begin{cases} \text{最大的净初级生产量：} \text{热带雨林(平均每年每平方米 2200 克，变动在 1000~3500 克范围内)} \\ \\ \text{最小的净初级生产量：} \text{岩石、沙漠、冰地类生态系统(平均每年每平方米 3 克，变动在 0~10 克范围内)} \end{cases}$$

4）次级生产量。

①生态系统的第二营养级（一级消费者）的能量来源：一级消费者是草食动物，它们吃了植物后，除了部分粪便等残渣被动物排出体外，其余被动物体所同化，能量就由植物流入动物体，故生产者是一级消费者的能量来源。

②总次级生产量和净次级生产量。

总次级生产量：在单位时间（一年或一天）里，动物体的同化量。

净次级生产量：净次级生产量=总次级生产量－呼吸量

净次级生产量以物质形态表示，是草食动物用于生长、发育、繁殖等的那部分能量。

③次级生产量：次级消费者（肉食动物）、三级消费者（大型肉食动物）体内的能量变化与一级消费者的情况相同，而且它们各自的生产量也都属于次级生产量，即所有消费者的生产量都叫次级生产量。

5）生态系统的能量流动过程：

①能量流动的途径：一个生态系统的全部生产者所固定的太阳能－生态系统的总能量，一部分通过动植物尸体、残枝落叶和粪便等落入土壤或水域，为分解者所利用并通过呼吸而放散到环境中。其他主要部分的能量则通过食物链的各个营养级而流动。

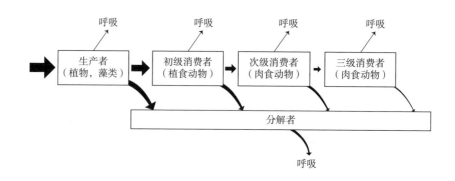

②能量在各级营养之间流动的特点：

a. 因各营养级的生物由于呼吸而消耗相当大的一部分能量，故能量在逐级流动中越来越少。在输入到一个营养级的能量中，只有10%～20%的能量能够流动到下一个营养级。可根据各营养级的能量数值绘制一个能量金字塔：分三个等级，相邻的两个等级的体积相比约为1/10～1/5，能量传递效率约为10%～20%。b. 能量流动是单向的。

③研究生态系统中能量流动的主要目的：设法调整生态系统的能量流动关系，使能量流向对人类最有益的部分。

4. 生态系统的物质循环：组成生物体的碳、氢、氧、氮等基本元素在生态系统的生物群与无机环境之间形成的返复的循环运动。生态系统指的是生物圈，其物质循环带有全球性，所以把这种循环又称生物地球化学循环（简称生物地化循环）。

1）水循环：地球表面70%为水占据着（绝大部分是海洋）。见教材164页简表。

水循环的形式：地球上的水是通过气体的形式循环的。在阳光照射下，海洋和陆地水部分变为水蒸气进入大气中。动植物通过蒸腾作用和体表蒸发，使水分也进入大气。大气中的水蒸气遇冷变为雨、雪、雹等降落回地球表面。其蒸发量和降水量如下图所示。

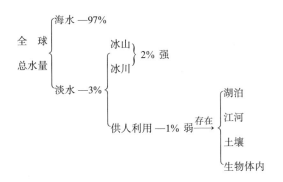

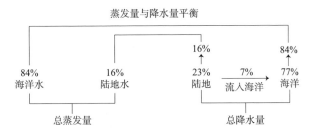

2）碳循环。

a. 存在形式：在生物体中，碳占干重的 49%，在无机环境中碳以二氧化碳或碳酸盐（石灰岩、珊瑚礁）的形式存在。

b. 循环形式：在无机环境和生物群之间是以二氧化碳的形式进行循环的。

c. 循环途径：大气中的二氧化碳，通过生产者合成各种含碳有机物，进入生物群，一部分碳以化石燃料（煤、石油、天然气）的形式储于地层中，其他碳则由生产者和消费者在生命活动中，通过呼吸作用，以二氧化碳放回大气中，生产者和消费者的尸体通过分解者的利用，分解后产生的二氧化碳也返回大气中。

3）氮循环。

固氮：氮气是一种很不活泼的气体，不能直接为绝大多数生物利用，游离的氮必须经过变化并与其他成分形成化合物（如氨），才能为

附

录

植物（生产者）所利用，这种变化过程是固氮。固氮类型见下表。

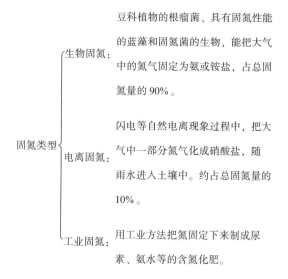

固氮类型
- 生物固氮：豆科植物的根瘤菌、具有固氮性能的蓝藻和固氮菌的生物，能把大气中的氮气固定为氨或铵盐，占总固氮量的90%。
- 电离固氮：闪电等自然电离现象过程中，把大气中一部分氮气化成硝酸盐，随雨水进入土壤中。约占总固氮量的10%。
- 工业固氮：用工业方法把氮固定下来制成尿素、氨水等的含氮化肥。

氮的循环途径：如下图所示。

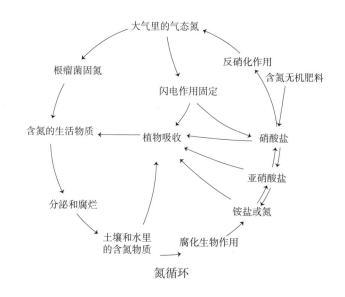

氮循环

5. 生态平衡：生态系统中生产者、消费者和分解者之间的能量流动和物质循环能较长时间地保持着动态的平衡，这种平衡状态称生态平衡。

1）生态平衡的原因：生态系统能保持动态平衡，是由于生态系统具有维持自身相对平衡的能力，即具有自动调节的能力。这个能力有大有小。

①生态系统的成分越单纯，营养结构越简单，自动调节能力越小，生态系统越容易破坏。

②生态系统的营养结构越复杂，食物链中各营养级的生物种类越繁多，自动调节能力越大，生态平衡越容易维持。

2）破坏生态平衡的因素：一个生态系统的自动调节能力有一定限度，外来干扰超过了限度，生态平衡就遭破坏。

生态平衡的破坏 {
自然因素：自然界发生的异常变化或自然界本来就存在的对人类和生物有害的因素，如：火山爆发、台风、流行病等自然灾害。

人为因素：人类对自然的不合理利用，工农业发展带来的环境污染等。
}

第三节　自然保护

人类生存的环境是一个巨大的生态系统。人和环境又是密切互相联系的，由于工业和城市建设的布局不合理，人类对自然资源的利用不合理，造成环境污染和破坏。因此，除了要防止"三废"污染外，更重要的是要进行自然保护（包括森林、草原和野生动植物的保护等）。

1. 森林在环境保护中的作用。

1）制造氧气：通常 1 公顷阔叶林一天可以消耗 1000 千克的 CO_2，释放出 730 千克的氧气，有利于保持空气的新鲜。

2）净化空气：林木能在低浓度范围内吸收各种有毒气体，使空气净化。如一公顷柳杉林每天可吸收 SO_2 60 千克。

附

录

3）过滤尘埃：林木对大气中的粉尘污染能起阻滞、过滤的作用。林木枝叶茂盛，可减小风速，使大气中携带的大粒灰尘沉降下来；叶表面粗糙，多生茸毛，有的分泌油脂和粘性物质能吸附滞留在空气中的一部分粉尘，净化了大气。如1公顷山毛榉树一年内吸附的粉尘有68吨左右。

4）杀灭细菌：植物能分泌强大的杀菌素。如橙、圆柏、法国梧桐等植物，有较强的杀菌力。

5）消除噪声：成片的森林能吸收、阻挡声音，大量植树能降低噪音。

6）其他：森林可以涵养水源、保持水土、防风固沙、调节气候等。

2. 草原的利用和保护。

1）草原的作用：①是畜牧业的重要生产基地；②是一些野生动物（野兔、黄羊、旱獭、牦牛等）的栖息场所；③能调节气候和防止土地被风沙侵蚀。

2）合理利用草原和保护草原：①建立合理的放牧制度，根据草场的生产力，确定合理的载畜量，防止超载放牧；②杜绝不合理的开垦和乱砍乱挖破坏植被的现象，防止草原的退化；③有水利条件的地方，要大兴草原水利，有计划地营造基本草场防护林，以林护草、草林结合。④开展草原科学研究，消灭草原鼠害和虫害。

3. 保护野生动植物资源。

1）我国的野生动植物资源。

2）保护野生动植物资源——建立自然保护区。

自然保护区：为了保护自然和自然资源，特别是保护珍贵稀有的动植物资源，保护代表不同自然地带的自然环境和生态系统，国家划出一定的区域加以保护，这样的地区叫自然保护区。

生物种类		数量	
高等植物		3 万多种（其中木本植物 7000 多种）	
陆栖脊椎动物	爬行类	300 多种	合计 1800 多种，占世界此类动物的 10%
	鸟类	1100 多种	
	兽类	400 多种	
鱼类	淡水鱼	近 600 种	占世界鱼类种数 10%
	海产鱼	1500 多种	
世界特有的珍贵动植物	猫熊、金丝猴、扬子鳄、白鱀豚、银杏、银杉、金钱松、珙桐		

①自然保护区的作用：a. 保护珍贵的动植物资源，使之得以发展；b. 利用自然保护区研究珍贵动物的生态和生物学特性，为引种驯化提供依据；c. 为大量繁殖和培育新品种提供种源和原材料。

②设立自然保护区的意义：a. 自然保护区保存了完整的自然环境和生态系统，对研究自然资源、自然历史、自然条件、生物与非生物之间的关系，以及环境保护监测活动有很大价值；b. 是进一步探索、深刻认识自然规律的重要基地。

附

录

附录2　高考复习资料·生物节选❶

四、生命的基本特征

（一）新陈代谢

新陈代谢是生命的最基本的特征，是由同化作用和异化作用这两个同时进行的过程组成的。同化作用是生物从外界吸取物质，经过极其复杂的变化，同化成自己新的原生质，并且贮存能量的过程。异化作用是生物分解自己原有的原生质，释放能量的过程。生物体通过同化作用和异化作用不断地进行自我更新的生理过程，就是生物的新陈代谢作用。

新陈代谢过程包括物质代谢和能量代谢。物质是构成生命的基础，能量是推动生命活动的动力，新陈代谢一旦停止，生物便失去了赖以生存的物质和能量，生命也就结束了。所以说，新陈代谢是生物生存的基本条件，也是生命最基本的特征。

1. 生物的能源

（1）生物体内的能源物质：自由存在于生物体细胞内的三磷酸腺苷，是一种含有丰富能量的物质，生物生命活动所需的能量，就是由三磷酸腺苷直接提供的。因此，三磷酸腺苷是生物体内的能源物质。

（2）三磷酸腺苷的分子结构：三磷酸腺苷能够源源不断地供应能

---

❶ 本部分节选自江西人民出版社 1981 年版《高考复习资料·生物》。郑清渊为节选部分主要编写者。

量，这是由于它的分子结构所决定的。一分子的三磷酸腺苷是由一个腺苷和三个磷酸根构成的。第一个磷酸根以普通的磷酸键牢固地结合在腺苷上，组成一磷酸腺苷，可简写成 AMP。第二个磷酸根以一个蕴藏着大量化学能的高能磷酸键联结在 AMP 上，组成二磷酸腺苷，简写成 ADP。第三个磷酸根又以高能磷酸键结合在 ADP 上，组成了三磷酸腺苷，简写成 ATP。假如以 A 代表腺苷，Ⓟ 代表磷酸根，"—"代表普通磷酸键，"～"代表高能磷酸键，则其结构可用如下的图解表示：

A—Ⓟ 一磷酸腺苷（AMP）

A—Ⓟ～Ⓟ 二磷酸腺苷（ADP）

A—Ⓟ～Ⓟ～Ⓟ 三磷酸腺苷（ATP）

（3）三磷酸腺苷（ATP）的贮能和供能机理：在 ATP 分子中，第三个磷酸根能很快地脱掉，使 ATP 变成 ADP，此时，第二个高能磷酸键断裂，释放出大量的能量。由此可见，ATP 是以转变成 ADP 来提供能量的。ADP 又能吸收物质代谢释放的能量，结合一个磷酸根，形成高能磷酸键，将能量贮藏起来，这样，ADP 又变成 ATP。ADP 和 ATP 就是这样互相转变，往复循环，从而储藏能量和释放能量的。但是 ADP和 ATP 相互转变的过程中，必须有酶的参加才能进行。我们可以用简单的反应式来表示这些变化的过程：

$$\text{ADP} + \text{磷酸根} + \text{能量} \underset{}{\overset{\text{酶}}{\rightleftharpoons}} \text{ATP}(\text{ADP} \sim Ⓟ)$$

ATP 和 ADP 在活的细胞中永无休止地循环着，使 ATP 不会因能量的不断消耗而用尽，从而保证了生命活动由于能够及时地得到能量而顺利地进行。

思考题

1. 名词解释：

（1）同化作用　（2）异化作用　（3）AMP

（4）ADP　（5）ATP

2. 什么是生物的新陈代谢？新陈代谢作用在生物的生命活动中有什么重要意义？

3. 三磷酸腺苷（ATP）的分子结构是怎样的？

4. 说明 ATP 的贮能和供能机理。

5. ATP 和 ADP 的相互转化对能量供应的重要性是什么？

2. 同化作用

生物把从外界吸取来的物质，经过一系列的极其复杂的变化，同化成新的原生质，并且贮藏能量。这些贮藏在原生质中的能量，正是生物细胞中 ADP 转变为 ATP 时所需的能源。

（1）自养生物的同化作用：凡是能从外界吸取无机物以制造有机物，作为自己的营养物质的生物，称为自养生物。如绿色植物和少数细菌属于自养生物。

自养生物在同化作用过程中，主要是通过绿色植物的光合作用，把吸收来的无机物，转变成有机物；同时把太阳光的辐射能转变成化学能，贮藏在有机物中。

Ⅰ. 绿色植物的光合作用。

①光合作用的概念：绿色植物的叶绿素吸收太阳的光能，把水和二氧化碳制造成葡萄糖，放出氧气；同时把光能转变成化学能，贮藏在葡萄糖里的生理过程，叫做光合作用。

光合作用过程包含了两方面的变化：一方面，把简单的无机物制成复杂的有机物，并放出氧气，这是光合作用的物质转化过程；另一方面，利用太阳的光能，制成有机物，并且把光能转变为贮存在有机物里的能，这是光合作用的能量转化过程。

②光合作用的过程：光合作用是在叶绿体中进行的，它的总过程，可以用下面的反应式表示：

$$6CO_2 + 12HO_2 \xrightarrow[\text{叶绿素}]{\text{光能}} C_6H_{12}O_6 + 6H_2O + 6O_2$$

从上式的反应中,首先水被分解成氢和氧,氢去还原二氧化碳,而氧则被释放出来。整个反应过程是比较复杂的,可分成两个大步骤:

光反应:必须在光下才能进行,它的中心是能量的捕获和水的分解,其过程如下:

<1>叶绿素被激发:叶绿素的分子吸收光能,发生突然的变化,形成激发状态,把吸收的能量由光能转变为化学能,这时的叶绿素分子具有高能量。

<2>水的光解:激发的叶绿素放出部分能量,把水分解为氢和游离的氧。氧气释放出去,而氢立刻与辅酶Ⅰ(NADP)结合,形成还原型的辅酶Ⅰ(NADPH)。

<3>光合磷酸化反应:激发状态的叶绿素又放出能量,使低能量的磷酸根Ⓟ,转变为高能磷酸根Ⓟ,再与 ADP 结合,形成 ATP,这样,能量就转变成化学能,储藏在 ATP 中。

光反应的结果,产生了 NADPH 和 ATP,为反应准备了物质和能量。

暗反应:是紧接着光反应进行的,它不需要光,在暗处能够进行。暗反应的中心是二氧化碳的固定,最后产生葡萄糖。

<4>CO_2 被 RuDP 固定:叶绿体中含有二磷酸核酮糖 RuDP,它是一种 5 碳化合物。CO_2 由气孔进入叶内到达叶绿体时,就被 RuDP 吸收固定,形成 6 碳化合物。

<5>葡萄糖的产生:6 碳化合物中的一小部分经过一系列的酶促反应,加入 NADPH 脱下的氢,利用 ATP 变成 ADP 释放的能量,制造成葡萄糖。6 碳化合物的大部分则经过重新组合,又形成 RuDP 进行循环,再吸收 CO_2,产生葡萄糖。在这整个过程中,还有水产生,被释放出去。

附

录

暗反应的结果产生葡萄糖，一部分用于细胞的呼吸作用为 ADP 变为 ATP 提供能量，一部分形成多糖贮藏起来。

光合作用的过程用下面的图解表示：

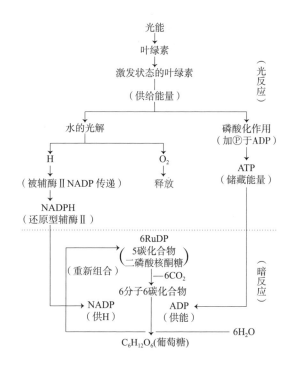

③影响光合作用的因素：

<1>光的强度：一般说来，光的强度不够，就不能提供足够的能量，光合作用的效率就不高。由于植物的种类不同，需要光的强度也不一样，只有满足它们对阳光的不同需要，光合作用才能顺利进行。

<2>二氧化碳的浓度：二氧化碳是光合作用的原料，直接影响到光合作用产物的数量。如果适当增加空气中二氧化碳的浓度，可以提高农作物的产量。

<3>温度：一般说来，25℃左右（20～28℃）是光合作用最适宜的温度，温度过高，对光合作用不利。

影响光合作用的各种因素，是相互联系的、相互影响的。在农业生

产上可以采取综合措施，改善作物生长的环境条件，以提高产量。如适时栽插，保证作物获得适宜的温度。合理密植、间作套种、调节播种行向等以增加作物对光能的利用率。疏去过密的枝叶、增施二氧化碳肥料，供给作物充足的水分等，从而提高光合作用的效率，收到增产的效果。

④光合作用在同化作用中的重要意义：

光合作用能把无机物制造成糖类，糖类又可转变成其他有机物，如脂肪、蛋白质、核酸等，这些有机物都是组成原生质的主要物质，如果没有光合作用，就没有糖类，也就没有其他有机物，生物就不能生存。

生物生活所需的能量，其最终来源，从根本上说是来自太阳光，但是，大多数生物都不能直接利用光能，而只能利用由光能转变成的化学能，例如贮藏在 ATP 中的能量就是化学能。只有光合作用才能将光能转变为化学能。

总之，从无机物变为有机物的物质转变过程和光能转变为化学能的能量转变过程来看，光合作用是生物界最基本的物质代谢和能量代谢，它在整个生物界以至自然界都有着极其巨大的意义。

Ⅱ. 化能合成作用：有些不含叶绿素的生物，虽然不能利用光能制造有机物，但能利用环境周围的物质氧化时产生的能量，来合成自己需要的有机物。这种营养方式叫做化能合成作用。

例如：亚硝酸细菌能利用氨（NH_3）氧化为亚硝酸（HNO_2）时放出的能量，将无机物合成有机物。

$$2NH_3 + 3O_2 \longrightarrow 2HNO_2 + 2H_2O + 能量$$
$$6CO_2 + 6H_2O \longrightarrow C_6H_{12}O_6 + 6O_2$$

又如：硝酸菌利用亚硝酸氧化为硝酸时释放的能量，以合成有机物。

$$2HNO_2 + O_2 \longrightarrow 2HNO_3 + 能量$$
$$6CO_2 + 6H_2O \longrightarrow C_6H_{12}O_6 + 6O_2$$

（2）异养生物的同化作用：动物和大多数菌类，自己没有把无机物制造成有机物的能力，必须依靠别的生物制造的现成的有机物来营养自己，这类生物就是异养生物。

异养生物能把复杂的有机物分解为简单的可以吸收的有机物，例如把淀粉分解成单糖，脂肪分解成脂肪酸和甘油，蛋白质分解成氨基酸等，这些物质被吸收后，再转化成为自己的原生质。

思考题

1. 名词解释：

（1）自养生物　　（2）异养生物　　（3）化能合成作用

2. 什么是光合作用？写出光合作用的总过程的反应式。

3. 说明光合作用过程中光反应和暗反应的具体步骤。

4. 光能在光合作用过程中有什么重要作用？

5. 根据光合作用原理，要提高农作物产量，应该采取那些措施？为什么？

6. 为什么说光合作用是生物界最基本的物质代谢和能量代谢作用？就光反应和暗反应的过程来说明。

3. 异化作用

生物通过呼吸作用，将体内的有机物质氧化，分解成水和 CO_2 等简单物质；同时释放能量。能量被 ADP 吸收，使 ADP 形成 ATP，能量就贮藏在 ATP 中，供给生物进行各种生理活动的需要。

（1）需氧呼吸：有些生物必须生活在空气流通的环境里，从大气中吸取游离的氧气，氧化体内的有机物，释放能量，用于制造 ATP，这样的呼吸方式称为需氧呼吸。

需氧呼吸的过程：以葡萄糖氧化为例，即葡萄糖氧化成为二氧化碳和水，释放能量的过程，其总的反应式如下：

$$C_6H_{12}O_6 + 6O_2 \xrightarrow{\text{酶}} 6CO_2 + 6H_2O + 38ATP$$

这个反应式的具体过程是极为复杂的，中间要经过许多步骤，进行着一系列的物质变化和能量转移过程，现将它分为两个大步骤加以说明。

Ⅰ. 葡萄糖的酵解：

一分子葡萄糖在酶的作用下，再加上两分子 ATP 供给的能量，分解成两分子丙酮酸的反应过程，叫做葡萄糖的酵解。这个过程是在细胞质里进行的，不需要氧气。酵解结果，可释放出可用于产生 10 个 ATP 的能量。由于在反应过程中消耗两个 ATP，所以实际上细胞只净得 8 个 ATP。这是一种不彻底的、低效率的能量利用方式。

Ⅱ. 丙酮酸的最终分解：

丙酮酸在线粒体内，在氧气和酶的作用下，经过许多中间步骤，最后彻底分解为二氧化碳和水。在各中间步骤的连续变化过程中，都有能量释放出来，可产生 30 个 ATP，加上糖酵解所得 8 个 ATP，合起来共得 38 个 ATP。即一分子葡萄糖被彻底氧化时，细胞获得 38 个 ATP。用简式表示：

附

录

（2）厌氧呼吸：有些生物，不需要从空气中吸取游离的氧气，而是依靠细胞里有机物质分解时产生的能量，作为制造 ATP 的能源。即在无氧的时候，能把葡萄糖分解成二氧化碳和中间有机物，并释放能量，制造 ATP，这一过程叫做厌氧呼吸或发酵。

例一：乳酸菌在缺氧的条件下，依靠酶的作用，把一分子葡萄糖分解成两分子乳酸，释放能量，形成 2 个 ATP，其反应式如下：

$$C_6H_{12}O_6 \xrightarrow{\text{酶}} \underset{\text{（乳酸）}}{2C_3H_6O_3} + 2ATP$$

例二：酵母菌在缺氧的条件下，依靠酶的作用，把葡萄糖分解成酒精和二氧化碳，产生 2 个 ATP，其反应式如下：

$$C_6H_{12}O_6 \xrightarrow{\text{酶}} \underset{\text{（酒精）}}{2C_2H_5OH} + 2CO_2 + 2ATP$$

生物的厌氧呼吸在生产上的应用如下：

Ⅰ. 在工业上的应用：利用乳酸菌的厌氧呼吸过程制成酸牛奶和乳酪。根据发酵这一厌氧呼吸的原理，广泛应用在酿造工业上，如生产酒精、制药等。

Ⅱ. 在农业生产上的应用：在水稻的种子萌发和幼苗生长期，要注意防止它进行长期的厌氧呼吸，以免引起烂芽和烂秧。因为厌氧呼吸的效率低，所提供的能量不能满足幼芽旺盛生长的需要；为了要取得足够的能量，就必须消耗更多的有机物，大大影响了幼苗的正常生长。又因厌氧呼吸的产物中有酒精，酒精的积累能使细胞中毒。因此，我们必须采取适当措施，如浸种的时间不能过长，催芽时谷堆要经常翻动和及时摊晾，播种后秧田要排灌交替，这样，保证幼苗得到充足的氧气，保证壮芽壮秧。

（3）需氧呼吸和厌氧呼吸的比较：

Ⅰ. 需氧呼吸和厌氧呼吸二者在本质上是相同的；它们都是分解有机物、释放能量、产生 ATP。

Ⅱ. 需氧呼吸与厌氧呼吸的区别如下：

需 氧 呼 吸	厌 氧 呼 吸
有氧气参加。这类生物必须生活在空气流通的环境里	无氧参加。这类生物只能生活在缺氧的环境里
葡萄糖彻底分解为二氧化碳和水	葡萄糖分解不彻底，有中间有机物产生
能量全部释放，产生 ATP 多，效率高	能量没有完全释放，产生 ATP 少，效率低

（4）呼吸作用与 ATP 的重要意义：

呼吸作用所释放的能量，是产生 ATP 的能源，因此，没有呼吸作用，就没有 ATP 的产生，生命活动就要停止。

由于 ATP 的特殊结构，能与 ADP 互相转化，可以随时把多余的能量吸收进来，作为贮藏的能量备用，避免了能量的流失；也可以随时把能量释放出去，以满足生命活动的需要。可见 ATP 在生物能量转换、储藏和利用中是一种关键性化合物，对生物的生命活动的进行是非常必要的，因此说，呼吸作用产生 ATP，对生物是有着极其重要的意义的。

（5）能量的利用：ATP 是生物体中一切需能活动的直接的能量来源，ATP 释放的能量可用于下列的几个方面：

Ⅰ. 机械作用：例如人的赛跑、游泳、登山等所作的机械功，一般是由肌肉细胞的收缩来完成，所消耗的能量由 ATP 提供。

Ⅱ. 生物发光：很多生物能够发光，如萤火虫、细菌、原生动物和许多深海动物，其发光过程中能量的直接来源是 ATP。

Ⅲ. 生物合成：生物体的同化作用，必须把物质的小分子合成大分子，如蛋白质、多糖和核酸。其合成过程必须由 ATP 供给能量才能

附
录

完成。

Ⅳ. 主动转移：细胞内外离子或分子从低浓度向高浓度溶液中流动与细胞对 ATP 的产生和利用紧密有关。

Ⅴ. 电功：有些生物能发电，如鱼类中的电鳗，它有特别的发电器官把 ATP 的能量转化成电流。又如细胞膜内外电压的形成，神经冲动的传导，也需 ATP 提供能量。

Ⅵ. 产热：能量也是生物的热源，如哺乳动物和鸟类，特别需要有内部产生的热，以保持固定的体温。

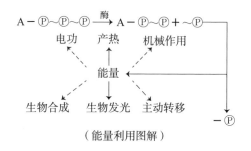

（能量利用图解）

4. 新陈代谢与酶

（1）酶的概念：酶是生物体在细胞内产生的具有催化能力的蛋白质。生物体内各种复杂的化学反应，都是在酶的催化下进行的。所以说酶是生物催化剂。

（2）酶在生命活动中的重要性：自然界一切生命现象都与酶的活动有关。我们知道生物的新陈代谢是通过许多化学反应来实现的，而各种化学反应，都在酶的催化下进行，并受酶的控制和调节。如果离开了酶，新陈代谢就不能进行，生命就会停止。

（3）酶的特性。

Ⅰ. 多样性：生物体内的化学反应是极其复杂多样的，每一种反应都有特定的酶参加，如呼吸过程中，葡萄糖的氧化包括几十步化学反应，每步化学反应都在一类特殊的酶的催化下进行，可见酶的种类是极其多样的。

Ⅱ. 专一性：每种酶只能作用于一种或一类物质的化学反应，例如麦芽糖酶只能促进麦芽糖水解为葡萄糖，而对于其他的糖则不起催化作用。

Ⅲ. 高效性：酶具有极强的催化功能，远远超过一般的化学催化剂，只要极小量的酶就能使大量的化合物产生反应，例如一份淀粉酶就能够催化 100 万份淀粉，使它水解成为葡萄糖。又如过氧化氢酶的催化效率比一般非生物催化剂高一千万倍。所以，酶在细胞的组成中数量虽然不多，但催化效率极高。

酶在所催化的反应中只是暂时的参与，反应完成以后，本身的化学性质和数量并不改变，又会以原来的形式释放出来，重新催化其他的反应物的分子，使其转变为产物。

思考题

1. 名词解释：

（1）需氧呼吸 （2）厌氧呼吸 （3）酶

2. 写出葡萄糖在需氧呼吸过程中总的反应式。

3. 说明葡萄糖的酵解过程。

4. 说明葡萄糖在需氧呼吸过程中分解和释能的步骤。

5. 举例说明葡萄糖厌氧呼吸过程。

6. 需氧呼吸和厌氧呼吸在本质上有什么共同之处？二者有什么区别？

7. 为什么说 ATP 是生物能量转换、储藏和利用的关键物质？

8. 举例说明生物呼吸作用的原理在工农业生产上的应用。

9. 说明呼吸作用与 ATP 的重要意义。

10. ATP 释放的能量是如何被利用的？

附

录

11. 酶有哪些特性？

12. 说明酶在生命活动中的重要性。

（二）生殖发育

1. 生殖

生殖是生物产生后代的过程。它是生物的一种普遍的生命现象。通过生殖，生物个体数目增多，使物种得以延续和发展。

研究生物的生殖，对工农业生产有很重要的意义：我们掌握了生物的生殖规律，就可能采取有效措施，使有用的生物生殖得更快、更多、成熟得更早、品质更优良，有利于生产；对于有害的生物，可以控制其生殖，减少它们的危害。

生殖方式一般分为两大类：无性生殖和有性生殖。

（1）无性生殖：只由一个母体产生同种新个体（子体）的生殖方式。

Ⅰ. 分裂生殖：一个母体平均分裂为同体积、同形状的两个子体的生殖方式，叫做分裂生殖，这是最原始的生殖方式，例如细菌的生殖。

Ⅱ. 出芽生殖：母体的一部分向外突出，逐渐形成芽体，芽体的形状与母体相似，但大小悬殊，长大以后，从母体上脱离下来而形成子体。例如酵母菌和水螅通常进行这种生殖。

Ⅲ. 孢子生殖：母体产生许多孢子，每个孢子直接发育成一个新个体的生殖方式。如真菌中的青霉、曲霉；原生动物里的疟原虫等。

Ⅳ. 营养生殖：母体一部分营养器官，发育成新个体的生殖方式，叫做营养生殖。例如甘薯的块根，大蒜的鳞茎等都能发育成新个体。

营养生殖能使后代保持原来的优良性状，同时，能使新个体生长快、成熟早，从而缩短了生长时间，又可节约种子和扩大作物的栽培面积，因此，人们常用营养生殖的方式来繁殖一些作物、果树等。其方法有扦插、压条、嫁接等。

（2）有性生殖：有性生殖是由亲体产生性细胞，雌雄两个性细胞结合，才能发育成新个体的生殖方式。性细胞叫配子，一个配子是一个细胞。配子有两种：一种是大配子（雌配子）或叫卵细胞。另一种是小配子（雄配子）或叫精子。在高等动物中，大配子是由雌体的卵巢产生的，小配子是由雄体的精巢产生的。卵细胞和精子是亲体的产物，又是子体的根源，它们是上下两代相连续的桥梁，是传递遗传物质的唯一媒介。有性生殖可由简单图式表示：

$$\left.\begin{matrix} 雌体 —— 卵巢 \longrightarrow 卵细胞 \\ 雄体 —— 精巢 \longrightarrow 精子 \end{matrix}\right\rangle 合子 \longrightarrow 新个体$$

Ⅰ．精子和卵细胞的形成：精子和卵细胞在形成过程中进行一种特殊方式的细胞分裂，分裂的结果，精子和卵细胞的染色体数目比母细胞减少一半，这种分裂方式叫做减数分裂。下面以动物为例来阐述这一特殊的细胞分裂方式和精子、卵细胞的生成过程。

①精子的形成过程：精子是精巢里的精原细胞经过两次连续的核分裂后所形成的。

<1>精原细胞：精原细胞跟一般体细胞一样含有两组整列的染色体，每对染色体的大小、形状和结构完全相同，叫做同源染色体。如人的精原细胞里有23对染色体，每对染色体为同源染色体。精原细胞开始分裂时，同源染色体配合成对，叫做联会。

<2>初级精母细胞的产生：联会后的每对同源染色体中的每一个进行了自我复制，因此每个染色体成了两个染色体，各叫做一个染色单体，两个染色单体仍由一个着丝点连在一起，这时，配对的同源染色体就有了四个染色单体，叫做四分体。含有四分体的细胞叫做初级精母细胞。

<3>次级精母细胞的产生：初级精母细胞中的四分体排列在细胞的中央，由于纺锤丝的牵引，原来配对的同源染色体所形成的四分体，分

离开来向两极移动，随后细胞进行了第次分裂，成为两个次级精母细胞，每个次级精母细胞里的每种染色体只有原来细胞的一半，就是只有配对的同源染色体中的一个。

<4>精细胞的产生：两个次级精母细胞中的染色体的着丝点分裂开来，两个染色单体彼此分开，这时，细胞进行第一次分裂，一个次级精母细胞分裂为两个精细胞，这样共得四个精细胞，每个精细胞的染色体数目只有精原细胞的一半。

<5>精子的形成：四个精细胞经过变态，细胞核形成精子的头部，其他部分分别形成精子的颈部和尾部，这样，四个精子就形成了。

②卵细胞的形成过程：卵细胞形成过程跟精细胞形成过程基本上一样，不同的是

<1>初级卵母细胞进行第一次分裂，只产生一个次级卵母细胞和一个没有作用的极体（第一极体）

<2>次级卵母细胞进行第二次分裂，只产生一个卵细胞和一个极体（连同第一极体分裂成两个极体都叫第二极体）

<3>卵原细胞经过两次分裂，只产生一个卵细胞，极体没有作用，不久就消失了。

③精子和卵细胞形成过程的比较。

<1>精子和卵细胞形成过程的相同点：精原细胞和卵原细胞经过两次连续的分裂，染色体只经过一次分裂，分裂的结果，所形成的精子和卵细胞，其染色体数目减少一半。

<2>精子和卵细胞形成过程的不同点：

精子的形成	卵细胞的形成
初级精母细胞分裂产生两个次级精母细胞	初级卵母细胞分裂产生一个次级卵母细胞

精子的形成	卵细胞的形成
次级精母细胞通过第二次分裂，产生四个精细胞	次级卵母细胞通过第二次分裂只产生一个卵细胞
精细胞必须经过变态形成精子	卵细胞不经变态的过程
一个精原细胞产生四个精子	一个卵原细胞产生一个卵细胞

Ⅱ. 受精作用：

①精作用的概念：精子和卵细胞形成合子（受精卵）的过程，叫做受精作用。

②受精作用的意义：由于进行了减数分裂，精原细胞和卵原细胞里成对存在的同源染色体，在形成的精子和卵细胞中变为成单存在了，染色体数目只有原来细胞染色体数的一半。受精以后，合子里的染色体又配合成对，恢复了亲代染色体数目，这样，就保证了每种生物亲子两代在染色体数目上的恒定，使亲代的性状能遗传给后代，保持相对稳定的性状。另外，通过受精作用，两个不同亲体的遗传物质组合在一起，使后代有可能出现更多的变异，以增强对环境的适应能力，有利于生物的生存和发展。

思考题

1. 名词解释：

（1）无性生殖　（2）分裂生殖　（3）出芽生殖

（4）孢子生殖　（5）营养生殖　（6）有性生殖

（7）配子　　　（8）减数分裂　（9）受精作用

2. 生殖对生物有何意义？研究生物的生殖对农业生产有何重要意义？

3. 试述精子和卵细胞的形成过程。

4. 精子和卵细胞形成过程有那些相同点和不同点？

附

录

5. 减数分裂是怎样进行的？它的重要意义是什么？

6. 受精作用对生物体有何重要意义？

7. 蛙的身体细胞有 13 对染色体（共 26），那么蛙的精子和卵细胞各有多少染色体？受精卵有多少染色体？

2. 发育

多细胞生物的受精卵，经过细胞的分裂、组织的分化、器官的发生等等发育过程，形成一个与亲代相似的新个体。这个新个体再经过幼年、成年、老年的各个发育时期，而完成它的生活史。生物从受精卵发育开始直到死亡为止的全部发育过程，叫作个体发育。

（1）高等动物的个体发育。

Ⅰ. 胚胎发育时期：是指从受精卵逐渐发育成胚胎（幼体）的发育时期。两栖类、爬行类、鸟类等卵生动物的胚胎发育是在体外完成的。胎生动物（哺乳类）的胚胎发育是在母体子宫内完成的。

①胚胎发育的基本阶段：蛙和其他多细胞动物的胚胎发育都要经过卵裂、囊胚、原肠胚、中胚层形成以及器官分化的基本发育阶段。

<1>卵裂：受精卵的最初几次有丝分裂叫作卵裂。卵裂后细胞由一个变为多个，分上下两层：上层细胞分裂较快，细胞数多，体积小，叫动物极；下层细胞分裂较慢，细胞数目少，体积大，叫作植物极。

<2>囊胚：卵裂过程继续进行，细胞数目不断增多，形成一个空心球体。这个时期的胚胎叫作囊胚。囊胚的空腔叫作囊胚腔。

<3>原肠胚：随着的增大，出现内外两层细胞，叫作胚层。靠囊胚腔的一层叫作内胚层，外面的一层叫外胚层。以后，内层形成原肠（原始消化腔），这时期的胚胎叫作原胚。

<4>中胚层的形成：原肠胚形成以后，紧接着在内外胚层之间分化出新的一层细胞，叫作中胚层。

<5>组织器官的分化和形成：具有三个胚层的胚胎，继续发育，不同的胚层形成不同的组织和器官，组成一个新的个体。

　　②胚胎发育跟环境条件的关系：胚胎发育需要一定的环境条件，如果环境条件不能满足，胚胎发育就会不正常或成畸形，甚至停止发育。对于卵生的动物来说，受精卵在体外发育，因而受环境影响很大：

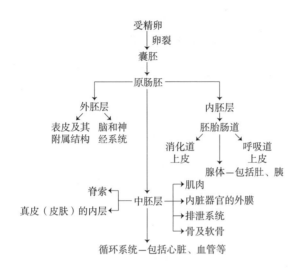

　　<1>温度：各类动物的胚胎发育都要求一定的最适温度。如鸡的受精卵在体外必须在39℃左右的温度以及一定的湿度才能发育。

　　<2>氧气：胚胎在发育过程中，新陈代谢作用很旺盛，氧气的充分供应十分重要。

　　<3>化学因素：如鱼类、两栖类的受精卵是在水中发育的，水的化学成分对它的影响很大，例如，蛙卵放在蔗糖溶液中发育，它的神经管始终不能形成。

　　在胎生动物中，胚胎在母体子宫内发育，环境比较稳定，母体的整个生理状况就成为胚胎发育的环境条件。

　　Ⅱ.胚后发育时期：从受精卵内孵出或从母生出的幼体，它们与成体之间，不论在形态构造上，生理功能上和生活习性上都存在一定的差别，还要继续发育，直到性成熟为止，这个阶段的发育就是胚后发育。

①直接发育：如鱼类、爬行类、鸟类和哺乳类，它们的幼体和成体之间区别很小，其胚后发育只是身体的长大和成熟以及各部分比例的改变，逐渐发育为成体，这样的发育叫作直接发育。

②变态发育：生物的幼体和成体差别较大，而且形状的改变又是集中在短期内完成的，这种胚后发育叫作变态发育。如青蛙的胚后发育是属于变态发育。青蛙的幼体（蝌蚪）和成体差别很大：

幼体（蝌蚪）	成　　蛙
完全生活在水中	在潮湿的陆地生活
用尾游泳	无尾、四肢运动
用鳃呼吸	用肺和皮肤呼吸
心脏一心房一心室，只有一条血循环路线	心脏二心房一心室，二条血循环路线

从上表中可以看出青蛙从幼体到成体要经历形态构造、生理和生活习性的较大变化，这些变化显然是对水陆两种不同生活条件的适应，这正是蛙的祖先在进化过程中，从水生到陆生的历史发展的反映。

（2）植物的胚胎发育（以被子植物为例）：

被子植物的卵细胞受精后，胚珠逐渐形成种子，其过程包括胚的发育和胚乳的形成。

Ⅰ．胚的发育：受精卵通常要经过一段休眠后，才开始发育，以双子叶植物胚的发育为例，其过程可分以下几个阶段：

①受精卵横裂，分成两个细胞，靠近珠孔的一个叫作胚柄细胞，在胚柄细胞上面的一个叫作胚细胞。

②胚细胞两次纵裂，形成四个细胞的原胚，胚柄细胞进行横裂，形成几个细胞，组成胚柄。

③原胚的四个细胞各进行横裂一次，成为八个细胞的原胚，上面的

四个细胞发育成子叶和胚芽；下面的四个细胞将来发育成胚轴。

④八个细胞原胚的每个细胞，都进行一次分裂，组成有内外两层细胞的球状胚体；外层将来分化成胚的表皮，内层分化为胚的分生组织。

⑤胚柄与球状胚体相连处，柄顶端的一个细胞，经过多次分裂，发育为胚根。

⑥球状胚体继续分裂增长，形成心脏形的胚体，分化出两枚子叶和胚芽。心脏形胚体继续生长，逐步变为成熟的胚。

上述的发育过程可以如下图解表示：

Ⅱ．胚乳的发育：受精后的极核，经过多次分裂，形成许多没有细胞壁的胚乳核，后来才产生细胞壁，构成胚乳细胞，胚乳细胞积累营养物质。当胚的各部分化完成的时候，胚乳细胞核就逐渐解体、胚乳就发育完成了。当胚珠的珠被已经发育成种皮，包在胚和胚乳外面时，胚珠就发育成了种子。（受精的极核→胚乳核→胚乳细胞→胚乳细胞核消失→胚乳）。

Ⅲ．胚后发育：种子在获得了水分、空气和适宜的温度下开始萌发。胚乳或子叶里的营养物质输送给胚根、胚轴和胚芽，这三部分的细胞得到营养物质后，开始分裂和生长，胚根发育成幼根，胚芽发育成茎和叶，新个体便形成了。

（3）决定个体发育的因素。

Ⅰ．遗传物质是发育的基础：个体发育的各个阶段是按照一定的顺序进行的，整个发育过程包括了一系列外表的和内部的深刻变化，其中不仅是细胞数目的增加，而且是细胞的复杂分化。这些变化是由亲代产

附

录

生的精子和卵细胞里的遗传物质所决定的，这些遗传物质是发育的基础，它决定了发育的总方向。

Ⅱ. 环境条件是发育的重要因素：遗传物质只是提供了发育成什么以及怎么发育的可能性，这个可能性要转化成现实，还需要一定的环境条件。生物在它的历史发展中形成了对某些环境条件的适应，子代只有在与它的亲代大致相同的环境条件下，才能按照亲代的发育方向发育。因此，在农业生产实践中，必须了解和掌握栽培作物和饲养动物的发育特点，从而采取相应的管理措施，以满足其发育所需的条件，使它们发育得更好，以满足人们生活的需要。

思考题

1. 名词解释：

（1）个体发育　　（2）胚胎发育　　（3）胚后发育

（4）直接发育　　（5）变态发育

2. 动物的个体发育包括哪些主要发育时期？

3. 动物的胚胎发育经过哪几个基本的发育阶段？

4. 动物的胚胎发育与环境条件有何关系？

5. 蛙的幼体和成体之间在形态构造和生理上有哪些差异？这些差异说明了什么？

6. 被子植物胚的发育经过哪几个阶段？

7. 试述被子植物从受精卵发育成种子的过程？

8. 什么是决定胚胎发育的因素？在饲养业上，为什么要根据饲养动物的发育特点采取不同的饲养管理措施？

（三）生长发育的调节和控制

生物都能从小长大，发育成熟以后，进行繁殖。是什么物质对生物的生长、发育和繁殖起着调节和控制作用呢？内因方面，除了遗传特性以外，就是激素。激素是产生于生物体内的一种有特殊效应的化学物

道法自然　扶隐发微——生物学教研及科普文集

质。激素可分为植物激素和动物激素两大类：

1. 植物激素

植物体内产生的激素是非常少量的，一般只占植物体鲜重的百万分之几。现在已经发现的植物激素有五类：生长素、细胞分裂素、赤霉素、乙烯和脱落酸。

（1）植物激素的种类和功能。

种类	功能	类似物
生长素 （吲哚乙酸）	1. 促进植物生长　　2. 促进果实发育 3. 促进生根　　　　4. 抑制生长	萘乙酸 2,4—D
细胞分裂素	1. 促进细胞的分裂、长大和诱导细胞的分化。 2. 防止植物衰老、保持绿色的作用。 3. 影响开花、发育、性别形成等过程。	6 苄基嘌呤
赤霉素	1. 促进生长，增加植株高度。 2. 打破休眠，促进萌发。 3. 促进抽苔、诱导开花。 4. 促进淀粉酶和其他水解酶的产生。	
乙烯	1. 促进果实成熟。 2. 促进雌花发育。 3. 其他调节控制作用。	乙烯利 （a 氯乙基磷酸）
脱落酸	1. 抑制植物的生长，促进叶柄的衰老和脱落。 2. 可使枝条推迟发芽，种子进入休眠。	

（2）植物激素的特点：

Ⅰ. 是植物体内产生的，数量极微，但调节和控制植物生长发育的作用很大。

Ⅱ. 功能上的二重性：一般说，低浓度的激素促进植物的生长，高浓度则抑制植物生长。如生长素的浓度低到 0.01ppm 能促进生长；0.1～1ppm 之间是促进生长最适的浓度，逐渐超过这个浓度范围，则促进生长的作用逐渐变小，最后抑制生长。

Ⅲ. 各种激素大都同时存在于同一植株中，它们彼此有密切的关系，是互相影响着的。例如植物生长的顶端优势（顶芽发育较快，侧芽发育

附

录

较慢；顶芽的发育能抑制下面侧芽的发育，甚至使侧芽处于休眠状态）是细胞分裂素和生长素共同作用的结果，如果用细胞分裂素处理侧芽，就能破坏顶端优势，侧芽由于抑制被解除而得到发育。再如，生长素的浓度接近或等于生长的最适浓度时，它开始诱导乙烯的形成，浓度超过这一点时，乙烯的产量增加，对生长起了抑制作用。

（3）植物激素对植物生活的意义：由于激素的调节作用，使植物体能获得生活条件、适应环境，从而正常地生活。例如生长素能使植物显示向光性，使茎叶向着光源的方向生长，有利于光合作用的顺利进行。这是因为光线改变了生长素分布的缘故：向光的一面生长素分布得少，细胞生长得慢。背光的一面生长素分布得多，细胞生长得快，结果植物茎朝向生长慢的一面弯曲，也就是朝向光源的一面弯曲，从而显示了茎的正向光性。又如植物茎的背地性，根的向地性都跟生长素有关。根的正向地性使植物的根能深深扎于土壤之中，从而获得更多的水分和无机盐。再如脱落酸能促使植物落叶，使植物能安然度过严寒的冬天。

（4）植物激素在农业生产上的应用：植物体内产生的激素是很微量的，因而在生产上不能大量应用。但是，有许多激素的类似物，已经能用人工合成，用起来既经济，其效用跟天然的也差不多，在生产上已广泛应用：

Ⅰ. 生长素及其类似物萘乙酸和2,4-D的应用：

研究证明，在胚珠发育成种子的过程中有生长素的合成。生长素是果实发育的必需条件，如果用生长素处理未经授粉的，子房照样能结成果实。在生产上用萘乙酸或2,4-D浸泡没有授粉的番茄花蕾，可以结出果实，而且果实是没有种子的。萘乙酸能促进离体枝条生根，把不易生根的枝条用萘乙酸浸泡后进行扦插，容易成活。2,4-D在高浓度时，能杀死双子叶植物，因此在农业上常用作双子叶植物杂草的除莠剂。

高浓度的生长素能抑制植物生长。植物主茎顶端制造的生长素向下输送，大量积聚在侧芽部位，使这里的生长素浓度过高，因而侧芽的发育受到抑制。在农业生产上往往采用摘除顶芽的方法，使侧芽部位的生长素浓度降低，解除了抑制状态，侧芽便发育成枝条，这样，植株的分枝多，结果也多，从而提高了产量。

Ⅱ. 细胞分裂素能促进细胞的分裂、扩大，诱导细胞的分化，它和生长素配合，能诱导植物组织长芽和长根，因此被用于植物组织的离体培养，产生无性植株。单倍体育种时，所制备的培养基中细胞分裂素是不可缺少的物质，常用的类似物有 6 苄基嘌呤。

Ⅲ. 利用赤霉素打破马铃薯的休眠，提早播种，有利于增加复种面积。用赤霉素喷洒作物，可大大增加植株高度，赤霉素又称"920"。

Ⅳ. 乙烯是一种气体激素，现在人工合成了一种乙烯类似物叫 α 氯乙基磷酸（乙烯利），用于水果的催熟。用它处理黄瓜、甜瓜和其他瓜类的幼苗，使雌花增加，促进瓜类的增产。

水果成熟时能放出乙烯，放出的乙烯能引起周围水果的成熟。因此，人们只要在一箱未熟的水果中放进一个成熟的水果，便可以促进全箱水果的成熟。

2. 动物激素

（1）高等动物的激素：高等动物体内的激素是由内分泌腺产生的，这些腺体是：甲状腺、甲状旁腺、垂体、肾上腺、性腺、胰岛等。它们所分泌的激素种类很多，按照化学结构，可以归成三大类：类固醇激素、蛋白质类激素、不饱和脂肪酸类激素。它们的功能概括于下：

种　类	激素名称	功　　　能
类固醇激素	性激素	包括雄性激素和雌性激素，能分别促进雄性和雌性各种附属生殖器官的发育和第二性征的出现
	肾上腺皮质激素	控制糖和无机盐的代谢，增强动物体的防御技能以及消炎、抗过敏等作用

种　类	激素名称	功　　　能
蛋白质类激素	促性腺激素	是脑垂体的分泌物，能促进性腺（精巢和卵巢）的发育，以及发挥正常的生理机能
	胰岛素	调节控制体内糖分和脂肪的代谢
不饱和脂肪酸类激素	前列腺素	对身体的许多器官和组织都有影响，例如使血管扩张和收缩，抑制胃酸分泌和脂质分解

（2）昆虫激素：昆虫体内也能分泌激素，调节和控制着昆虫的生长发育和生殖过程，一般可分为两大类：昆虫的内激素和昆虫的外激素。

Ⅰ. 昆虫激素的种类和功能。

种　类	激素名称	分泌器官	功能
昆虫内激素	脑激素	脑	由于这些激素的共同作用，调节和控制昆虫的蜕皮、化蛹、羽化、生殖等重要生命活动
	保幼激素	咽侧体	
	脱皮激素	前胸腺	
昆虫外激素	性外激素	性外激素分泌腺，一般位于腹部末端在第8～9腹节的节间膜或7～8腹节间（夜蛾科）	能引诱异性个体前来交尾
	聚集激素		昆虫在一定的时间和场合，向体外释放这些挥发性的激素，用化学信号来聚集、告警、通知同种昆虫
	告警激素		
	追踪激素		

Ⅱ. 昆虫激素的利用。

①昆虫的生命活动是体内几种激素共同调节的，缺少哪一种激素，或哪一种激素的量过大过小，都会在昆虫体上产生特种的影响。因此，我们可以利用昆虫体内激素变动的规律，来控制昆虫的生理活动，使有益昆虫能够正常生长发育，使有害昆虫受到限制。

②利用昆虫的性外激素来防治害虫。

<1>害虫的预测须报：在诱捕器里放进活的、没有交尾的雌虫，或昆虫分泌腺的提取物或人工合成的性引诱剂，引诱雄虫前来而被捕获；定期检查捉到的虫数，查清虫情。从而准确地掌握害虫发生情况，以便适时采取防治措施。

<2>干扰雌雄昆虫的正常交尾，使它们不能产生后代：在田间释放过量的人工合成的性引诱剂，使雄虫无法辨认哪里有雌虫，从而干扰它们的正常交尾行为，达到灭虫目的。

<3>直接防治害虫：把性引诱剂和粘胶、农药、化学绝育剂、病毒或灯光等结合使用，引来大量的有害昆虫加以消灭；或利用性引诱剂将害虫引向不适宜它们生活的场所，使他们自取灭亡。

利用激素防治害虫，能减少农药的用量，这对于环境保护是很有利的。

思考题

1. 什么是激素？

2. 植物激素可分为哪几类？各有什么功能？

3. 为什么生长素能使植物显示向光性？

4. 怎样利用生长素来生产无籽番茄？根据的原理是什么？

5. 举例说明植物激素对植物生活的意义。

6. 什么是植物的顶端优势？试根据生长素分布的原理来说明。

7. 举例说明植物体内激素之间的相互关系。

附

录

8. 举例说明植物激素在生产实践上的应用。

9. 高等动物的激素可分哪几类？各有什么功能？

10. 昆虫的内激素有哪几种？它们有什么功能？

11. 什么是昆虫的外激素？有哪些种类？它们有什么功能？

12. 昆虫的外激素是从哪里分泌出来的？我们怎样利用这类激素来防治有害昆虫？

（四）遗传和变异

1. 什么是遗传

一般指亲代的性状又在下代表现的现象。但在遗传学上，是指遗传物质从上代传给后代的现象。

俗话说："种瓜得瓜，种豆得豆"，就是对生物遗传现象的通俗概括。

2. 什么是变异

生物代代相传，代代相似，可是一代一代却又有所不同。孩子们像父母，却又不完全一样，正是"一母生九子，九子各有别。"又如"一树结果，有酸有甜"。这都说明生物个体之间不会完全一样，与亲代也必有或多或少的不同。

同一物种内的不同个体之间彼此有所差异。这些差异就是变异。

3. 遗传的物质基础

遗传和变异是生命现象的重要特征之一，是生物体的一种特性。这种特性有其内在的物质基础。根据现代遗传学的研究，控制性状遗传的主要物质是在细胞核中的染色体上。

（1）DNA 是主要的遗传物质

Ⅰ. 染色体是遗传物质的主要载体。

①遗传物质必须具备以下的特点：

<1>相对的稳定性。

<2>能够自我复制，前后代保持一定的连续性。

<3>能产生可遗传的变异。

②同一种生物的不同个体之中有许多变异。其中有许多变异是遗传的，能在后代中重新出现。这表明生殖细胞里具有某些变异的遗传基础，即遗传物质。

通过对细胞有丝分裂、减数分裂和受精过程的研究，人们了解到细胞核中的染色体在生物的传种接代过程中能够保持一定的稳定性和连续性，因此，人们认为染色体在遗传上起着主要的作用。

③染色体的化学成分主要是由蛋白质和核酸组成的。核酸的种类——W核糖核酸（RNA）、去氧核糖核酸（DNA）。其中DNA在染色体里含量比较稳定，是主要的遗传物质。由于主要的遗传物质（DNA）在染色体上，因此，染色体是遗传物质的主要载体。

④细胞质中也有遗传物质。有些性状的遗传是细胞质所起的作用，或者是细胞核与细胞质共同作用的结果。

Ⅱ. DNA是遗传物质的证据。

①噬菌体侵染细菌的实验。

噬菌体是一种专门寄生在细菌体内的病毒。它的头和尾的外部有由蛋白质组成的外壳，头的内部含有DNA。

一个典型的噬菌体的生活周期，可以分为三个阶段：感染阶段、增殖阶段和成熟阶段。

<1>感染阶段：噬菌体侵染寄主细胞的第一步是"吸附"，即噬菌体的尾部附着在细菌细胞壁上，然后进行"侵入"，先通过溶菌酶的作用在细胞壁上打一个缺口，尾鞘像肌动球蛋白的作用一样收缩，露出尾髓，伸入细胞壁内，如同注射器的注射动作，把头部的DNA注入细菌的细胞内，蛋白质外壳留在壁外，不参与增殖过程。

怎样知道进入细胞的是噬菌体的DNA呢？这主要是通过同位素的

标记实验知道的。因为实验是用示踪原了^{32}P 和^{35}S 分别做的。原来磷元素（P）是核酸分子的组成元素，而硫元素（S）则是蛋白质分子的组成元素。分别用这两种示踪元素来培养两批噬菌体。有一批噬菌体的DNA 带有放射性同位素^{32}P 标记，而蛋白质则不带有示踪元素；另一批噬菌体的蛋白质带有^{35}S 标记，而 DNA 则不带有示踪元素。分别用这两批噬菌体来感染大肠杆菌，结果发现：在一个实验里，细菌的细胞内含有^{32}P，这表明噬菌体的 DNA 进入细胞里了。在另一个实验里，细菌的细胞外面含有^{35}S，这表明噬菌体的蛋白质外壳并没有进入细胞，而是留在细胞外面。

<2>增殖阶段：噬菌体 DNA 进入细菌细胞后，引起一系列的变化：细菌的 DNA 合成暂停，酶的合成也受到阻抑，噬菌体逐渐控制了细胞的代谢，并按着它的要求发生变化。噬菌体在细胞内逐渐起支配作用，并巧妙地利用寄主细胞的"机器"大量地复制子代噬菌的 DNA 和蛋白质，并形成完整的噬菌体颗粒。子代噬菌体合成的原料来自入侵的个体以及细胞降解物和培养基介质。噬菌体的形成是借助于细胞的代谢机构，由本身的核酸物质操纵。噬菌体成熟时，把 DNA 高分子聚缩成多角体，头部蛋白质通过排列和结晶过程，把 DNA 高分子聚缩体包围，然后头部和尾部相互吻合，组装成一个完整的子代噬菌体。

<3>成熟阶段：噬菌体成熟后，在潜伏后期，溶解寄主细胞壁的溶菌酶逐渐增加，促使细胞裂解，从而释放子代噬菌体。在光学显微镜下观察培养的感染细胞，可以直接看到细胞的裂解现象。不同的噬菌体释放的形式和数量有所不同，有的释放 10～100 多个噬菌体，也有的释放 1000 个噬菌体，一般情况下，一个细菌可以释放 300 个噬菌体，这些个体在大小、形状等方面，都保持原来的特点。由此可见，噬菌体的繁殖靠 DNA 产生跟前代一样的噬菌体，这说明 DNA 是遗传物质。

②细菌的转化实验。

多年来，世界各国进行了许多细菌的转化实验，进一步确定遗传物质是 DNA，证明 DNA 是起着控制遗传的作用。

细菌转化现象，首先是由格里费斯（Griffith，F,）于 1928 年在肺炎双球菌中发现的。所谓转化是指从甲细菌提取出转化因素（即遗传物质）来处理乙细菌，使乙细菌获得甲细菌的某些遗传特性。

肺炎双球菌有两种类型，一种为 S 型，菌落光滑，菌体外有一层多糖类的荚膜，有毒性，可使动物致病。另一种为 R 型，菌落粗糙，菌体外没有荚膜，无毒性，不会使动物致病。

格里费斯首先用 R 型肺炎球菌注射小家鼠，因 R 型无毒，没有引起小家鼠致病；用加热杀死的 S-I 型菌注射小家鼠，同样没有引起小家鼠致病。然后用小量 R 型与大量经加热杀死的 S-I 型菌混合注射小家鼠，结果引起小家鼠致病死亡；并且发现，从小家鼠体内分离出来的活细菌全部为 S-I 型。这表明 S 型把一种转化因素的物质转给了 R 型，因而使 R 型获得了 S 型的遗传特性。

后来一直到 1944 年阿佛利（Avery，O. T.）等成功地从 S 型肺炎双球菌中提取出能够定向改变 R 型为 S 型的转化因素的物质，并且发现这种物质在 6×10^{-8} 的稀释浓度（就是 1/600ppm 或六亿分之一）的情况下还有转化能力。经过证实，这种转化因素的物质就是 DNA，因为提炼出这种物质以后，曾分别用 RNA 酶，蛋白质酶、多糖酶和 DNA 酶进行处理，只有 DNA 酶才能使它分解、失活。如果用蛋白质培养细菌，就不能产生转化的效果。从这个实验的结果可以确定，遗传物质是 DNA，而不是蛋白质。

此外，有些病毒，如烟草花叶病毒，仅由一个蛋白质外壳和一个 RNA 的核心组成，并不含有 DNA。在这种情况下，RNA 起着遗传物质的作用。

（2）DNA 的结构。

Ⅰ．化学结构。

DNA 为什么能够在生物的性状遗传上起作用呢？这是由它的化学结构来决定的。

①DNA 的单体是核苷酸。

DNA 和 RNA 都属于高分子化合物，即核酸。它们是由四种核苷酸连接起来的很长的长链。

<1>一个核苷酸由三部分构成：一个五碳糖、一个磷酸根、一个碱基。

碱基+核糖＝核苷。核苷+磷酸根＝核苷酸。许多核苷酸聚合成核酸。

<2>四种核苷酸中的磷酸根都是一样的。

<3>组成核酸的碱基是有机物，就是嘌呤和嘧啶。最常见于 DNA 和 RNA 的嘌呤是腺嘌呤（简称 A）和鸟嘌呤（简称 G）。

在 DNA 分子中的胞嘧啶（简称 C）和胸腺嘧啶（简称 T）。在 RNA 分子中的嘧啶是胞密啶（简称 C）和尿嘧啶（简称 U），没有胸腺嘧啶。

<4>组成核酸的糖是戊糖，即一种五碳糖。但是在 DNA 中的糖是脱氧核糖，即少了一个氧原子。在 RNA 中的糖是核糖。

<5>四种核苷酸的差异主要是所含碱基的差异。在 DNA 分子中的碱基是 A、G、C、T，在 RNA 分子中的碱基是 A、G、C、U。因此可以说，所有 DNA 分子的差异就是所含四种碱基在排列顺序上的差异。已经知道，不同的 RNA 分子的差异，也是所含的四种碱基排列顺序的差异。

②DNA 与 RNA 的成分比较：

DNA	RNA
磷酸	磷酸
脱氧核糖	核糖

腺嘌呤（A）	腺嘌呤（A）
鸟嘌呤（G）	鸟嘌呤（G）
胸腺嘧啶（T）	尿嘧啶（U）
胞嘧啶（C）	胞嘧啶（C）

Ⅱ. 空间结构。

近代应用 X 射线衍射等方法来研究 DNA，发现 DNA 分子还有特殊的空间结构，具有两条长链，都向右盘绕，成为规则的双螺旋结构。即 DNA 是两条核苷酸链组成的双螺旋结构。

①在分子结构上，DNA 是由 A、G、T、C 四种碱基核苷酸连成多核苷酸的两条单链，并且通过氢键（H）把两条单链上相对的碱基连接起来。两条盘旋的主链代表脱氧核糖（S）和磷酸根（Ⓟ），排列在外侧；两条长链上的横档代表一对碱基（A、T 或 G、C），排列在内侧。

②碱基配对原则：

在 DNA 分子的双链结构中，两条链子中的碱基排列，彼此之间遵循一定的配对规则，一条链上的腺嘌呤（A）总跟另一条链上的胸腺嘧啶（T）相配对，一条链上的鸟嘌呤（G）总是跟另一条链上的胞嘧啶（C）相配对。DNA 分子可简单地用碱基配对来表示：

$$\cdots\cdots-A-A-C-C-G-A-T-\cdots\cdots$$
$$\cdots\cdots-T-T-G-G-C-T-A-\cdots\cdots$$

③碱基配对很有规律性的原因，是由于 DNA 分子结构上两条链之间的空间是一定的，其距离为 20Å（埃）。嘌呤和嘧啶的分子结构不同，嘌呤是"双环"化合物，嘧啶是"单环"化合物。

因此，若两条链上相对应的碱基都是嘌呤环，所占的空间太大；若两条链上相对应的碱基都是嘧啶环，则相距太远，不能形成氢键。只有 A 与 T 相连其长为 20Å，G 与 C 相连，其长为 20Å，所以碱基配对必须是由一个嘌呤与一个嘧啶组成。另外，A 与 T 配对是通过两个氢键相连，G 与 C 配对是通过三个氢键相连。因此碱基配对只能是 A 与 T 或 G 与 C，不能是 A 与 C 或 G 与 T，因为在氢键位置上彼此不相适应。所以，在 DNA 中碱基的比例总是（A+G）／（T+C）＝1，嘌呤碱的分子总数等于嘧啶碱的分子总数。这样互补配对形成为双链。

④DNA 分子结构的双链是围绕一个主心轴，形成梯状的双螺旋结构。每个螺旋包含 10 对碱基，各对碱基间距离为 3.4Å 组成两条长链的主链本身是稳定不变的，但与主链相联系的碱基对的排列顺序是可以变化的。由于在双链上四种碱基的排列顺序是不受限制的，因而提供了 DNA 分子结构的多样性，而每一特异的 DNA 分子有其独特的碱基排列顺序。

Ⅲ. RNA 的分子结构迄今还不十分明确。一般认为它是由 A、G、C、U 四种碱基核苷酸连接成多核苷酸的单链结构，其分子也比较小。但也具有极大的多样性和特异性。

Ⅳ. DNA 和 RNA 分子结构的多样性非常重要，它从分子水平上说明了世界上的各种生物，同一种生物不同个体之间所以显示出千差万别的原因。同时还可以很好地说明 DNA 在遗传上的作用。

（3）DNA 的复制。

所谓复制就是新合成的分子和原来的分子结构一致，新的 DNA 分子好象是原有的 DNA 分子的复制品。能够"自我"复制是遗传物质的重要特点。染色体能够复制，基因能够复制，归根到底是 DNA 能够复制。

DNA 的复制发生在细胞的有丝分裂间期。

Ⅰ. DNA 复制的步骤。

①解旋——DNA 分子复制时，首先在解旋酶的作用下，解开扭成螺旋的两条长链，这叫做"解旋"。这时，一个 DNA 分子的双链之间氢键断裂，两条链彼此分开。

②以旧链为模板进行碱基配对——以每条长链作为母链，起模板的作用，按照碱基配对的规则，在一些酶的催化作用下，各自用周围环境中的核苷酸来配对，形成两条互相配对的子链。

③形成两个新的 DNA 分子——一条子链（新链）与一条母链（旧链）相结合，形成一个新的 DNA 分子。这样，由一个 DNA 分子便形成了两个完全相同的 DNA 分子，即 1DNA→2DNA。以后，随着细胞的分裂、染色体的分开，新的 DNA 分子也就分配到不同的子细胞中去。在复制过程中，DNA 的两条母链并不是完全解开以后才合成新的子链，而是在 DNA 聚合酶的作用下，边解开边合成的，分段进行的，各段复制后，才在连接酶的协助下连接起来。

Ⅱ.DNA 自我复制的试验。

现在已经能够在试管里，也就是在细胞以外，合成 DNA。这需要以下的物质：

①要有一点 DNA 分子作为先导物，即作为复制的模板。这样的 DNA 分子一般就是 DNA 的碎片。

②某些酶，主要是 DNA 聚合酶，也就是 DNA 复制酶。这是 DNA 复制作用的催化剂。

③能源，提供化学作用的能。这主要是三磷酸腺苷，简称 ATD。

④四种核苷酸，即含有 A、T、C、G 四种碱基的核苷酸作为原料。

把以上这些物质放在一起，在一定的温度和液体条件下，就能出现新的 DNA。从分析知道，这新出现的 DNA 跟放进去的 DNA 在成分上是一样的。这表明以原有的 DNA 作样板进行了复制了。

新的 DNA 分子是用原有的 DNA 分子作样板而复制出来的，不是独立随便产生的。这样的合成机制叫做样板学说。

由于所用的 DNA 样板不同，复制出来的 DNA 分子内容就不同。这就是遗传性变异的分子基础。

附

录

现在知道，除了核酸（DNA 和 RNA）以外，其他化学分了都不能复制自己。

（4）基因对性状的控制。

Ⅰ. 基因是 DNA 的片段。

①什么是基因。

基因就是染色体上的有遗传效应的 DNA 片段。

每个染色体上有一个 DNA 分子，每个 DNA 分子上又有许多基因。

②核苷酸排列顺序不同就有不同的基因。

每个基因中，包含着成百上千的核苷酸。

四种核苷酸在各个基因中，可以按照各种不同的、但是对每个基因又是一定的顺序来排列。正如电报通信中用"长声""短声"的不同排列，这长短声就是一种密码，通过"密码"来规定"信息"（电文内容）。

基因中四种核苷酸的排列顺序也规定着它所包含的遗传信息。若把生物的具体性状用"信息"来表示，则有红花、白花、高矮、单双眼皮、高扁鼻子……等信息。如控制开红花或白花的基因的核苷酸排列顺序就代表着红花或白花的信息。

③基因在遗传上的意义。

现代遗传学的研究认为，生物的性状是由基因控制的。如红花基因，白花基因，高、矮基因，性状不同是由于基因不同，因为基因在染色体上分别控制着不同的性状。

生物性状的遗传，主要是通过染色体上的基因传递给后代，实际上是通过核苷酸的排列顺序来传递遗传信息。

Ⅱ. 基因控制蛋白质的合成。

①DNA 的基本功能。

<1>复制遗传信息。

<2>遗传信息在后代的个体发育中，又能以一定方式反映到蛋白质

的分子结构上，使后代表现与亲代相似的性状。

②DNA 与蛋白质的关系。

生物体的组成成分主要是蛋白质，生命的活动主要是通过蛋白质的新陈代谢形式来体现的。

基因对性状的控制是通过 DNA 控制蛋白质的合成来实现的。有什么样结构的 DNA，就有相应结构的蛋白质。但是，DNA 并不直接决定各类蛋白质，而是通过 RNA 来控制蛋白质而制造的。

③蛋白质的合成。

从 DNA 到蛋白质的合成，要经过两个重要的步骤：一是转录，二是翻译。

<1>遗传信息的转录。

按照 DNA 分子的这个初级"模板"合成相应的 RNA 分子。即以 DNA 分子的一小片看作为模板，根据碱基配对的原理，合成一种信息 RNA（mRNA）。

所谓"转录"就是通过碱基配对，DNA 把遗传信息传递给信息 RNA 的过程。

因为 DNA 和 RNA 都是由核苷酸所组成的多聚体，两个都用同样的"字母"来编码，文字相同，所以叫"转录"。

在进行转录时，由于 RNA 没有胸腺嘧啶（T），只有尿嘧啶（U），所以用 DNA 为模板合成 mRNA 时，DNA 分子链上如果是一个 A，mRNA 分子链上的相应位置便是一个 U；DNA 上是 T，mRNA 上便是 A；DNA 上是 G，mRNA 上便是 C；DNA 上是 C，mRNA 上便是 G。就这样，DNA 分子上碱基的特定序列，转录成为 mRNA 分子碱基的特定序列。"转录"的方法如下：

```
DNA ······—A—T—G—C—······
            ┊  ┊  ┊  ┊
RNA ······—U—A—C—G—······
```

<2>遗传信息的翻译。

按照 RNA 分子这个次级"模板"合成相应的蛋白质（或酶）分子。

所谓"翻译"就是由 mRNA 密码翻译为蛋白质的过程。即以 mRNA 为模板，把氨基酸一个个地连接起来，合成有一定氨基酸顺序的蛋白质的过程。

由于核酸和蛋白质的结构不同，组成的"文字"不同，因此叫做遗传信息的翻译。

当信息 RNA 形成以后，就由细胞核进到细胞质中，与核糖体结合起来。核糖体是把氨基酸"装配"成蛋白质的"车间"。氨基酸是靠一种叫转运 RNA（tRNA）运载而进入核糖体中的。

tRNA 有专一性，一种氨基酸相应地有一种 tRNA。每种 tRNA 一端有三个碱基，与 mRNA 的碱基相互配对；另一端是携带氨基酸的部位。tRNA 运载着氨基酸进入核糖体，按碱基配对原则，把氨基酸安放在正确的位置上，它本身则离开核糖体，再搬运相应的氨基酸。这样，以 mRNA 为模板，把氨基酸一个个地连接起来，合成有一定氨基酸顺序的蛋白质了。

<3>中心法则。

DNA 上的遗传特异性，通过信息 RNA 的媒介，决定了蛋白质的特异性。现代遗传学把由 DNA→RNA→蛋白质的遗传信息传递过程称为"中心法则"。

<4>三联密码（遗传密码）。

在"中心法则"里，DNA 决定 RNA 的性质是通过碱基配对的规律。RNA 如何决定蛋白质的性质呢？即如何将 mRNA 的碱基排列顺序翻译成蛋白质分子中氨基酸的顺序呢？这里就涉及遗传密码的问题。

我们知道，蛋白质是由 20 种氨基酸按一定的顺序连接起来的多肽。不同的蛋白质，其氨基酸各有特定的排列顺序。而 RNA 只有 4 种核苷酸（以 4 种碱基 A、G、C、U 来代表），这就发生了 4 种核苷酸如何决定 20 种氨基酸的问题，也就是怎样把 RNA 分子中 4 种核苷酸所携带的遗传信息翻译成蛋白质分子中 20 种氨基酸的排列顺序，从而决定蛋白质的特异性。显然一个碱基决定一种氨基酸是不够的。两个碱基也不够，因为它只有 $4^2 = 16$ 种排列组合方式。三个碱基则有 $4^3 = 64$ 种排列组合方式，足够决定 20 种氨基酸而有余。因此，在 20 世纪 50 年代曾有人推测每三个碱基组成一个遗传密码，决定一种氨基酸，称为"三联体密码"或密码子。经过几年努力，到了 60 年代，终于用实验的方法证实了三联体密码假说。现已把 20 种氨基酸的遗传密码搞清楚了。

遗传密码表

第一个字 母	第 二 个 字 母				第三个字 母
	U	C	A	G	
U	苯丙氨酸	丝 氨 酸	酪 氨 酸	半胱氨酸	U
	苯丙氨酸	丝 氨 酸	酪 氨 酸	半胱氨酸	C
	亮 氨 酸	丝 氨 酸	○	○	A
	亮 氨 酸	丝 氨 酸	○	色 氨 酸	G
C	亮 氨 酸	脯 氨 酸	组 氨 酸	精 氨 酸	U
	亮 氨 酸	脯 氨 酸	组 氨 酸	精 氨 酸	C
	亮 氨 酸	脯 氨 酸	谷氨酰胺	精 氨 酸	A
	亮 氨 酸	脯 氨 酸	谷氨酰胺	精 氨 酸	G
A	异亮氨酸	苏 氨 酸	天门冬酰胺	丝 氨 酸	U
	异亮氨酸	苏 氨 酸	天门冬酰胺	丝 氨 酸	C
	异亮氨酸	苏 氨 酸	赖 氨 酸	精 氨 酸	A
	甲硫氨酸（起始）	苏 氨 酸	赖 氨 酸	精 氨 酸	G
G	缬 氨 酸	丙 氨 酸	天门冬氨酸	甘 氨 酸	U
	缬 氨 酸	丙 氨 酸	天门冬氨酸	甘 氨 酸	C
	缬 氨 酸	丙 氨 酸	谷 氨 酸	甘 氨 酸	A
	缬 氨 酸	丙 氨 酸	谷 氨 酸	甘 氨 酸	G

其中 61 个密码分别决定了 20 种氨基酸。一种氨基酸可由几种不同

的密码决定，这种情况叫密码的"简并"。此外，密码 UAG、UAA、UGA 是肽链合成的终止信号，或者说是密码文字中的句号。当信息翻译到这些密码时，蛋白质的合成便会停止。另外两个密码 AUG 和 GUG，除分别决定着甲硫氨酸和缬氨酸外，还是翻译的起始信号，叫做起始密码。它指出密码从什么地方起读。这就象打电报中阿拉伯数字的排列决定文字的"电报密码"一样，把不同的碱基排列顺序，叫做"遗传密码"。通过 mRNA 密码，决定了蛋白质的特异性，从而决定了生物的各种性状。

<5>逆转录。

转录：在蛋白质的合成过程中，DNA 决定 RNA。

逆转录：在蛋白质的合成过程中，RNA 反过来可以决定 DNA。例如，1970 年发现某些致癌病毒中有一种酶，叫作逆转录酶。在这种酶的作用下，能用 RNA 作为模板，合成 DNA。近年来发现一类病毒叫 RNA—DNA 病毒，如劳斯（ROUS）肿瘤病毒。这种病毒复制中就存在 RNA→DNA 信息传递方式。

基因对性状的控制作用，遗传信息的传递过程，可归纳如下：

$$DNA(基因) \underset{逆转录}{\overset{转录}{\rightleftarrows}} RNA \xrightarrow{翻译} 蛋白质(性状)$$

（5）学习遗传的物质基础的意义。

我们了解生物的遗传物质基础及其作用原理，不仅具有重要的理论意义，而且对改造生物具有重大的实践意义。

现代的作物育种和对遗传疾病的研究，许多是在分子水平上对遗传物质进行工作的。近年来发展起来的"诱变育种"和"遗传工程"等新技术，就是设法改变生物的遗传物质（基因），以创造新的品种，使生物最大限度地为人类服务。

4. 遗传的基本规律

遗传因子和基因一般讲的是一回事，都是指基本的遗传单位。一个基因就代表一种遗传信息，它可以传递给后代，也可以在当代表现出来。主张基因是基本遗传单位的理论就是基因学说。

由于生物的基因是肉眼看不见的，看见的只是生物的具体性状，因此研究基因的遗传行为主要是通过性状的遗传来推知的。进一步研究基因在传种接代过程中传递的原理和遗传的规律。

遗传的基本规律是遗传学的主要内容，也是初学遗传学所必须弄清楚的基础理论。遗传的三个基本规律非常重要，就像牛顿的三大定律在力学上一样，是遗传学、育种学和医学的重要理论基础。

（1）研究性状遗传的方法。

Ⅰ．研究遗传规律的一个基本实验方法——杂交实验法。

选定具有相对性状的个体作为亲本，让它们进行杂交，然后观察这些性状在后代的表现，从中找出性状遗传的规律性。这种研究遗传规律的方法，叫做杂交实验法。

Ⅱ．名词解释。

①性状：生物体的形态特征或生理特性。是遗传和环境相互作用的结果。常指杂交实验中的相对性状。

②相对性状：生物有各种不同的性状，而同一性状又有程度不同的差异，这种同一性状中的不同表现类型，就叫做相对性状。例如，小麦籽粒的颜色，有红的和白的；水稻植株的高度，有高秆和矮秆的；绵羊的毛色，有白的和黑的。

③互交：动植物杂交方式的一种。即用甲、乙两种具有不同遗传特性的亲本互为父本和母本进行杂交。

杂交时，如以甲作母本，乙作父本的杂交，称为"正交"；则以乙为母本，甲为父本的杂交就称"反交"。

④自交：雌雄同体的生物同一个体上的雌雄交配，一般用于植物方面，包括自花授粉和雌雄异花的同株授粉。

Ⅲ．几种常见的代表符号。

♀　代表雌性。　　　　♂　代表雄性。

$\times$　代表交配。　　　　P　代表亲代。

F_1　代表杂种子$_1$代，　F_2　代表杂种子$_2$代，F_n 类推代表杂种子 n 代。

$\otimes$　代表自交。　　　　R　代表基因型。

R—　代表基因型 RR 和 Rr。

RD　代表连锁的基因。

BV　代表 B 与 V 基因位于同一染色体上。

••

(2) 基因的分离规律。

孟德尔（Gregor Johann Mendel 1822—1884）奥地利遗传学家，遗传学的奠基人。原是天主教神父。他根据豌豆杂交试验的结果，在 1865 年发表了《植物杂交试验》论文，提出遗传单位（现在叫作基因）的概念，并阐明其遗传规律，以后称为孟德尔规律。这个发现在当时并没有受到学术界的重视，直到 1900 年才由荷兰植物学家德佛里斯（Hugode Vries，1848—1935）、德国植物学家柯灵斯（Karl Erich Correns，1864—1933）和奥地利植物学家丘歇马克（Erich Tschermak von Seysenegg，1871—1963）分别予以证实，成为近代遗传学的基础。

Ⅰ. 一对相对性状的遗传实验

孟德尔是用豌豆做实验的。豌豆有很多品种。在这些品种中，茎有高和矮的，花有红和白的，种子有黄和绿的，种皮有圆滑和皱缩的等等。这些都是相对性状。他首先选择具有一对相对性状的豌豆进行了杂交实验。

就豌豆的植株高度这个性状讲，豌豆有两个区别分明的品种：一个是高茎品种（茎高 1.5～2 米）；一个是矮茎品种（茎高 30 厘米左右）。这两个品种之间没有出现中间类型，所以彼此不会混淆。这就是说，豌豆的高茎和矮茎这一对变异是不连续的，它们构成一对性状是遗传的性状

高茎 → 高茎

矮茎 → 矮茎

孟德尔用人工方法让它们互交，结果都产生出高茎的后代，即杂种子$_1$代都是高茎的。

P　高♀×矮♂　　矮♀×高♂
　　　↓　　　　　　↓
F$_1$　　高　　　　　　高

两个品种豌豆互交所产生的后代

让子$_1$代进行自交，产生的子$_2$代有两种类型：一是高茎，一是矮茎，而且出现一定的比例，即 3/4 高：1/4 矮。孟德尔当时实验所得到的实际数字是：787 棵高茎和 277 棵矮茎，这很接近 3：1。

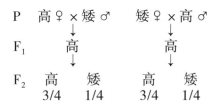

P　高♀×矮♂　　矮♀×高♂
　　　↓　　　　　　↓
F$_1$　　高　　　　　　高
　　　↓　　　　　　↓
F$_2$　高　矮　　　高　矮
　　3/4　1/4　　　3/4　1/4

豌豆一对基因的遗传情况：分离规律

Ⅱ. 对一对相对性状的遗传现象的解释。

①上述的实验，我们把杂种第一代（F$_1$）表现出来的性状叫做显性性状（如高茎），不表现出来的性状叫做隐性性状（如矮茎）。

②显性原理，一对性状受一对基因的控制。从子$_1$代的性状来看，这一对基因之间有显性和隐性的关系。控制高茎性状的基因（用符号代表，可以写做 D），对于控制矮茎性状的基因（也用符号代表，可以写做 d）呈显性。即一对相对性状的杂交，F$_1$D 和 d 在一起时，只有 D 发生作用，得到表现，d 不能发生作用，得不到表现。这种现象叫做显性原理。

③分离和分离规律，显性的遗传现象常见的。而隐性基因 d 跟相对的显性基因 D 在一起（Dd）时，虽然得不到表现，但是并没有消失。它们彼此（如基因 D 和 d）相互不沾染，即彼此的性质不受影响，不发

附

录

生变化。所以在子₂代里可以出现跟隐性亲本一样的矮茎豌豆。

由于隐性基因并没有消失，所以隐性的性状能够在子₂代里出现，能够从子₂代里分离出来。这种在杂种后代中出现不同类型（如高茎和矮茎）的现象，叫做分离。

杂种体细胞内同源染色体上的等位基因各自独立存在，互不影响。在形成生殖细胞（配子）时，成对的等位基因彼此分离，分别进入不同的生殖细胞（配子）中去，叫做分离规律或分离定律。

④名词解释。

<1>等位基因：一对控制相对性状的基因在一对同源染色体上的同一位置上。

<2>基因型：遗传学上把生物体全部遗传基因的总和叫做基因型。如 DD、Dd 和 dd。

<3>表现型：遗传学上把表现出来的性状（如高和矮）叫做表现型。

<4>纯合体（纯种）：亦称"纯合子""纯型合子""同质合子"。基因型为 DD 或 dd 的个体，能稳定地遗传，后代性状不再分离。

<5>杂合体（杂种）：亦称"杂合子""杂型合子""异型合子"。基因型为 Dd 的个体，不能稳定地遗传，后代的性状会发生分离。

Ⅲ. 分离规律的实质。

①相对的性状为什么会发生分离？

相对的性状发生分离的根本原因在于子₁代的遗传基础是杂合体，那里有相对的基因 D 和 d，因此发生了分离。如果是纯合体，后代就不出现分离现象。

比方说，子₁代是杂合体，它在产生配子中，成对或相对的基因（例如 D 和 d）要彼此分开，各自分到不同的配子里。这就是说，配子所含有的基因只有普通身体细胞的一半。原来子₁代的基因型是 Dd，这

道法自然 抉隐发微——生物学教研及科普文集

就会产生出两种卵子和两种精子。一种卵子（或精子）含有基因D，另一种卵子（或精子）含有基因d，而且两者数目相等。在受精中，两种精子（D和d）跟两种卵子（D和d）彼此结合的机会相等，各为1/2。因此，所产生的子$_2$代就是3/4高：1/4矮。

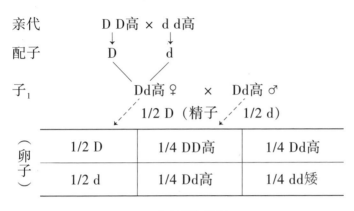

亲代　　　　　DD高 × dd高

配子　　　　　D　　　　d

子$_1$　　　　　　Dd高♀　×　Dd高♂

1/2 D（精子　1/2 d）

（卵子）	1/2 D	1/4 DD高	1/4 Dd高
	1/2 d	1/4 Dd高	1/4 dd矮

分离规律图解

②分离规律的实质就是等位基因在配子的形成过程中彼此分离，形成两种类型不同而数目相同的配子。分离的物质基础就是同源染色体中等位基因的分离。

在杂种体内，两个等位基因虽然共同存在于同一个细胞里，但它们分别位于同源的两个染色体上，具有一定的独立性。进行减数分裂时，同源染色体互相分离，两个等位基因也就分到不同的配子里去，独立地随配子遗传给后代。

Ⅳ. 分离规律的验证。

①测交法—回交验证。

分离规律的实质是减数分裂时等位基因的分离，其结果是杂种一代形成两种类型的配子。这样一个基本原理是否正确呢？关键的问题是能否证实杂种一代配子的基因型。

检验基因型的方法主要是采用测交法。常用的测交方法是回交，即用杂种一代（F₁）与隐性亲本类型交配。如上述的豌豆杂交实验，可用矮茎豌豆与 F₁ 交配。如果 F₁ 的配子的确发生 D 与 d 的分离，那么，测交时，必然形成 Dd 与 dd 两种基因类型。它们的比例应当接近 1∶1。

实际的实验结果与理论预期值是一致的，从而证明 F₁ 形成配子时基因的确发生了分离。

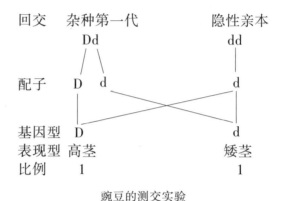

豌豆的测交实验

能不能比较直接地看到相对基因发生分离的后果呢？如果所研究的基因在配子时期就发生作用，那么这个分离后果就可以看到了。因此，除了测交的方法以外，还有更直接的验证实验。例如，水稻有糯稻和非糯稻（粳稻）之分。糯稻的米粒多含可溶性淀粉（粘胶淀粉），遇碘液不发生化学反应，而表现碘液的红褐色。非糯稻多含不溶性淀粉，遇碘液呈蓝色。这是淀粉和碘起了化学反应。不仅米粒如此，而且两种水稻的花粉粒的内含物也有同样的区别。

从遗传学实验表明，非糯性是显性，糯性是隐性。让它们杂交，F₁ 个体都表现非糯性，F₂ 的分离是非糯性∶糯性＝3∶1。

如果取 F₁ 的花粉，用碘液染色后在显微镜下检查，可以看到大约一半的花粉呈蓝色，另一半呈红褐色，明显地分离成两种类型，这表明花粉或配子是按 1∶1 的比例分离的。同时这也表明非糯稻和糯稻的有关基因，在配子时期就发生作用了。

玉米、高粱等也都有类似的花粉分离现象。这都证明了：在减数分裂过程中，的确发生了基因分离的现象。

②名词解释。

<1>测交：在遗传学研究中，让杂种子一代与隐性类型交配，用来测定杂种子一代遗传型（亦称"基因型""因子型"）的方法。

<2>回交：两个具有不同遗传特性的个体杂交所得的子一代继续与亲本之一相交配的一种杂交方法。

V. 显性的相对性。

①在遗传的相对性状中，杂交后代性状的显性现象是广泛存在的。

②显性的作用不是绝对的，而是相对的。

③有的等位基因所控制的性状在后代同时表现出来，不分显隐性。

<1>我国生物学家陈桢（1894—1957）进行金鱼体色的遗传实验，用不透明的金鱼与透明的金鱼进行杂交，发现 F_1 是五花鱼，性状介于两个亲本之间。F_2 出现三种鱼；透明鱼、五花鱼和不透明鱼，其比例为 $1:2:1$。

<2>白鸡与黑鸡杂交产生花鸡，白猪与黑猪杂交产生花猪，等等。

④有些性状的显隐与发育条件有关。例如，分枝型小麦与普通型小麦的杂种 F_1，栽培在肥水管理较好的条件下倾向分枝的穗型，反之，则表现一般的穗型。

Ⅵ. 分离规律在育种上的应用。

①掌握育种工作的主动权，避免盲目性。

在育种工作中，人们都是按照育种目标，确定双亲，进行杂交，然后根据性状的表现来选择符合人类要求的杂种后代，培育出一个遗传性稳定的新品种。

根据分离规律，F_1 往往表现一致，从 F_2 开始会有连续几代的性状

附

录

分离。因而，从 F_2 起就要进行选择；同时，采取连续自交的方法，继续繁殖，并观察后代的表现，以鉴定所选择的类型在遗传上是否稳定。一旦隐性性状出现，一般能稳定遗传，而显性性状还有继续分离的可能。因此，在杂交育种中，必须不断地种植与观察杂种中所表现的性状，直到不再分离为止。例如，小麦的某些抗病性状多由显性基因控制的。

②良种的提纯复壮，也是根据分离规律，采取自交等措施，不断地去劣留良，以保持品种的纯度。

（3）基因的自由组合规律。

基因的分离规律讲的是一对基因的遗传。如果是两对基因的遗传，结果如何呢？

结果会表现另外两种遗传规律：一是自由组合规律，一是连锁和互换规律。

自由组合规律也叫做独立分配规律，指的是两对以上相对性状的遗传现象。

Ⅰ. 两对相对性状的遗传实验。

孟德尔用结黄色圆粒种子与结绿色皱粒种子的两个纯合豌豆亲本杂交，发现 F_1 都结黄色圆粒的种子。这说明黄色对绿色是显性，圆粒对皱粒是显性，所以 F_1 都结黄色圆粒的种子。

亲代　　黄圆♀×绿、皱♂　　绿、皱♀×黄圆♂
　　　　　　　↓　　　　　　　　　↓
F_1　　　　　黄圆　　　　　　　黄圆

豌豆两对等位基因的互交结果

当用 F_1 自交产生 F_2 时，会分离出四种表现型：黄色圆粒（315个）黄色皱粒（101个）、绿色圆粒（108个）、绿色皱粒（32个）。这个杂交结果的特点是：F_2 除了出现原来亲本性状的两种类型外，还出现与亲本性状不同的两种类型，即绿色圆粒和黄色皱粒两种类型；这四种类型之间的比例是 9：3：3：1。

Ⅱ. 对两对相对性状的遗传现象的解释。

为什么会出现上述的后代和比例呢？为什么会出现新的性状组合（绿圆和黄皱）呢？

用等位基因分离和非等位基因自由组合规律可以说明上述的遗传现象。

①F_1 YyRr 是杂合体，是杂种的遗传基础。

豌豆的粒色，黄色与绿色是由一对同源染色体上的一对等位基因决定；它的粒形，圆粒与皱粒是由另一对同源染色体上的一对等位基因决定。让 R 代表使豌豆的种子饱满而呈圆形性状的基因。让 r 代表使种子皱皮的基因；让 Y 代表使种子呈现黄色的基因，让 y 代表使种子呈现绿色的基因。在这里，R 和 r 互为等位基因，Y 和 y 互为等位基因。

种子黄色和圆形的品种，其基因型是 YYRR；种子绿色和皱皮的品种，其基因型是 yyrr，它们的配子分别是 YR 和 yr。杂交后，F_1 的基因型是 YyRr，表现为黄色圆粒豌豆。这是杂合体，是杂种的遗传基础。

②F_1 产生四种配子，YR、Yr、yR、yr 数量相等。

子$_1$代能产生出多少种类的精子和卵子呢？这是个关键问题。从实验的结果可以知道，子$_1$代会产生四种精子和四种卵子，理由是等位基因必然分离，非等位基因可以随机进行组合。

<1>在产生配子中，基因 R 要跟等位基因 r 分开，基因 Y 要跟等位基因 y 分开，这是因为同源染色体在减数分裂中要彼此分开。

<2>R 可以跟 Y 组合在一起，也可以跟 y 组合在一起。r 可以跟 Y 组合在一起，也可以跟 y 组合在一起。各种组合的机会是相等的，因为各种配子的数量相同，一般没有选择组合的现象。从而产生四种类型的雌雄配子：YR、Yr、yR、yr。这四种配子的数量相等。

③F_1 自交，四种配子结合机会均等，有 16 种结合方式。

F_2 的基因型有 9 种，表现型 4 种，出现 9：3：3：1 的比例。

附

录

· 309 ·

让 F_1 自交，这四种雌雄配子在受精时互相结合。由于这四种雌雄配子结合的机会是均等的，因此共有 16 种结合方式，使 F_2 产生出 9 种基因型，4 种表现型，其中黄圆占 9/16、黄皱占 3/16、绿圆占 3/16、绿皱占 1/16，形成了 9∶3∶3∶1 的比率。

④子$_2$代的基因型和表现型可以简单地归纳如下：

豌豆种子两对性状的分离现象

基因型	表现型	比例
Y—R—	黄圆	9/16
yyR—	绿圆	3/16
Y—rr	黄皱	3/16
yyrr	绿皱	1/16

我们用基因型 Y—代表基因型 YY 和 Yy，用基因型 R—代表 RR 和 Rr，因为 Y 对 y 是显性，R 对 r 是显性，YY 和 Yy 的表现型一致，RR 和 Rr 的表现型也一致。

很清楚，这是两对等位基因的分离现象，因为各对基因的分离结果是 3∶1。

$$黄∶绿 = 9 + 3∶3 + 1 = 3∶1$$
$$圆∶皱 = 9 + 3∶3 + 1 = 3∶1$$

Ⅲ. 什么是自由组合规律？

具有两对以上相对性状的亲本进行杂交以后，F_1 形成配子时，不同的等位基因各自独立地分配到配子中去，一对等位基因与另一对等位基因在配子里的组合又是自由的，互不干扰的。这条遗传规律，就叫做自由组合规律。

Ⅳ．自由组合规律的实质。

非等位基因在非同源染色体上，在产生配子中，非等位基因可以自由组合（即独立组合）产生出若干类型的配子（精子和卵子）。从而产生出许多类型不同的后代。

（子$_2$代）在两对等位基因时，产生的配子类型是$2^2 = 4$种；在三对等位基因时，产生的配子类型是$2^3 = 8$种；在四对等位基因时，产生的配子类型是$2^4 = 16$种。余者类推。由此所产生的子$_2$代基因型就更多了，总数是3^n。

Ⅴ．基因的互作和多效性。

①基因的互作。

基因之间常有相互作用，简称基因互作。例如，南瓜的果形和家鸡的鸡冠形状，都是受两对基因互作控制的；小麦的粒色有的受三对基因互作的控制。

②"多因一效"现象。

许多基因影响到同一性状的表现，叫作"多因一效"现象。如上例。

③"一因多效"现象。

一个基因也可以影响到许多性状的表现，叫做"一因多效"现象。例如，水稻的矮生型基因不仅决定水稻植株矮，还影响水稻的分蘖力较强，栅栏细胞直径较大，叶绿素含量高，叶色深等性状。

Ⅵ．自由组合规律在种上的应用。

自由组合规律对育种工作指导作用很大。因为通过杂交，基因重新组合，能产生不同于亲本的类型，这就有利于新品种的选育。例如，有一个小麦品种能抗倒伏，但容易感染锈病。另一个小麦品种能抵抗锈病，但不抗倒伏。让这两个品种杂交，在F_2中就可能出现既抗倒伏又抗锈病的类型；也可以出现既不抗倒伏又不抗锈病的类型或其他类型。通过人工选择，就可能得到符合要求的新品种。

附

录

(4) 基因的连锁和互换规律。

自由组合规律所讲的非等位基因分别在非同源染色体上。如果非等位基因在同源染色体上，遗传的情况怎样呢？

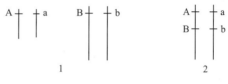

染色体上的基因

1. 为两对基因（Aa 和 Bb）在两对染色体上；

2. 两对基因在一对染色体上，AB 和 ab 表示连锁遗传。

每条染色体上都存在着许多基因，在同一染色体上的基因，在遗传中就不表现自由组合现象，而是表现为连锁与互换现象。这个规律是美国遗传学家摩尔根（Thomas Hunt Morgan 1866—1945）和他的合作者在果蝇的遗传研究中发现的。摩尔根于 1909 年起，在果蝇中进行实验遗传学研究，发现伴性遗传的规律。他和他的学生又发现连锁、互换和不分离现象等，从而发展了染色体遗传学说，并进一步证明作为遗传单位的基因是在染色体上作直线排列。主要著作有《基因论》《实验胚胎》等。

Ⅰ. 连锁和互换的遗传现象。

果蝇也称黄果蝇。昆虫纲，双翅目，果蝇科。一种小型的蝇类，喜在腐烂水果和发酵物周围飞舞。由于容易饲养，生活周期短（约二星期）、突变性状多、唾腺染色体大，适宜于用作遗传学等学科上的实验材料。

在自然界，果蝇大多数是灰身长翅的，个别的也有黑身残翅的。灰身（B）和黑身（b）、长翅（V）和残翅（v）是两对相对性状。如果让一个灰身长翅果蝇（BBVV）和一个黑身残翅果蝇（bbvv）杂交，F_1 都是灰身长翅的（BbVv）。

让 F₁ 的雄果蝇（BbVv）与隐性亲本（bbvv）进行回交。结果 F₂ 只出现两种类型：灰身长翅（BbVv）和黑身残翅（bbvv），没有出现由于自由组合而产生的新类型：灰身残翅（Bbvv）和黑身长翅（bbVv）。

如果让 F₁ 的雌果蝇（BbVv）与隐性亲本（bbvv）回交，那么，后代中除了灰身长翅和黑身残翅的两种类型共占 84%，每种类型各占 42% 以外，还有少数的灰身残翅和黑身长翅两种类型，它们只占 16%，每种类型各占 8%。

Ⅱ. 连锁和互换的原因。

①连锁——造成上述的遗传现象的原因是：两对等位基因位于同一对染色体上，因而它们总是连在一起遗传下去的。例如 B 与 V 位于同一个染色体上，以 B̲V̲ 代表，b 与 v 位于同一染色体上，以 b̲v̲ 代表。F₁ 基因型是 $\frac{BV}{bv}$。这样的雄果蝇，原来位于一个染色体上的两个基因（B 与 V、b 与 v）就不离开，而是连在一起随着生殖细胞遗传到下代，于是就只产生两种类型（灰身长翅和黑身残翅）的后代。

决定不同性状的基因位于同一染色体上，因而这些性状常常连在一起遗传的规律叫做连锁。

②互换——在同源染色体之间有时可能发生基因的交换，也就是发生互换现象。如上述的 F₁ 雌果蝇，原来连在一个染色体上的两个基因也大都是连锁遗传，因此生成的 B̲V̲ 和 b̲v̲ 两种配子特别多；小部分细胞在形成配子时，两个相配对的染色体之间由于发生交叉而交换了一部份染色体，这部分染色体上的基因也就发生了互相交换，结果形成 B̲v̲ 和 b̲V̲ 两种配子。但是，这两个基因的互换机会是很少的，所以生成的这两种配子很少，从而产生的灰身残翅与黑身长翅的果蝇个体只占少数。

来自双亲的一对同源染色体，在性细胞成熟分裂时，相互交换对应部分的基因的过程，叫做互换。

附

录

Ⅲ．连锁和互换规律在育种上的应用。

①育种工作。

<1>根据育种目标选择杂交亲本时，要考虑性状之间的连锁关系。要求好的性状连锁打破坏的性状连锁把有利的性状综合在一起，获得我们所需要的类型。

<2>通过同源染色体上基因的互换，可以引起后代性状重新组合，从而出现新类型，为育种提供原始材料。

②选种工作。

连锁遗传与性状的相关性有一定关系。当有性状相关性存在时，就可以根据一个性状来推知另一个性状，例如，水稻苗期的植株，叶窄、挺立而浓绿的，耐肥力都强。这对选种工作很有帮助，可及早而有效地选到所需要的类型。

Ⅳ．连锁和互换规律的证据。

连锁和互换的解释是有细胞学的证据的。在第一次减数分裂的前期中，在同源染色体配对时期，两条染色单体之间常出现交叉现象，这表明其中有两条染色单体交换了一部分染色体。

Ⅴ．连锁群（环连群）。

一个染色体上相互连锁的基因构成一个连锁群。

连锁群的数目跟单倍体染色体的数目是一致的。例如，玉米的染色体 $n=10$，它的基因已知的有好几百个，但是连锁群只是 10，并不超过这个数目。普通果蝇染色体 $n=4$，它的基因已知的有上千个，但连锁群只是 4，也不超过这个数目。有的生物的连锁群数目少于单倍体数目，这由于所了解的基因还很不够。

Ⅵ．互换率的测定。

连锁和互换是对立的统一。连锁强度，通常以基因的互换率来表示的。

①完全连锁——如果一对染色体上的两对等位基因间完全不发生互换，这样 F_1 产生的配子只有与亲本相同的两种，回交后代将只出现两种亲本组合，不出现新组合，这叫做完全连锁，即连锁强度最大。这种情况很少，只有雌蚕和雄果蝇（F_1）有这样的现象。

②不完全连锁——在一般情况下，一对染色体上的两对等位基因间或多或少地发生互换，因而形成新组合的配子；回交后代也会出现新性状组合，这叫做不完全连锁，例如雌果蝇（F_1）的回交实验。

③互换率的计算

$$互换率(\%) = \frac{新组合的配子数}{总配子数} \times 100$$

互换率具体计算时，是以 F_1 与双隐性亲本回交，统计测交后代表现型的数目来换算。如上述的果蝇实验，互换率为 16%，这也就是说有32% 的性母细胞在减数分裂时发生了互换，其余的性母细胞没有发生互换。

④互换率的大小和基因在染色体上相互距离有关。距离小，互换率小；距离大，互换率大。

互换率的大小从 0～50%，互换率为 0 时，表示完全连锁。互换率达 50% 时，则四种配子成 1∶1∶1∶1 之比，与独立分配规律相同。所以互换率越大，连锁强度越小；互换率越小，连锁强度越大。

Ⅶ. 三个遗传规律的区别与联系。

①区别：

分离规律——指位于同源染色体上的等位基因在形成配子时彼此分离，分配到不同配子中去。

自由组合规律——指非连锁的两对以上等位基因在分离时，彼此互不干扰、独立分配，在配子中发生自由组合。非等位基因分别在非同源染色体上。

连锁规律——指处在同一染色体上的基因，相伴随而遗传的现象。非等位基因在同源染色体上。

②联系：

遗传的三个基本规律在遗传中是同时进行的。任何生物，不管它是纯种还是杂种，是同质结合还是异质结合，当它们形成配子时，在同一个减数分裂过程中，同源染色体及其上的基因之间都要彼此分离，而在分离之前，可能发生部分的互换，在同源染色体分离的基础上，非同源染色体与它上面的基因之间又进行自由组合，形成各种可能组合的配子。因此，在有性繁殖的过程中，生物的遗传既有同一染色体上的基因的连锁，又有同源染色体上的基因分离，还有非同源染色体上基因的自由组合，这三个基本规律是同时起作用的（见下表）。

三个遗传规律比较简表

名　称	基　因	染色体	形　成配子时	基因对数	F₂	
					基因型的比例	表现型的比例
分离规律	等位基因	同　源染色体	彼此分离	一对	1:2:1	3:1
自由组合规　律	非等位基　因	非同源染色体	自由组合	二对或二对以上	3:1	9:3:3:1
连锁和互换规律	非等位基　因	同　源染色体	连锁遗传	二对或二对以上	完全连锁	1:1（互换率为0）
					不完全连　锁	一般没有一定的比例*

*当互换率为50%时，则四种配子成1:1:1:1之比，与自由组合规律相同。

5. 细胞质遗传

生物的大多数遗传性状是受染色体上面的基因控制的，其遗传的表现都符合三个遗传的基本规律，称核遗传，这是性状遗传的主要方面。但是，也有一些遗传性状是受细胞质控制的，属于细胞质遗传的范畴，这是性状遗传的次要方面。

（1）细胞质遗传。

Ⅰ. 细胞质遗传的概念。

凡是控制性状的遗传物质通过细胞质而遗传给子代的，叫做细胞质遗传。

Ⅱ. 细胞质遗传的特点

①母系遗传——用具有相对性状的亲本杂交，不论正交（甲♀×乙♂）或反交（乙♀×甲♂），其 F_1 总是表现母本的性状。这种遗传方式，叫做母系遗传。

在生物受精时，卵细胞和精子所含的核物质（即染色体）几乎相等，而细胞质含量却相差很大，因为卵细胞含有大量细胞质；精子所含的细胞质一般很少。在受精过程中，进入卵细胞的主要是精子的细胞核。由于受精卵的细胞质主要来自卵细胞，因此，细胞质遗传总是表现为母系遗传。

②杂种后代的遗传行为不符合三个遗传的基本规律，既无一定的分离比例，也不存在自由组合和连锁互换的关系。

这是因为在细胞分裂过程中，细胞质不象核里染色体那样进行有规律的分离和结合。细胞质里的遗传物质自我复制后，在细胞分裂时，不是平均地，而是随机地分配到子细胞中去。

（2）细胞质遗传的实例。

Ⅰ. 叶绿体遗传。

水稻白化遗传病，叫作条斑病。是细胞质遗传病。

发病原因：正常植株，质体在阳光作用下产生叶绿素，形成叶绿体；病株则有的质体发育不正常，在阳光下不能形成叶绿体，叶子成白色或白绿间杂的条斑。用病株进行杂交，其后代表现如下：

$$\begin{array}{cc} 亲\ \ 本 & F_1 \\ 条斑（♀）×条斑（♂）\rightarrow 条斑 \\ 条斑（♀）×绿色（♂）\rightarrow 条斑 \\ 绿色（♀）×条斑（♂）\rightarrow 绿色 \xrightarrow{自交} 绿色 \end{array}$$

附

录

·317·

证明：条斑性状是通过母本卵细胞的细胞质传给后代，不能通过父本（精子）下传。

细胞质遗传的实例很多，如果蝇对 CO_2 敏感性的遗传：果蝇一般能忍受一定浓度的 CO_2，但有些品系对 CO_2 非常敏感，易受 CO_2 的麻醉。让敏感型的雌果蝇跟常态型雄果蝇杂交，F_1 都是敏感型的。又如酵母菌小菌落的遗传，农作物雄性不育的遗传等等。

Ⅱ. 为什么细胞质具有遗传的特性。

细胞质里的一些细胞器（质体、线粒体和中心体）具有遗传的物质基础，即含有 DNA。其作用与细胞核内的染色体基因很相似，叫做细胞质基因。

Ⅲ. 细胞质遗传的意义。

细胞质遗传现象的发现，表明细胞质内也具有控制性状遗传的物质基础，从而扩大了核遗传的观念。也说明了细胞核与细胞质在细胞内是相互依存，相互影响，对立统一的整体。

（3）细胞质遗传在种上的应用。

目前，在农业生产上广泛地利用着杂种优势。具有细胞质遗传特点的雄性不育的发现，为杂种优势的利用提供了条件，为大幅度提高农作物产量开辟了新的途径。

Ⅰ. 杂种优势和雄性不育。

①杂种优势——例如，高粱、水稻都是两性花，花朵很小，要想大规模制种，工效很低、慢，利用雄性不育就解决了这个困难，它们杂交后产生的 F_1 具有很大的优势，使作物产量大幅度的提高，叫做杂种优势。

②雄性不育——指植物的雌性正常，雄性不正常，不能产生花粉或花粉败育的现象。

Ⅱ. 雄性不育的遗传基础。

雄性不育的原因，是细胞质与细胞核共同作用来决定的，叫核质互作型的雄性不育。即只有在细胞核和细胞质里都存在着不育的遗传基因时，才表现雄性不育。

雄性不育的遗传基础简写 S（ss），括号外面的符号表示细胞质的遗传物质（F：能育；S：不育），括号内的符号表示细胞核内的基因（SS：能育，是显性；ss：不育，是隐性）。如果只是细胞质是不育的，细胞核是可育的，无论是纯合或杂合的基因型，即 S（SS）或 S（Ss），都表现为雄性可育；如果细胞质是可育的，无论细胞核的基因组成如何，即 F（ss）、F（Ss）、F（SS）都是雄性可育株。

Ⅲ. 生产上利用雄性不育性的作法。

需要"三系"配套，即要不育系、保持系、恢复系。

不育系（母本）与保持系（父本）杂交，仍产生不育系；不育系（母本）与恢复系（父本）杂交，产生雄性可育的杂种后代，即杂交高粱或杂交水稻，用这种 F_1 去做种，产量很高，但 F_2 不能用了，需要年年制种。

6. 生物的变异

生物具有变异性，意义十分重大，因为生物存在着变异性，生物界才有发展和进化，人类才能不断地培育出新品种，改造生物界，让生物最大限度地为人类服务。

（1）变异的类别。

Ⅰ. 不遗传的变异——性状的变异仅仅由环境条件引起的，不是遗传物质的变化引起的。如肥料充足而出现穗大粒多的性状。

Ⅱ. 遗传的变异——性状的变异是由遗传物质的变化引起的。有三种类型。

①基因重组：指由于基因的重新组合而发生变异，在自由组合和连锁互换规律中已详述了。

②基因突变。

③染色休变异。

（2）基因突变。

Ⅰ.基因突变的概念——基因突变是指染色体上个别基因所发生的分子结构的变化。例如，棉花的短果枝、鸡脚叶；水稻中的矮秆、糯性；果蝇中的白眼、残翅；人的色盲、糖尿病、白化病等遗传病。

Ⅱ.基因突变的类型。

①自然突变——自然发生的。但这种突变率很稀少，细菌中，一万到一百亿个细胞中才会产生一个突变的细胞。高等生物，十万到一亿个生殖细胞里才有一个基因突变。

②诱发突变——突变是在人为条件下诱发产生的。

Ⅲ.基因突变的意义。

基因突变是生物变异的主要来源，也是生物进化的重要因素之一。

生物所发生的突变，往往是有害的，有时甚至是致死的。例如，水稻、玉米等植物中常产生白化苗的突变。这种突变型由于不能形成叶绿素，常常在幼苗期间死亡。有些突变是有利的。例如，突变产生的作物的抗病性、耐旱性、早熟、茎秆坚硬、动物的繁殖力提高等，这些人们都可以很好地加以利用的。

Ⅳ.基因突变的原因。

①在一定的外界环境条件或生物内部因素的作用下，使基因的分子结构发生改变的结果。具体来说，基因突变是由于 DNA 中核苷酸种类、数量和排列顺序的改变而产生的。即在 DNA 复制过程中，可能由于各种原因而发生"差错"，使碱基的排列顺序发生局部的改变，从而改变了遗传信息，这是突变的根本原因。

②例证：镰刀型贫血症。

<1>症状：病人在氧气缺乏时，红细胞会由正常圆盘形变成镰刀形。在严重情况下，血球破裂，造成严重的贫血，往往引起死亡。

<2>病因：由于基因突变而产生的一种遗传病。

<3>基因突变的分子机制：病人的红细胞中血红蛋白分子有一个氨基酸发生了变异，也就是在血红蛋白分子的多肽链上，一个谷氨酸被缬氨酸所代替。由于控制合成血红蛋白分子的遗传物质 DNA 碱基结构发生了改变，由 GAA 变成了 GTA，一个碱基发生了改变（A→T），以致产生病变。图解如下：

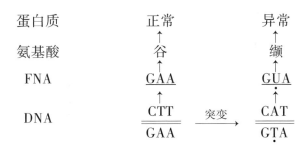

V. 人工诱变在育种上的应用。

①人工诱变：指利用物理的或化学的因素处理生物，使其发生基因突变。

②人工诱变的方法。

<1>辐射诱变或激光诱变——用各种射线（X 射线、r 射线、紫外线等）以及用激光照射动植物或微生物，在一定剂量范围内，射线不致杀死被实验的生物，而能诱发其中一部分个体发生基因突变，在后代出现新的变异类型。

<2>化学诱变——用化学药剂（秋水仙素、硫酸二乙酯、乙烯亚胺、羟胺）诱发基因突变。

③我国人工诱变工作的成就。

<1>从自然界分离的青霉菌只能产生青霉素 20 单位/毫升，经过多次 X 射线、紫外线照射以及综合处理，育成了青霉素产量较高的菌株，产量达 20000 单位/毫升以上。

<2>我国利用辐射或辐射与其他方法配合育成的水稻、小麦、棉花、玉米、大豆、油菜、谷子等作物新品种共 200 多个。

④诱变育种的优缺点。

<1>优点：提高变异的频率，后代稳定较快，加速育种进程；可以大幅度地改良某些性状，如有的水稻突变品系成熟期提早了 60 天，蛋白质含量提高了近一倍。

<2>缺点：诱发产生的变异，有利的少数，因而要大量地处理供试材料和繁殖后代，才能从中选育出有价值的类型。

（3）染色体变异。

Ⅰ．染色体变异。

染色体在自然条件或人工条件的影响下，也可能发生数目和结构的变化，从而导致生物性状的变异。

Ⅱ．染色体数目的变异。

染色休数目的变化是染色体变异的重要类型。在物种形成上是按倍数增加的变化。

①染色体组：一般生物的体细胞里的染色体两两成对，分成两组同源染色体。在形成配子时，细胞经过减数分裂，染色体数目减半，成为一组染色体。

②染色体基数：一个染色体组所包含的染色体数目。

③二倍体：一般生物的体细胞里，都含有两个染色体组（2x）。

例如，水稻体细胞中含有 24 个染色体，是两组染色体，是二倍体。它的配子中含有 12 个染色体，是一组染色体，叫一个染色体组（用 x 代表）。染色体基数是 12（x＝12）。

④染色体组倍数的变化：

棉花含有 52 条染色体，染色体基数是 13，有 4 个染色体组（4x＝52），是四倍体；普通小麦含有 42 条染色体，染色体基数是 7（x＝7），是六倍体（6x）。

染色体组发生倍数的变化对生物的进化和育种工作都有重要意义。

Ⅲ. 多倍体。

①多倍体的概念：凡是细胞中含有三个以上染色体组的个体，都叫做多倍体。多倍体的现象在植物界是普遍存在的。种子植物占 30 ～ 50%，小麦、棉花、烟草、马铃薯、甘薯、花生以及一些果树、花卉等都是。

②多倍体形成的原因：自然界中的多倍体植物，主要是受外界条件剧烈变化的影响，通过内因的作用而形成的。如高山、沙漠地区自然条件变化剧烈，当植物细胞进行分裂时，染色体已经分裂，而细胞分裂受到阻碍，于是细胞核内染色体加倍了。

③多倍体的特点：多倍体植株一般表现为茎秆粗壮，叶片、果实和种子较大，细胞内有用成分增多；但是发育延迟，结实率降低。

④人工诱导多倍体的方法如下。

<1>方法：紫外线、X 光照射，高温或低温处理，机械创伤，化学药物诱变。

<2>目前常用而有效的方法——秋水仙素处理萌发的种子或幼苗，可得多倍体植株。秋水仙素的作用在于使进行分裂的细胞不能形成纺锤丝，因而不能分裂成两个子细胞。对染色体的分裂很少有影响，染色体照常复制，数目加倍了，而细胞又没有形成两个子细胞，于是加倍的染色体就存在于一个细胞里，形成一个多倍体植株。

⑤多倍体在杂交育种工作中的意义。

多倍体育种就是采用人工方法获得多倍体植物，再利用其变异选育新品种的方法。世界各国利用这种方法培育出了不少新品种。如含糖量高的三倍体无籽西瓜和甜菜，抗寒力强的三倍体桑和茶，生长迅速、体型高大的三倍体山杨，含胶量高的四倍体橡胶草，四倍体葡萄和饲用芜

323

菁，八倍体小黑麦等。

⑥我国在多倍体杂交育种方面的成就。

<1>八倍体"小黑麦"。

a）材料——普通小麦×黑麦→异源八倍体。

b）远缘杂交，染色体无法配对（联会）——普通小麦与黑麦是不同"属"。小麦生殖细胞有 21 个染色体，黑麦有 7 个染色体，人工杂交成为杂种。但杂种在形成生殖细胞时，染色体无法配对，F_1 不育。

c）染色体加倍——用秋水仙素处理，把 F_1 染色体数目加倍。使每个染色体都具有与它相同的染色体，以满足减数分裂时相同染色体配对（联会）的需要，从而培育出了具有 28 对（56 个）染色体的小黑麦。

d）优点——产量高、抗逆性强、耐瘠耐寒、抗干旱和盐碱、蛋白质含量高、发酵性能好、秸秆可作饲料。

e）效果——在我国西南、西北和华北等地的一些高寒地区和盐碱地区试种、推广效果良好。

<2>三倍体无籽西瓜

a）材料——普通西瓜（2x＝22）。

b）培育过程——用秋水仙素处理二倍体的普通西瓜的幼苗，得到四倍体的植株（4x＝44）。再用四倍体西瓜作母本，用二倍体西瓜作为父本，进行杂交，得到三倍体（3x＝33）的种子。

c）机理——三倍体由于染色体配对紊乱，不能产生正常的生殖细胞，所以是不育的。因此，三倍体的西瓜没有种子。

d）优点——含糖量高，无籽。

e）效果——已在全国推广，用于西瓜生产。

Ⅳ. 单倍体。

①单倍体的概念：细胞中只含有正常体细胞（染色体数以 2n 表示）的一半染色体数（n）的个体。

②机理自然条件下偶发的单倍体是孤雌生殖的结果。

③单倍体植物的特点：生长发育较弱，植株矮小。叶片、茎秆、花朵等器官都小。概率小，只有一套染色体，不会产生分离现象，便于作遗传分析，育种上有意义。

④人工获得单倍体的方法：用花药或花粉的离体培养（常用法）。

<1>精细胞形成单倍体——把花药（或花粉）分离出来，放在玻璃试管里的培养基上，在无菌的条件下进行人工培养。花粉经过多次细胞分裂，形成胚状体或愈伤组织，进一步分化出根、芽、长成植株。因为花粉是单倍体，所以由花粉长成的植株也是单倍体。这是通过精细胞进行孤雌生殖来形成单倍体。

<2>卵细胞形成单倍体——由于品种杂交或远缘杂交，花粉管形成缓慢，延迟了受精，卵细胞进行孤雌生殖，发育成单倍体。

⑤单倍体在育种工作中的意义。

<1>迅速地获得纯系植株——单倍体本身无实用价值，但经过染色体加倍后，成为正常的纯系的二倍体植株。

<2>大大地缩短育种年限——通常杂交育种至少五年以上。单倍体育种只需二年。

<3>提高选种效率——花粉发育成的植株基本上是稳定的，可以进行准确的选择。

⑥我国在单倍体育种方面的成就。

我国已培育成功了烟草品种七个，水稻新品种三十多个，小麦新品种三个，茄子新品种二个。二十多种植物的花粉植株，其中小麦、小黑麦、玉米、橡胶树、杨树、茄子、油菜等植物的单倍体植株，都是我国在世界上首先培育成功的。

附

录

思考题

1. 名词解释

(1) 基因	(2) 中心法则	(3) 遗传密码
(4) 复制	(5) 遗传信息	(6) 杂交实验法
(7) 性状	(8) 相对性状	(9) 互交
(10) 正交	(11) 反交	(12) 自交
(13) 等位基因	(14) 分离	(15) 测交
(16) 回交	(17) 基因的互作	(18) 基因的多效性
(19) 一因多效	(20) 多因一效	(21) 完全连锁
(22) 不完全连锁	(23) 核遗传	(24) 母系遗传
(25) 细胞质基因	(26) 杂种优势	(27) 雄性不育
(28) 染色体变异	(29) 染色体组	(30) 染色体基数

(31) 二倍体

2. 举例说明什么是遗传和变异。

3. 为什么说染色体是遗传物质的主要载体？

4. 作为遗传物质必须具备什么条件呢？

5. 什么是主要的遗传物质？举例证明。

6. 作为遗传物质的核酸（DNA 和 RNA）分子有什么特点呢？

7. DNA 为什么能够在生物的性状遗传上起作用呢？

8. DNA 分子是由什么成分组成的？它具有什么样的空间结构？

9. 什么是碱基配对原则？

10. 生物为什么具有遗传的特性？

11. 简要说明 DNA 分子的复制过程及其在遗传上的意义。

12. 什么是基因？基因的组成成分是什么？

13. 基因如何控制性状的表现？

14. 什么是显性、隐性和显性的相对性？

15. 什么是基因型和表现型？二者有什么关系？

16. 什么是纯合体和杂合体？用什么方法鉴别某个个体是纯合体，还是杂合体？

17. 什么是分离规律？它在育种上有什么意义？

18. 在绵羊中，白色是由于显性基因（B）、黑色是由于隐性的等位基因（b）。现在，一只白色公羊跟一只白色母羊交配，生了一只黑色的小绵羊。试问：那白色的公羊和母羊具有什么基因型？这只小绵羊又是什么基因型？说明理由。

19. 相对的性状为什么会发生分离呢？

20. 分离规律的实质是什么？

21. 什么是自由组合规律？举例说明？

22. 自由组合规律在育种工作上有什么意义？

23. 假如有两种小麦，一种是高秆（D，显性，易倒伏）抗锈病（T，显性）。另一种是矮秆（d，隐性，抗倒伏）不抗病（t，隐性），使二者进行杂交，F_2 有多少种表现型？其中有没有矮秆抗锈病的基因型？试按两对相对性状的遗传实验图解画出来，并加以说明。

24. 自由组合规律的实质是什么？

25. 什么是连锁遗传？连锁遗传在育种上有什么意义？

26. 什么是互换？互换的原因是什么？互换有什么生物学意义？

27. 试述三个遗传基本规律的区别和联系。

28. 玉米种子有这样两种性状；一是糊粉层有色对无色；一是正常种子对皱皮种子。杂交的结果 $子_1$ 代是种子有色和形状正常。对 $子_1$ 代测交的结果不是 $1:1:1:1$ 四种类型，而是以下的比例：

有色正常	有色皱皮	无色正常	无色皱皮
4032	149	152	4035

试问：亲本类型和重新组合类型的比例是多少？基因的互换率是

多少?

道法自然 扶隐发微——生物学教研及科普文集

29. 什么是细胞质遗传?怎样鉴别哪些性状属于细胞质遗传?

30. 细胞质遗传有些什么特点?在育种上有什么意义?

31. 什么是基因突变?突变产生的原因是什么?

32. 什么是人工诱变?诱变育种有什么特点?

33. 什么叫做多倍体?多倍体是怎样产生的?

34. 三倍体西瓜为什么不结种子?简述培育无籽西瓜的方法。

35. 什么是单倍体?它在育种上有何意义?

36. 多倍体在杂交育种工作中有什么意义?

37. 简述八倍体"小黑麦"的培育方法。

38. 我国在单倍体和多倍体育种工作方面有何成就?

五、关于生命的起源与生物的进化

(一)生命的起源

1. 生命的本质

无产阶级革命导师恩格斯,运用辩证唯物主义世界观,总结了自然科学的最新成就,批判了形形色色的唯心论,统观宇宙之变,揭示了宇宙发展的根本规律,从而也就从根本上解答了什么是生命,它的起源和发展问题。

恩格斯指出:"……物质发展变化的过程是无生命的物质,经过无数次化学变化,产生了有生命的物质——蛋白体。""生命是蛋白体的存在方式,这个存在方式的基本因素在于和它周围的外部自然界的不断的新陈代谢,而且这种新陈代谢一停止,生命就随之停止,结果便是蛋白质的分解。""生命是整个自然界的结果",蛋白质"是在整个自然联系所给予的一定条件下产生的","是作为某种化学过程的产物产生的"。又说:"生命的起源必然是通过化学的途径实现的。"

（1）指出了生命的物质基础是蛋白质；

（2）指出了生命是物质运动的特殊形式。蛋白体的存在，表现出生命现象。

（3）指出了生命的这种运动形式的基本矛盾。运动即矛盾；生命也是矛盾。生命的基本矛盾是通过摄食和排泄来实现新陈代谢的。

（4）指出了生包括着死。生和死是蛋白体的机能。

（5）指出了生物和非生物跟环境关系的本质区别。生物从环境中孤立起来，就会死亡；而非生物则相反，从环境中孤立起来，可以长期地保存自己。

恩格斯的科学论断，不但指出了地球上生命的本质、生命起源的实际过程，还提出了人工创造生命这个重要的历史任务，并且指出了解决这一任务的方向和道路。

2. 生命的起源

生命的物质基础是原生质，生命的结构基础是细胞，生命的基本特征是新陈代谢。那么地球上最早的生物是从哪里来的呢？几千年来，人们就争论着这个问题。唯心主义者认为生物是神创造的；唯物主义者认为生物是由非生物经过很复杂的变化而产生的。到了 19 世纪末叶，恩格斯根据当代科学知识指出，生命的起源只有遵循一条道路，就是承认物质是发展变化的，具体来说：

生命的起源可分为二个阶段：化学进化和生物进化。化学进化发生在地球诞生以后约十几亿年的时间，产生出非细胞结构的原始生命。化学进化之后紧接着是生物进化，生物进化开始发生是距今三十几亿年以前，通过生物进化，原始生命演化成细胞，再进一步演化成丰富多采的生物界。下面首先介绍生命起源的化学进化。

地球上的生命是在地球上产生的，是由非生命物质演变而成的，这个演变过程，是一种化学过程，所经历的时间是极其漫长的。关于生命

附

录

起源的化学过程，目前科学上的推测，一般认为可以分成四个阶段。

（1）从无机小分子物质生成有机小分子物质。

在原始地球条件下，地球还处在 15000℃ 以上，温度很高，构成地球的物质，即原始生命的一些基本元素如 C、H、O、N 等都处于原子状态，分散在地球的表面，相互结合形成 CH_4、NH_3、H_2O、CO_2 等无机物。经过多少亿年，地球逐渐冷却，形成了地球上的圈层，这时地球表面的温度虽然下降，可是内部温度仍然很高，火山活动又很频繁，地球内部物质分解，产生大量的气体，冲破地表释放出来。从地核中喷到地球表面上的碳化合物和当时过热的水蒸气组成的地球大气发生相互作用，形成各种碳氢化合物（CH_4、C_2H_2 等）。

$$Al_4C_3 + H_2O \longrightarrow CH_4 + Al(OH)_3$$
$$CaC_2 + H_2O \longrightarrow C_2H_2 + Ca(OH)_2$$

这些碳氢化合物在水中或大气里再进一步与水分子、氨分子结合，便产生了更复杂的有机化合物（HCN）等。原始大气中的甲烷、氨、氢、水蒸气、二氧化碳、氢化氰等，在外界高能作用下，自然合成一系列有机化合物：氨基酸、核苷酸、单糖等。

这些有机物，通过雨水的作用，由湖泊、河流汇集到原始海洋中，经长期积累，海水中含有丰富的有机物的溶液，这些有机物质的出现，为生命的起源准备了必要的物质条件。

以上的推测，已经得到某些成功的能说明问题的实验证实：美国学者米勒，1953 年首先模拟原始地球上的大气成分，用甲烷、氨、氢和水蒸气，通过火花放电合成了氨基酸。

有人模拟原始地球的大气成分，在实验室里制成了嘌呤、嘧啶、核糖、去氧核糖、脂肪酸等，说明在生命起源中，从基本元素到无机物，由无机物又转变成简单的有机物的化学过程是完全可能的，也是地球历史发展的必然产物。

（2）从有机小分子物质形成有机高分子物质。

即蛋白质、核酸在原始地球条件下是如何形成的？生命的载体是蛋白体，而蛋白体的主要成分是核酸和蛋白质。蛋白质是由氨基酸组成的；核酸是由核苷酸组成的。

氨基酸和核苷酸的起源：1970 年世界各国在实验室合成了 21 种氨基酸；1959 年我国科学工作者利用火花放电的方法，从甲烷、氨、硫化氢和水蒸气的混合体中合成了好几种氨基酸（如胱氨酸、半胱氨酸和蛋氨酸等）。判断在生命出现以前的化学演变过程中，简单有机物的发展可形成核苷酸类的化合物。

蛋白质和核酸的发生：在原始海洋中，氨基酸通过自己的氨基和羧基脱水缩合，接成很长的多肽链，然后形成了原始的蛋白质分子，核苷酸通过聚合作用形成了原始的核酸分子。它们的结构很简单，功能也不专一，经过不断地演变，才发展成为今天的蛋白质和核酸分子。这一转化过程有的认为发生在原始海洋里；有的主张发生在海底或海岸的黏土粒子上，以后冲入海中。

1959 年已有人工合成了 RNA 和 DNA。可以使我们有根据地认为，在原始的海洋中。有可能通过非生物的方式产生最初形式的各种复杂的有机物质，这也是完全合乎自然规律的。

（3）从有机高分子组成多分子体系。

即蛋白质和核酸等有机高分子怎样演变成为原始生命物质的？这阶段根据推测，在原始海洋中，蛋白质、核酸等高分子积累了很多，这些有机高分子在一定条件下浓缩出来，聚集成一种多分子体系，可能像一种胶质小球，飘浮在原始水域中，这种小球称团聚体或微球体，这种团聚体与周围的水溶液分隔开来，有了自己的"界面"，形成了一个独立体系。这个独立体系能从环境中吸收物质，扩充并改造自己，同时也将

· 331 ·

一些"废物"排出体系之外，有了原始的物质交换活动，但不等于产生了生命。

（4）从多分子体系演变为原始生命。

多分子体系怎样演变为原始生命的？这个阶段是一个关键的阶段，是生命起源的最后飞跃过程。这个过程现在还没有实验根据，只是一些推测。

多分子体系的团聚体，在原始的海洋里，经过长期的演变，它能同化吸收的物质，还进行异化作用。当同化作用大于异化作用时，就能够生长，有了简单的新陈代谢作用，并且出现了简单的繁殖作用，发展成具有生命特征——新陈代谢的蛋白体。从非生命体向生命体转化，从化学过程向生命过程转化。于是多分子体系就进化成为原始的生命物质，生命起源由化学进化转入生物进化阶段。

以上四个阶段，可作如下概括：

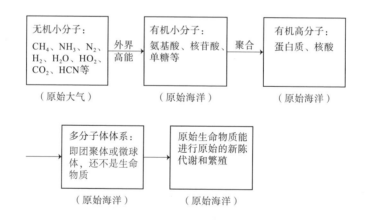

四个阶段中，体现了物质由简单到复杂，由非生命到生命境界的规律性演化。

3. 研究生命起源的重要意义

我国科学工作者 1965 年，在世界上第一次人工合成了具有生命活力的蛋白质——结晶牛胰岛素。用化学方法，人工合成具有生命活力的蛋白质，标志着人类在揭开"生命之谜"的伟大征途中向前迈进了一大步，也为辩证唯物主义生命起源理论取得了一项重要的论据。

（1）生命起源的研究，将给辩证唯物主义世界观提供有力的科学证据，并且战胜唯心主义形而上学的世界观。

（2）生命起源的研究，将促进人类的远大理想——揭开生命奥秘、阐明生命起源、实现人造生物、控制生物性状、使人健康长寿变成现实。

（二）生物的进化

生物的种类很多，它不是从来就有的，而是进化来的。关于生物的进化，自古以来一直存在着唯物论与唯心论、辩证法与形而上学的斗争。

19世纪以前，"自生论"（无生源论）、"特创论""物种不变论""目的论"等占统治地位。"自生论"认为世界上各种生物，都是由所谓永恒神灵赋予生命，都是从非生命物质（水、泥土、腐物、水汽等）自然产生的。"特创论"认为宇宙万物都是由一个"上帝"为了一定的目的，按一定的次序，在六天之中创造出来的，而且认为创造出来以后，永远不变；"特创论"还认为各种生物之间都是彼此孤立的，没有什么亲缘关系，这些都是形而上学的唯心论，是为反动统治阶级利益服务的。

19世纪初期，法国科学家拉马克，曾同当时占统治地位的反动"灾变说"作斗争，遭到了顽固势力的压制和打击。19世纪，英国生物学家达尔文进一步发展了进化学说。1859年达尔文出版了《物种起源》一书，说明了现在的生物界不是"神"创造的，而是由共同原始祖先进化来的，他认为物种是可以变的，各种生物之间有一定的亲缘关系。从而摧毁了各种唯心论和形而上学的观点，给宗教以沉重打击。革命导师恩格斯对达尔文的成就评价很高，认为达尔文的进化论是19世纪自然科学三大发现之一（细胞学说，能量守恒和转换定律）。生物进化论就是在同唯心论和形而上学的斗争中产生的。

1. 进化的证据

单细胞生物是由无定形的蛋白体进化来的，多细胞生物是由单细胞生物进化而来的，现在地球上形形色色的生物都是由原始的生物进化来的，各种生物之间有不同程度的亲缘关系。生物进化的证据是多方面的，如分类学、比较解剖学、古生物学、胚胎学、生物地理学、生物化学以及血清学等，现举古生物学和比较解剖学上的证据来说明。

（1）古生物学上的证据。

古生物学是专门研究古代生物的科学，研究的对象是化石。化石是保存在地层中的古代生物的遗体或遗迹。遗体大部分是生物体的坚硬部分，如骨骼、牙齿、介壳等，它们在与空气隔绝的环境里逐渐变成化石。遗迹是生物体的印痕，如脊椎动物的足迹和树叶落在地上留下的痕迹，在合适的环境里，就会被保存下来，并且逐渐成为化石。

地壳的沉积岩是分为一层一层的，叫做地层。越是下面的地层是形成较早的，年代越远，越在上面的地层是形成较晚的，年代越近。人们根据地层形成的先后次序，把地层划为太古代、元古代、古生代、中生代和新生代。各个代又分成若干纪。古生物学家在研究化石的过程中发现各类生物的化石在地层里出现有一定的顺序。低等的生物出现在较早的地层里，较高等的生物出现在较晚的地层里，也就是说越在古老的地层里越没有高等的生物。从化石的研究过程中，可以推测出生物演变的情况，也充分揭示了生物由低级到高级、由水生到陆生、由简单到复杂的发展过程，为论证生物的进化提供了可靠的证据。

各类生物在地质时代里出现的顺序表

(年数是估计的数目)

地质年代	纪	距今年数	生物进化		占统治地位
			植物	动物	
新生代	第四纪 第三纪	-2百50万年- -7千万年-	被子植物繁盛	人类繁盛 哺乳类繁盛 类人猿出现	人类 被子植物 哺乳类
中生代	白垩纪 侏罗纪 三叠纪	-2亿2千- 5百万年-	被子植物出现 裸子植物繁盛	鸟类和高等哺 乳类出现 爬行类繁盛 硬骨鱼类出现	裸子植物 爬行类
古 生 代	二叠纪 石炭纪		裸子植物出现 蕨类植物繁盛	两期类繁盛 爬行类出现 昆虫类繁盛	蕨类植物 两栖类
	泥盆纪 志留纪		原始陆地植物 出现	鱼类繁盛 古代两栖类 （坚头类）出现	裸蕨 鱼类
	奥陶纪 寒武纪	-5亿7千万年-	藻类植物繁 盛（海生）	低等鱼类出现 棘皮动物出现 软体动物繁盛 三叶虫繁盛	无脊椎动物 菌类和藻类
元古代	震旦纪	-13亿年-	藻菌植物出现	海生无脊椎 动物出现	
太古代		45—46亿年	生　命　开　始		

（2）比较解剖学上的证据。

比较几种脊椎动物的前肢：鸟的翼、蝙蝠的皮膜、鲸的鳍、鼹鼠的前肢，从形状上看是不同的，这些不同形状的前肢，适于进行不同的活动，如鸟的翼和蝙蝠的皮膜适于飞翔；鲸的鳍适于游泳；鼹鼠的四肢适于行走和掘土。这些器官从外形和功能上看是不同的，但仔细观察比较它们的内部构造，却有很大程度的一致性。它们的骨骼结构是相同的，都有肱骨、前臂骨（尺骨和桡骨）、腕骨、掌骨和指骨。为什么这些器

· 335 ·

官的形状和机能很不相同，而内部构造一致？是这样解释的：这些动物都是由比较近代的共同的祖先发展而来的，它们的前肢都是由共同祖先的前肢起源的，所以保持着相同的结构；但是，由于这些动物生活在不同的环境里，前肢在适应环境的长期过程里，就变成不同的形状，具有不同的功能。按照进化论的观点，不同动物内部结构的一致、器官的同源，表示它们起源的共同性，也表示这些生物有共同的祖先；就是这些不同的生物的相应器官都是由共同祖先的原始器官发展而来的，有着共同的内在基础，所以直到现在各种不同生物虽然走向了不同的发展道路，但仍然保持着相似的结构。如鸟、鼹鼠、鲸、蝙蝠等都起源于共同的祖先，它们的足、翼、皮膜、鳍等也起源于共同的祖先，所以有相似的结构。

在一些亲缘关系比较相近的生物，比较它们的来源相同的器官，会发现这些器官从外形上看不一样，功能也有很大变化，但它们的内部构造基本上是一致的。这些解剖学上的事实，也是理解生物进化的有力证据。

2. 进化的历程

在生物细胞发展的过程中，出现了原始的单细胞植物和动物。它们都起源于无细胞结构与具有细胞结构的原生动物（原始鞭毛细胞），以后向不同的方向发展，动物和植物按不同的方向和途径发展。在最初的原生生物中，动、植物是分不清的，如：眼虫，就具有动物和植物的特点。原生生物，由于受外部环境条件和内部生活方式的影响，有的演化为植物，有的演化为动物。

（1）植物界的进化发展途径。

植物是沿着：藻菌植物→蕨类植物^{苔藓植物↗}→裸子植物→被子植物的进化途径发展的。

（2）动物界的进化发展途径。

动物界的进化发展途径，是由无脊椎动物到脊椎动物，脊椎动物又

是从鱼类→两栖类→爬行类→哺乳类以至人类的方向发展。（鸟类）

无脊椎动物中，根据其形态构造等特点分为：原生动物、腔肠动物、扁形动物、线形动物、环形动物、软体动物和节肢动物等。

从无脊椎动物主要类群的比较中，可以看出动物的形态构造、生活习性等，是不断从低级到高级，从简单到复杂的方向发展的，对环境的适应能力也越来越强。

无脊椎动物进一步发展为脊椎动物。

3. 进化的规律

从生物进化的历程及动、植物进化的途径，可以看到生物进化的规律是：从简单到复杂，从水生到陆生，从低级到高级的不断上升和完善的前进过程。但是生物进化并不是直线上升的，动、植物的进化象一棵有干有枝的树，称为"生物进化系统树"，说明动、植物界各类群的亲缘关系和发展途径。

每一种生物的具体进化过程，由于适应环境的不同，可能出现复杂到简单、陆生到水生等"倒退"现象（如寄生虫的感觉器官，消化器官的退化；鲸的颈椎缩短、四肢退化为鳍，毛消失等）。恩格斯曾辩证地指出："重要的是：有机物发展中的每一进化同时又是退化，因为它巩固一个方面的发展，排除其他许多方面的发展的可能性。"这也正是长期适应环境的结果，是生物与环境条件的统一。

4. 进化的原因

我们在探讨生物进化发展的原因时，应该从生物内部的矛盾，包括生物体内部的矛盾，去了解进化发展的根本原因即内因。另外，也应该注意生物和其他周围外界条件的关系，找出生物进化的外因。遗传和变

附

录

337

异是生物进化的内因，选择是生物进化的一个重要外因。

（1）遗传和变异。

遗传：就是子代和亲代保持相似的现象称为遗传。"种瓜得瓜，种豆得豆"，就是指这种遗传现象。遗传是一切生物共有的特性，由于这种特性能使生物体把它的性状在后代中保持相似。生物的性状一般都可以遗传，不遗传的是少数，性状的遗传是生物进化的一个基本条件。

变异：任何一种生物的后代不仅是和它的亲本相似，而且永远和它的亲本有区别。自然界中没有两个生物是完全相同的，生物的子代与亲代之间和子代个体之间的差异称为变异。如同一胎生下来的小动物，个体之间总是有差异的；同一果实中的种子发育起来的幼苗彼此也是不完全相同的。说明生物的每个个体都会发生变异而产生差异。变异性也是一切生物共有的特性，在生物进化上有重要的作用。

遗传和变异是生物沿着一定方向进化的根据。

（2）选择。

选择是生物进化的一个重要外因，它包括人工选择和自然选择两种。

Ⅰ. 人工选择。

人工选择就是人类在培育动、植物的过程中，根据人的需要和嗜好，利用生物的变异性和遗传性，保存和积累对人类有利的变异，淘汰对人类不利的变异，从而培养新品种的过程。

人工培育的动、植物品种很多，例如：家鸽有150多个品种，鸡有250个品种；甘蓝也有很多不同的品种，它们之间的差异也很大。但是它们都有一个共同的特点：具有一定的经济性状，能够满足人类一定的需要。如鸡有卵用鸡、肉用鸡、观赏用的及卵肉兼用鸡等。但仅管这些鸡的形状、大小、羽毛、产卵数量等都不同，但它们都起源于一种野生的原鸡。原鸡体重只1千克，一年只产8～12个蛋。原鸡怎样培育成现在这样多优良品种的鸡呢？这都是人工选择的结果。最早可能是被人捕到的野鸡在不同的部落中被驯化，这些鸡在不同地区饲养，发生了不同的变异，有的产卵多；有的尾巴长；有的肌肉多……等等，人类根据不同的需要，对家鸡进行了不断选择，如有的人喜欢产卵多的鸡，就选择产卵多的鸡留种，进行繁殖后代。在它们的后代中，再选择产卵多的鸡留种，繁殖后代，不断淘汰那些产卵少的鸡，这样一代一代地向产卵多的方向选择下去，长期下来形成了产卵多的鸡品种。用同样的道理，可以说明其他鸡品种的形成。

甘蓝也有很多不同的品种，它们的差异也很大。结球甘蓝的顶芽特别发达，嫩叶层层包裹，形成球状；花椰菜的花部特别发达，形成块状；其他不同的品种也都有特殊的性状。但这些品种都起源于一种野生甘蓝。这些品种同样是应用人工选择的原理培育成的。

由同一祖先的性状向着不同方向分化和发展形成不同品种的过程或现象，称为性状分歧。人工选择就是通过性状分歧，由一个原始类型产生出许多不同的新品种。人工选择的过程用下图式表示：

$$原始祖先 \rightarrow \begin{matrix} 具有微 \\ 小差异 \end{matrix} \rightarrow \begin{matrix} 保留对人有利变异 \\ 淘汰对人不利变异 \end{matrix} \rightarrow 微小变异的积累$$

$$\rightarrow 性状分歧 \rightarrow 各种新品种$$

Ⅱ. 自然选择。

自然选择就是那些较适于一定地区的生物能够生存下来，不适合或不很适合的生物被消灭或死亡。这种"生物在生存环境中适者生存不适者被淘汰的过程"称为自然选择或适者生存。

自然选择的例子：兔遇狼时，兔跑得快的必得生存，而跑得慢的兔常被狼吃掉，所以在这种环境条件下，保留下来的兔子大都是跑得快的。所以对兔起选择作用的是"狼"。

生存斗争：每种生物在获得食物、水分、阳光、生活场所和繁殖后代的过程中，还必须跟不利的生活条件、跟敌害、跟竞争者发生斗争，结果会有大批的个体死亡，这就是生物的生存斗争。如有些海岛上生活着许多奇异的昆虫，这些昆虫有的翅膀非常发达，有的翅膀很不发达，甚至完全退化，这两种极端的现象，是因为在这些海岛上经常有暴风，昆虫在这样的环境里，一个是向着翅膀强大的方向变异，翅膀越强大的个体就越不会被暴风刮到海里，因而被保存下来，繁殖后代；一个是向着翅膀退化的方向变异，翅膀退化到不能飞的个体也不会被暴风刮到海里，因而也被保存下来，繁殖后代。有些翅膀不够强大但又没有退化的个体，都被暴风刮到海里淹死了。这些海岛上的昆虫就是在与暴风的生存斗争中，暴风对它们进行了选择的结果。在生存斗争中，跟环境相适应的生物就被保留下来，跟环境不相适应的生物就被淘汰了。

适应性：生物的形态、构造和机能都能跟它的生活环境相适合，这种现象叫做适应性。适应性是自然选择的结果。例如：生活在草地上的昆虫，它们的祖先体色都不一样，有近于绿色的，有的是其他颜色。那些其他颜色的个体，容易被敌害吃掉；那些近于绿色的个体，能逃避敌害的发现而生存下来，并且把它的变异遗传给后代。这样通过自然选择，逐代积累加强，形成了草地上绿色昆虫的出现。像以上的生物的体色和环境色调相同，而不容易被敌害发现，具有保护性的意义称保护色。又如：枯叶蝶在静止的时候，两对翅膀并合起来很像一片干枯的叶子；竹节虫的身体瘦长，一般呈绿色或褐色，很像竹枝或树枝；桑尺蠖静止的时候常用尾足固着在树枝上，然后把身体立起来，形状很像枯枝。

像这样体色和体态都跟周围环境相类似的特殊适应形式叫拟态。这些动物由于具有拟态，因而不容易被敌害发觉而生存下去。拟态也是自然选择的结果，是通过变异、遗传、自然选择而形成的，可用下列图式加以表示：

$$原始祖先 \rightarrow \genfrac{}{}{0pt}{}{个体之间有差}{异(微小变异)} \rightarrow 生存斗争 \rightarrow 选择\genfrac{(}{)}{0pt}{}{保留}{淘汰}$$

$$\rightarrow 遗传(积累微小有利变异) \rightarrow 新的适应类型$$

自然选择是通过生存斗争来实现的。生物产生的变异，如果对它们本身在生存斗争中有利，这样的生物就生存下来，并能繁殖后代；反之，这样的生物就被淘汰掉。生物的种类和适应性，都是自然条件通过生物的遗传，逐代积累和加强变异的结果，说明外因通过内因在生物进化中起作用。

Ⅲ. 自然选择和人工选择的意义。

自然选择和人工选择都是定向的，都具有创造性作用。

人工选择：起主动作用的是人，表现为能积累有利的微小变异，能创造各种新类型。目前形形色色的动、植物品种都有一定的经济价值，都是人工选择创造性作用的表现。

自然选择：起作用的是自然界，是自然界的环境条件。自然选择不论何时何地都在无声无息地发挥作用，一切最微小的，人们感觉不到的变异，都可以保留下来。自然界各种各样的生物类型以及生物对环境条件的各种适应，都是自然选择通过多种多样的环境条件长期作用创造出来的。

由于长期的自然选择和人工选择的结果，创造出丰富多采的生物界。由于自然科学的发展，日新月异，人工创造变异的方法越来越多，家养动、植物新品种的出现，如雨后春笋；我国已经人工创造新种——小黑麦，大大加快了新种创造过程，它将为祖国的四个现代化的实现作出更大成绩。

思考题

1. 名词解释：

（1）新陈代谢　　（2）团聚体或微球体　　（3）异化作用

（4）"物种不变论"　（5）《物种起源》　　　（6）化石

（7）无脊椎动物　　（8）脊椎动物　　（9）人工选择

（10）自然选择　　（11）性状分歧　　（12）生存斗争

（13）适应性　　　（14）保护色　　　（15）拟态

（16）进化　　　　（17）品种　　　　（18）变种

（19）退化

2. 原始生命物质起源的化学过程分哪几个阶段？简要说明之。

3. 我们为什么要研究生命的起源？

4. 人工合成蛋白质的重要意义是什么？

5. 为什么说化石是说明生物进化可靠的证据？举例说明。

6. 比较解剖学上的材料为什么能作为动物进化的证据？举例说明。

7. 画出植物进化的简单路线和脊椎动物进化的简单路线。

8. 什么是人工选择、自然选择？举例说明它们是怎样进行的。

9. 生物的遗传和生物的变异与生物的进化有什么关系？

10. 栽培植物和饲养动物品种的多样性是怎样形成的？举例说明。

11. 自然选择和生物适应形成的关系是什么？举例说明。

六、生物科学研究的现代成就和展望

生物学发展过程中，继古代生物学、近代生物学之后，现已跨入了现代生物学的阶段。古代生物学是把动植物学作为一个整体来认识的，它以搜集事实为主，主要研究手段是肉眼观察。近代生物学才开始对生物分门别类地研究，从细节方面加以考察。19 世纪实验科学的兴起，使生物学得以飞跃地向前发展，进入了现代生物学的阶段，其特点是：

第一，向微观方面发展。

17 世纪发明了显微镜，从此生物学开始进入微观领域，细胞学产生和发展起来了。它主要是研究细胞的基本结构及其内含物，没有改变整个生物学的方向。分子生物学的发展，才改变了实验生物学的面貌，使生物学向微观方面发展成为现阶段的主流。分子生物学的兴起是现代生物学的起点和突破口，它的成果必将大大地加深对整个生命运动的认识，并为进一步全面地探索生命运动规律打下基础。

第二，向综合的方面发展。

现代生物学的另一特点，是逐步注重于综合地研究，多学科多种技术共同探讨某些重要问题。由于这种研究的发展，已经形成若干重大的领域，例如遗传工程、光合作用、生态系统、脑的研究等。生命是自然界长期发展的结果，是高度复杂的运动形式。它的运动和发展总是与机械的、物理的、化学的运动相联系着。因此，综合研究十分有利于揭示生命运动的规律。

第三，定量方面发展。

19 世纪初在生物学中很少用上数学，但是，最近三十年来，单从生物数学这门学科的分支来说，就将近有二十门，如数量遗传学、数量生理学、数量生态学等。由于运用数学借助电子计算机，才使生物学中一些重大问题得到解决。生物学从定性向定量发展，是生物学达到完善境地的标志。现代生物学发展中，运用数学的比重正在不断增长。

（一）分子生物学

1. 什么是分子生物学

分子生物学就是从分子水平上研究生命的一门科学。它主要是通过对生物体的蛋白质、酶和核酸等生物高分子的结构和运动规律的研究，来揭示生命现象的本质，这比只从生物的外部形态研究生物要深刻得多，广泛得多。分子生物学的兴起，使生物学发展到了一个崭新的阶段。

2. 分子生物学的成就和当前研究的主要内容

（1）分子生物学是 20 世纪 50 年代诞生的。它在揭示生命活动本质方面已经取得下列成就：生物体遗传物质 DNA 双股螺旋结构的发现；

附

录

蛋白质和核酸的人工合成；蛋白质、酶、核酸化学结构和空间结构的测定；对生物大分子的结构与功能的关系，特别是酶的作用原理的了解；生物遗传信息在 DNA 分子中的贮存、复制以及遗传信息的转录和翻译的研究；遗传密码的发现；"中心法则"的建立等。这是 20 世纪以来自然科学中的重大突破。它初步揭开了生物生长发育、遗传变异、物质代谢、能量转换等生命奥秘，初步说明了生物的遗传、进化、生长、发育的内在联系。

（2）分子生物学当前研究的主要内容是：蛋白质、酶、核酸等生物大分子的结构、功能和合成；遗传的分子基础；生物膜的结构和功能等。

3. 分子生物学的应用前景

在工业上由于应用生物模拟和生物控制原理，将使工业发生伟大的变革；在粮食生产上，人们将利用光合作用的原理，人工合成粮食，使粮食生产工厂化；应用遗传密码控制蛋白质的合成，使肉类和蛋白质可以工业化生产；由于生物酶以及模拟酶的应用，将使化学工业发生巨大变化。在农业上，基因工程技术的应用，人们可以控制农作物和家畜品种的遗传性，定向地培育出新品种。在医药卫生事业上，通过分子生物学的研究将搞清楚许多严重疾病（如癌症）发病机制的认识，开辟治疗的新途径和预防、诊断的新方法。在国防上，人们将从分子生物学的水平上去防治原子武器、化学武器以及生物武器对人类的损伤。

4. 分子生物学对于其他学科的影响

（1）对分类学的影响：过去分类学主要是根据生物体在形态解剖方面的特点对生物进行分类。近年来随着生物大分子结构测定的进展，对于在不同种属生物中起相同作用的蛋白质或核酸的结构进行了比较，发现亲缘关系越近，其蛋白质或核酸的结构就越相似。根据它们在这些结构上的差异的程度，就可以判断其亲缘关系的远近。以细胞色素 C（一种由 104 个氨基酸组成的蛋白质）为例，人同黑猩猩的细胞色素 C 没有差异，人同猴子、鸡、小麦、酵母细胞色素 C 的差异分别在 1、13、35、44 处。由此看来，分子生物学为分类学提供了更精确的分类依据，并且进一步为进化论提供可靠的科学依据。

（2）对遗传学的影响：通过分子生物学的研究，搞清楚了"基因"是 DNA 的核苷酸片段。生物体的遗传性状，就是由 DNA 分子中特定的核苷酸排列顺序所决定的。亲代的 DNA 分子中核苷酸排列顺序上的遗传信息，通过复制传给子代 DNA，然后通过转录和翻译决定了子代的各种蛋白质结构，从而决定了子代的生命特征和生物特性。这就从分子结构和分子运动的水平上说明了遗传的基本过程，建立了分子遗传学。

（二）量子生物学

1. 什么是量子生物学

量子生物学就是用量子一级水平来解释生命现象和研究生命过程的本质的科学。

2. 量子生物学具有广阔的发展前途

癌症是当代医学的顽固堡垒。人为什么会生癌？人类能不能像防治其他疾病一样来防治癌症？近来的研究证实，人类之所以得癌症，与环境中的化学物质有关。原来化学致癌物质大多是亲电试剂，也就是容易获取电子的化合物。而人体中生命活动的关键物质——核酸和蛋白质，许多是亲核试剂，也就是容易失去电子的化合物。而化学致癌物质又容易与核酸或蛋白质发生反应，从而使核酸或蛋白质分子发生畸变。这种畸变的核酸或蛋白质分子在繁殖时，就会使碱基配对顺序（遗传密码）发生错乱，因此无法复制出具有正常功能的蛋白质和核酸分子，却复制出了密码已经发生错乱的异性蛋白质。这种异性蛋白质往往是构成癌细胞的基础。生物分子结构中某个部位的电子越容易被拉走，则致癌的可能性就越大。人们若把致癌一系列过程的各个细节完全弄明白了，那癌症的预防和治疗就大有希望了。

附
录

(三) 遗传工程

1. 什么叫遗传工程

遗传工程就是采用类似工程技术的方法，从一种生物的细胞里取出一定的遗传物质（DNA 的片段——基因），在体外进行重新组合，然后介绍到另一种生物体内，来定向地改造生物的遗传性，创造出新类型的生物，使生物更好地为人类服务。

2. 遗传工程的操作过程

遗传工程（基因工程）就是把一种生物的遗传物质 DNA 分子的片段（含有几个基因）提取出来，在体外进行切割，彼此搭配，重新"缝合"，再引入到另一种生物的活细胞内，使两者的遗传物质结合起来，以改变其遗传结构，创造新物种或新品种。

3. 遗传工程展望

在工业方面，用大肠杆菌生产胰岛素（胰岛素是哺乳动物胰腺分泌的一种激素，可治疗糖尿病）。目前，从猪、牛、羊等牲畜的胰腺中提取胰岛素，100 千克的原料，只能得到 4~5 克，产量低，成本高，供不应求。如果用遗传工程生产胰岛素的愿望能够实现，胰岛素的产量可能提高几千倍，那将是制药工业的一次革命。

农业方面，最引人注目的课题是通过固氮基因的转移，以解决作物的肥料问题。我们知道，豆科植物的根部有根瘤菌共生，根瘤菌能够固定空气中的氮，因此豆科植物只要施用少量氮肥就能获得高产。目前科学家们研究，把根瘤菌中的固氮基因提取出来，直接转移到小麦、玉米、水稻等粮食作物体里，从而获得自身能够独立固氮的高产作物新品种。这样既提高了粮食作物的产量，又大大减少了人造氮肥的需要。

医学方面，遗传工程将来可能成为医生用来同人类的数以千计的遗传疾病、癌症和衰老进行斗争的强有力武器。如果未来时代的医生可以施行"基因治疗"，即运用遗传工程技术把致病的基因"切割"下来，然后"镶补"上健康的基因，从而使遗传疾病得到矫正，那真是人类的一大福音。

（四）仿生学

1. 什么是仿生学

仿生学就是模仿生物系统来建造先进技术装置的科学。

2. 生物给人类的启示

在生物界里：有直上云霄的雄鹰，有快速游动的鱼类，有利用天文导航的候鸟，有能发射超声波的蝙蝠，有能发出萤光的动物，有善于探测热线的响尾蛇，有结构科学的骨骼，有建造精巧的蜂房。还有螳螂能在0.05秒的一瞬间，计算出飞掠眼前的小昆虫的速度、方向和距离，一举把小昆虫捕住；蝙蝠能在漆黑的夜晚，准确无误地避开障碍物顺利而迅速地飞翔。这些事实启发人们：生物的某些结构和功能的原理，对于人类制造和改进工程技术系统有着非常重要的借鉴意义。随着科学技术的迅速发展，20世纪60年代初期，就诞生了一门崭新的学科——仿生学。

3. 生物的精巧结构是怎么来的

人类生活在地球上，跟自然界现有的二百多万种生物作邻居，这些生物形形色色的奇异本领是怎么来的，那就是生物经历了千百万年漫长岁月的进化，受到了自然条件严峻的选择逐渐形成的。为了适应外界条件，并且在生物界的竞争中，求得生存和发展，根据"适者生存，不适者淘汰"的原则，形成了许多卓有成效的导航、发现、计算、生物合成、能量转换等结构精美功能高效的完美系统，其精巧、灵敏、快速、高效、可靠和抗干扰性令人赞叹不已。

4. 有广阔发展前途的仿生学

向生物体索取工程设计的蓝图，这是一条发展技术科学的新途径。仿生学发展的道路是十分宽广的，远景非常诱人，自然界提供仿生学研究的对象和内容是取之不尽的，比如：感觉器官的模拟；神经元的模拟；生物的定向和导航；生物力学、生物膜的研究；生物电控制等许多研究课题，都是仿生学未来继续探索、研究的重要内容。毫无疑问，今后仿生学将会得到迅速的发展，并在军事、航空、航海、自动控制、工程设计、医疗卫生、工农业生产等方面会得到广泛的应用。

（五）生态学

1. 什么是生态学

生态学就是研究生物与环境之间相互关系的一门科学。

在地球表面，生物与它生存的环境组成一个薄层，叫做生物圈。在生物圈里，生物和环境之间不断地进行着物质和能量的交换过程，从而建立起动态平衡关系。生物的生长繁殖不断影响着环境，受生物改变的环境又反过来作用于生物，两者之间构成的平衡状态是一个相对稳定的动态平衡。

2. 自然界的生物是丰富多彩的

在一定的自然区域内，许多不同种的生物的总和叫做群落。在自然界的水中，正如俗话说的，大鱼吃小鱼，小鱼吃虾米，虾米吃水中更小的浮游生物（包括藻类）来生活。但是，归根结底可以说鱼是靠浮游生物来生活的。鱼死后，它的尸体被水中的微生物分解成营养物质和一些其他化合物，同时也消耗水中一些溶解的氧气。分解成的营养物质和化合物又是浮游生物不可缺少的食物和养料，浮游生物还摄取水中矿物的和非矿物的其他营养物质，并且在光合作用下产生氧气溶解到水里。浮游生物和微生物的大量繁殖和生长，又给鱼类制造了必要的食料。这样就形成了：鱼类—营养物质—浮游生物—鱼类这样一个系统，这种生物群落和环境构成的系统就叫"生态系统"。可见生态系统是个复杂的系统。在这个体系中，生物与生物、生物与非生物之间，一环扣一环，互相联系，互相制约，形成一个网络的结构。一旦一种新的化学物质进入这个系统，或者某种化学元素过多地超过了自然状态下的平均含量，就会破坏生态系统的平衡。自然和人为的因素，如地球演变，开采矿藏，采伐森林，兴建大型水利工程，工业排放的废水、废气、废渣，农药和化肥的大量使用，生活垃圾、污水、汽车和飞机排出的废气等，都可以使生态系统的平衡遭到破坏，给生物和人类带来危害。

3. 一门新兴的科学——环境科学

环境保护问题是世界范围的新课题，现在广泛地受到人们的注意。

环境科学就是研究人类认识自然和改造自然中人和环境相互关系的科学。环境是一个巨大的，有内在联系的、互相制约的系统。它是一门综合性很强的新兴学科。随着现代工业的发展，产生了环境污染和公害的严重问题，如水域的污染、大气的污染、工业废渣和生活垃圾的污染、农药残毒的污染、噪声及放射性的污染等，对工农业建设和人民的健康危害极大。消除污染，保护环境，成为全世界人民的共同呼声。

保护环境必须以预防为主。为了消除污染，保护环境，最好的办法莫过于预防污染，早作安排，防患于未然。我们要吸取历史上的教训，高瞻远瞩，预防为主，积极治理，不使污染成灾，更不能贻害子孙后代。保护环境，造福人民，这是环境保护的目的。

附

录

后 记

人们常说从一本书可以大致了解作者,他的性格、兴趣、喜好、专注点都能在字里行间捕捉到。这个观点仿佛在说这本文集,十分契合。

本书作者郑清渊先生从事生物科学教学与研究近半个世纪,具备深厚扎实的专业素养。他一生热爱自己从事的专业,即使到了晚年也是热情不减。20 世纪 80 年代他即专注于生物科学的实证研究,率先在江西进行部分经济作物的引种实验,为推动当地农村经济的发展进行了有益的探索实践。他还受江西省教育厅教研室委派,为全省生物教师进行了多轮遗传学课程的培训,编写了大量的课培讲义,并在《江西教育》《生物学教学》《生物学辅导》《教学参考》等期刊上发表生物教学指导文章,深受好评,被誉为江西中等教育之遗传学最早的传播人,为江西培养了一批合格的中学生物教师。

值得特别提到的是,在苏联米丘林杂交理论盛行的政治背景下,他深入钻研并推广摩尔根遗传学,体现了他开阔的眼界、专业的素养和知识分子真正的勇气。

20 世纪 80 年代中期我国科教迅猛发展,为普及生物学知识,郑清渊先生以科学性、趣味性为宗旨,撰写了大量科普文章,作品陆续发表在《南昌晚报》《江西青年报》《南昌日报》《科普天地》等报刊上。90年代后期,他从繁忙的领导岗位上退下来,有了更多的时间和心境感悟人生和亲近自然。兴之所致，其写作的视野和空间也更加广阔，在生命科学的基础上阐发人文的感悟。他把科学的理性和率真的人性结合起来，弘扬科学求真、人文求善的精神，使读者感受生命之玄妙和人性之善美。这一时期的作品题材更广泛，增加了教育感悟、旅游休闲、健康话题等内容，体裁上也更多样，包括散文、游记等。如果说早期写作发端于一种责任和使命，那退休后的写作则是一种生活，一种兴趣，一种休闲。它是生活过程中自由绽放的一朵小花，人生路上的雪泥鸿爪。

作为勤勉的教育者、管理者和慈爱的父亲，作者本质上是个文人，一个在清贫生活中采集蕨叶作画的文人，一个在理性探究和繁杂俗务中始终保有精神情怀的文人。这本文集的整理是对作者最恰当的纪念。

在收集作品的过程中，因时间跨度大，增加了收集的难度，其中早期的一部分作品虽多渠道检索查找，然终无结果，有些遗憾。

本书的顺利出版得到了学校领导及科研处的大力支持和指导，学校生命科学学院涂序堂院长和艾佐佐、刘婷两位老师全程参与了收集整理书稿的工作，还有知识产权出版社编辑的辛勤付出，在此一并表示感谢！

郑晓茜
2022 年 9 月